"十三五"国家重点图书出版规划项目

中国特色畜禽遗传资源保护与利用丛书

沙 子 岭 猪

吴买生　主编

中国农业出版社

北　京

图书在版编目（CIP）数据

沙子岭猪/吴买生主编 . —北京：中国农业出版社，2019.12
（中国特色畜禽遗传资源保护与利用丛书）
国家出版基金项目
ISBN 978-7-109-26309-3

Ⅰ. ①沙… Ⅱ. ①吴… Ⅲ. ①养猪学 Ⅳ. ①S828

中国版本图书馆 CIP 数据核字（2019）第 276139 号

内容提要：本书重点介绍了沙子岭猪品种起源与形成过程、品种特征和生产性能、品种保护、杂交利用与配套系选育、品种繁育、营养需要与日粮配制、饲养管理技术、保健与疾病防治、猪场建设与环境控制、废弃物处理与资源化利用、开发利用与品牌建设等方面的科技知识和生产管理技术。本书可供从事地方猪种保护研究、开发利用方面的生产人员、技术人员、管理人员和市场营销人员学习，也可供农业院校畜牧兽医专业师生及政府相关部门从事地方猪种生产管理工作的人员参考。

中国农业出版社出版

地址：北京市朝阳区麦子店街 18 号楼
邮编：100125
责任编辑：刘　伟　周晓艳
版式设计：杨　婧　责任校对：吴丽婷
印刷：北京通州皇家印刷厂
版次：2019 年 12 月第 1 版
印次：2019 年 12 月北京第 1 次印刷
发行：新华书店北京发行所
开本：720mm×960mm　1/16
印张：17.25
字数：298 千字
定价：108.00 元

丛书编委会

本书编写人员

主　编　吴买生

副主编　彭英林　陈　斌

编　者　吴买生　彭英林　陈　斌　左晓红　粟泽雄

罗强华　向拥军　马石林　刘　伟　张善文

张　兴　夏　敏　李玉莲　刘传芳

审　稿　殷宗俊

　　我国是世界上畜禽遗传资源最为丰富的国家之一。多样化的地理生态环境、长期的自然选择和人工选育，造就了众多体型外貌各异、经济性状各具特色的畜禽遗传资源。入选《中国畜禽遗传资源志》的地方畜禽品种达 500 多个、自主培育品种达 100 多个，保护、利用好我国畜禽遗传资源是一项宏伟的事业。

　　国以农为本，农以种为先。习近平总书记高度重视种业的安全与发展问题，曾在多个场合反复强调，"要下决心把民族种业搞上去，抓紧培育具有自主知识产权的优良品种，从源头上保障国家粮食安全"。近年来，我国畜禽遗传资源保护与利用工作加快推进，成效斐然：完成了新中国成立以来第二次全国畜禽遗传资源调查；颁布实施了《中华人民共和国畜牧法》及配套规章；发布了国家级、省级畜禽遗传资源保护名录；资源保护条件能力建设不断提升，支持建设了一大批保种场、保护区和基因库；种质创制推陈出新，培育出一批生产性能优越、市场广泛认可的畜禽新品种和配套系，取得了显著的经济效益和社会效益，为畜牧业发展和农牧民脱贫增收作出了重要贡献。然而，目前我国系统、全面地介绍单一地方畜禽遗传资源的出版物极少，这与我国作为世界畜禽遗传资源大国的地位极不相称，不利于优良地方畜禽遗传资源的合理保护和科学开发利用，也不利于加快推进现代畜禽种业建设。

为普及对畜禽遗传资源保护与开发利用的技术指导，助力做大做强优势特色畜牧产业，抢占种质科技的战略制高点，在农业农村部种业管理司领导下，由全国畜牧总站策划、中国农业出版社出版了这套"中国特色畜禽遗传资源保护与利用丛书"。该丛书立足于全国畜禽遗传资源保护与利用工作的宏观布局，组织以国家畜禽遗传资源委员会专家、各地方畜禽品种保护与利用从业专家为主体的作者队伍，以每个畜禽品种作为独立分册，收集汇编了各品种在管、产、学、研、用等相关行业中积累形成的数据和资料，集中展现了畜禽遗传资源领域最新的科技知识、实践经验、技术进展与成果。该丛书覆盖面广、内容丰富、权威性高、实用性强，既可为加强畜禽遗传资源保护、促进资源开发利用、制定产业发展相关规划等提供科学依据，也可作为广大畜牧从业者、科研教学工作者的作业指导书和参考工具书，学术与实用价值兼备。

丛书编委会

2019 年 12 月

序 言

　　我国是世界畜禽遗传资源大国，具有数量众多、各具特色的畜禽遗传资源。这些丰富的畜禽遗传资源是畜禽育种事业和畜牧业持续健康发展的物质基础，是国家食物安全和经济产业安全的重要保障。

　　随着经济社会的发展，人们对畜禽遗传资源认识的深入，特色畜禽遗传资源的保护与开发利用日益受到国家重视和全社会关注。切实做好畜禽遗传资源保护与利用，进一步发挥我国特色畜禽遗传资源在育种事业和畜牧业生产中的作用，还需要科学系统的技术支持。

　　"中国特色畜禽遗传资源保护与利用丛书"是一套系统总结、翔实阐述我国优良畜禽遗传资源的科技著作。丛书选取一批特性突出、研究深入、开发成效明显、对促进地方经济发展意义重大的地方畜禽品种和自主培育品种，以每个品种作为独立分册，系统全面地介绍了品种的历史渊源、特征特性、保种选育、营养需要、饲养管理、疫病防治、利用开发、品牌建设等内容，有些品种还附录了相关标准与技术规范、产业化开发模式等资料。丛书可为大专院校、科研单位和畜牧从业者提供有益学习和参考，对于进一步加强畜禽遗

传资源保护，促进资源可持续利用，加快现代畜禽种业建
设，助力特色畜牧业发展等都具有重要价值。

中国科学院院士

中国农业大学教授　吴常信

2019 年 12 月

前言

　　畜禽遗传资源是畜牧业发展的重要物质基础，是国家食品安全和经济安全的重要保障。在现代畜禽生产条件下，畜禽种质资源与育种利用水平高低已成为国际畜牧行业竞争的重要筹码。多年来，系统介绍单一地方品种或我国自主培育、具有知识产权畜禽品种的书籍很少。为了挖掘和整理地方畜禽遗传资源，宣传推广我国自主培育的优良畜禽品种，加强遗传资源保护与可持续开发利用工作，为畜禽种质创新提供育种素材，为畜牧业健康可持续发展提供资源保障和技术支撑，为农业供给侧结构性改革提供特色畜禽产品，组织编写"中国特色畜禽遗传资源保护与利用丛书"很有必要。

　　我国是世界上地方猪种资源最丰富的国家之一，载入2011年出版的《中国畜禽遗传资源志·猪志》中的地方猪种就有76个，每个地方猪种中还有很多类型。地方猪种因生长慢、饲料转化效率低、瘦肉率低，在商品生产中失去竞争优势，但又因其繁殖力强、耐粗饲、肉质细嫩、口味鲜美等特点需要加以保护和开发。保护和开发地方猪种，首先要了解地方猪种，保护好地方猪种，饲养好地方猪种，利用好地方猪种，并通过市场开发促进地方猪种的保护和选育提高。

前言

随着社会的进步,经济的持续发展,人们生活水平的提高,市场对具有地方特色的高品质猪肉的需求正在不断增长。保护开发利用我国丰富的地方猪种资源,对于调整目前我国以外种猪养殖为主的生猪生产结构,充分利用农村青粗饲料和农副产品,降低生产成本,提高猪肉品质,满足市场肉品的多样化需要,促进农民增收等方面意义重大。本书组织长期从事沙子岭猪研究的技术管理人员,采用通俗易懂的文字,对沙子岭猪品种起源与形成过程、品种特征和生产性能、品种保护、杂交利用与配套系选育、品种繁育、营养需要与日粮配制、饲养管理技术、保健与疾病防治、猪场建设与环境控制、废弃物处理与资源化利用、开发利用与品牌建设等方面的科技知识和生产管理技术进行了详细介绍。

由于时间仓促,书中错误和不足之处在所难免,期望同行多提宝贵意见。

编　者

2019 年 12 月

目录

第一章
品种起源与形成过程

第一节　产区自然生态条件

沙子岭猪因原产于湖南省湘潭市城郊沙子岭一带而得名。1984 年出版的《湖南省家畜家禽品种志和品种图谱》将产于湘潭的沙子岭猪、衡阳县的寺门前猪、常宁县的荫田猪以及东安县的两头黑猪，归并为同一品种，统称沙子岭猪。1982 年 5 月，在湖北武汉召开的"华中两头乌猪"学术讨论会上，将湖南沙子岭猪、湖北通城猪和监利猪、赣西两头乌猪以及广西东山猪等地方猪类群，统一定名为"华中两头乌猪"。在 1986 年出版的《中国猪品种志》中，沙子岭猪是"华中两头乌猪"中的一个类群。2004 年，沙子岭猪编入《中国畜禽遗传资源名录》；2011 年，沙子岭猪编入《中国畜禽遗传资源志·猪志》；2014 年，沙子岭猪被列入农业部 2061 号公告《国家级畜禽遗传资源保护名录》。

一、产地及分布

据 1984 年出版的《湖南省家畜家禽品种志》记载，沙子岭猪产区为湘潭市的长城和护潭乡，湘潭县的泉塘子、姜畬和云湖桥乡（镇），衡阳县的礼梓、高汉、曲兰乡（镇），常宁县的荫田、龙门乡（镇），东安县的石期、台凡、大江口等乡（镇）。沙子岭猪曾分布于湘中、湘东和湘南等地的 30 多个县市。历史上曾输往邻省，20 世纪 50 年代以来，湖北、江西、河南、河北、广东、广西、辽宁等省份均曾引种饲养。

2006 年以来，沙子岭猪主要分布在湘潭县的花石、青山桥和石鼓，湘乡市的月山、金石、白田和龙洞，韶山市的大坪、杨林和如意等乡（镇）；衡阳

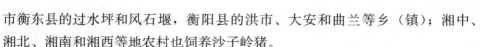

市衡东县的过水坪和风石堰，衡阳县的洪市、大安和曲兰等乡（镇）；湘中、湘北、湘南和湘西等地农村也饲养沙子岭猪。

二、产区生态条件

沙子岭猪产区生态环境较好。主产区位于湖南中部，湘江中游，地理位置为东经 111°58′～113°05′，北纬 27°20′55″～20°05′40″，处于中亚热带，属亚热带季风湿润温和气候，四季分明，阳光充足，雨量充沛，无霜期为 273～283d。夏季平均气温 28.1℃，冬季平均气温 6.6℃，年平均气温 17.5～18.0℃。冬季为偏北风，夏季盛行偏南风，年日照为 1 640～1 700h，平均年降水量为 1 400～1 450mm，夏秋干旱，酷热期较长。

农业生产主要是稻—稻—绿肥（油菜）耕作制。旱作物有甘薯、花生、黄豆、玉米、小麦、高粱、荞麦等。蔬菜品种多，春夏秋冬四季都可种植，其茎叶与副产品是养猪的好饲料；主产区湘潭县农业发达，为全国"粮食百强县"，粮猪结合是当地农业生产经营的主要形式。糠、麸、糟、渣、粕、碎米等是养猪的重要饲料来源。寺门前、荫田等地野生饲料资源丰富。历史上，产区多以蔬菜脚叶拌糠麸、糟渣调成稀薄料喂猪，只对哺乳母猪、仔猪和育肥猪补加一些大米和甘薯，因而培育了沙子岭猪耐低营养水平的特性。目前，配合饲料广泛推广，产区沙子岭猪营养水平有所提高。

第二节　产区社会经济变迁

一、产区人文、经济和交通

沙子岭猪的主产区为湘潭，地处湖南中部，湘江中下游，历史悠久，是湖湘文化发源地。湘潭人杰地灵，物华天宝，是一代伟人毛泽东、著名军事家彭德怀、世界文化名人齐白石的故乡；湘潭山川秀丽，湘江从南向北经过，涟水、涓水汇聚湘江，构成了十分便利的水上交通运输；湘潭土地肥沃，自古以来是湖南的商品粮生产基地、生猪繁养基地；湘潭商贾云集，是湖南中部重要的商业中心，也是长江流域经济较发达和最具发展活力的地区。

湘潭总面积 5 006km²，辖湘潭县、湘乡市、韶山市、雨湖区和岳塘区，2015 年末总人口 289 万，年生产总值 1 703.1 亿元，粮食播种面积 21.84 万 hm²，粮食总产量 152.6 万 t，出栏肉猪 521 万头，人均 1.8 头。

湘潭陆路交通便捷、四通八达，湘黔铁路、沪昆高速连接东西，京珠高速和京珠高铁贯穿南北，国道有 107、320 横贯市内，长潭西线、九华大道、湘江风光带三条宽敞道路与长沙对接，长株潭城际铁路连接长沙、株洲、湘潭三个市。湘江从南向北流过城市中心。

二、主要产品及市场消费习惯

沙子岭猪有四个主要产品。一是种猪和仔猪。仔猪 60 日龄体重达 20kg 即出售，纯繁的小母猪大多数选留作后备种猪，小公猪阉割后用于育肥。湘乡市的白田、金石，韶山市的大坪、杨林等产区，历来是仔猪（主要是二元杂交仔猪）的繁殖生产基地，据当地畜牧部门统计，韶山市每年对外销售的仔猪约 23 万头。二是肉猪。沙子岭猪育肥饲养到 75～85kg 上市屠宰，饲料报酬较高，如果继续饲养，则体脂沉积加快。以沙子岭猪为母本的二元或三元杂交商品猪，一般饲养到 90～100kg 屠宰，其饲料报酬较理想，肉色鲜红有光泽，肌间脂肪含量适中，肉质鲜嫩，深受城乡居民喜爱，也得到俄罗斯等国际市场的高度认可。湖南省猪肉加工出口企业伟鸿食品有限公司，2005 年出口猪肉产品约 1.0 万 t，其中以沙子岭猪为母本的杂交猪分割肉达 0.4 万 t，占 40%。三是中猪和乳猪。20 世纪 80 年代初开始，以沙子岭猪为母本的二、三元杂交中猪 40～45kg 和乳猪 7～10kg，一直深受港澳市场欢迎。2005 年韶山港越食品有限公司加工中猪 8 900t，烤乳猪 3 200t。四是腊制品。每年入冬以后，城乡居民都喜欢选择沙子岭猪或其二元杂交猪自制腌、腊肉制品，因其猪肉肌间脂肪丰富，加工后色亮、气香、味甜。由于沙子岭猪肌肉纤维较细，肌间脂肪含量多，肉味鲜美，更适合于鲜炒、红烧和煮汤。为规范湘潭特色的红烧肉生产技术规程，湖南省质量技术监督局于 2015 年发布了地方标准《毛氏（家）红烧肉》，标准规定毛氏（家）红烧肉的原料主材首选沙子岭猪肉。

第三节 品种形成的历史过程

一、品种形成

沙子岭猪形成历史悠久。根据湖南省博物馆提供的湘潭县九华公社桂花大队船形生产队农民朱桂武发现和上交的青铜猪尊（图 1-1）情况考察，在商、周时代（前 1711 年—前 256 年），湘潭的养猪生产已很发达。考察距湘潭 400

图 1-1　湘潭九华出土的青铜猪尊

多千米的绥宁县武阳的"点头墨尾"猪，其体型外貌和小型沙子岭猪相似。沙子岭猪头部黑斑的遗传性稳定并呈现一定的表型率。χ^2测定，绥宁县武阳"点头墨尾"猪头部黑斑未越耳根的表型率，与沙子岭猪比较，$p > 0.05$，差异不明显。查绥宁武阳周姓的家谱记载，祖籍是湘潭瓦子坪（即在沙子岭猪原产地附近），元末明初（1368 年前后），周姓"落担始祖"原授千户之职，袭旗甲之勋。明洪武二十二年（1390 年）因误王事，于永乐二年（1404 年）甲申随军伍来绥邑，查勘荒田、屯种。这说明沙子岭猪在明初已经存在，并随人迁居而带走屯养。查《湘潭县志》卷五记载，明嘉靖初（1522 年），湘潭知县为镇压贫民反抗，将聚众造反的头头招为"团练长"，并兼制狗皮冠猪皮鞋。说明当时湘潭的猪皮制革工业已很发达。《湘潭县志》卷九（1876 年）记载，清咸丰七年（1857 年）到光绪十四年（1875 年），在沙子岭、河口一带，猪常产怪胎，说明在清朝当地养母猪已较普遍，形成了繁殖中心。20 世纪初湘潭县有猪经纪协会，1949 年猪经纪协会有 110 多人。湘潭沙子岭、许家铺子的老人讲自己的祖辈就养这种猪，而且流传着选种谚语："点头墨尾、无斑花、短嘴筒、蝴蝶耳、牛眼睛、筒子身、半腹肚（不拖腹）、开膛见奶、体质结实。"这些事例说明了沙子岭猪是经过当地长期的驯化、培育和选择形成的猪种。

二、群体变迁

（一）群体规模

2006 年品种资源调查统计，全省有沙子岭母猪 5.98 多万头，公猪 18 头。

其中：沙子岭猪主产区湘潭市有母猪约 2.24 万头（占 37.46%），公猪 13 头；衡阳市有母猪 3 500 多头（占 5.89%），公猪 2 头；娄底市有母猪 4 300 多头（占 7.28%），公猪 3 头；长沙、常德、株洲和湘西等地区有母猪约 2.95 万头（占 49.37%）。

（二）群体消长

沙子岭猪原是湖南省生猪生产中的当家品种。1954 年全省有沙子岭猪 100 万多头；1957 年有 314 万多头，占全省养猪数的 37.5%；1964 年约占全省的 53.4% 以上；1980 年统计，沙子岭猪产区有沙子岭种猪约 7 万头，其中湘潭市郊和湘潭县有种猪 2.7 万头，衡阳县有种猪 1.5 万头，常宁县有种猪 1.7 万头，东安县有种猪 1.1 万头左右。全省共有沙子岭种猪 30 万多头。

20 世纪 80 年代以来，随着配合饲料、生猪经济杂交和人工授精等技术的推广与普及，生猪品种改良步伐加快，杜长大杂交瘦肉型猪迅速发展，沙子岭母猪逐年减少。沙子岭猪逐步向三个大的方面转变：一是沙子岭母猪占母猪总饲养量的比例逐年下降。据湘潭市畜牧部门统计，1980－1991 年是二元杂交普及时期，沙子岭母猪饲养量虽多，但在母猪总数中的比例由 77.61% 下降到 60.62%，1996 年下降到 37.18%，2006 年下降到 11.69%，2015 年下降到 8% 以下。二是沙子岭猪中心产区转移到交通经济欠发达的农村和边远山区，当地青绿粗饲料丰富。这些地方经济条件较差，农民饲养沙子岭母猪历史久，养猪仍然是农民的主要收入来源之一。但沙子岭猪纯繁较少，主要是开展杂交生产。三是国有畜牧场逐渐放弃对沙子岭猪的选育、繁殖和推广。1986 年，原来承担沙子岭猪扩繁和推广任务的湘潭县和湘乡市两个县级畜牧场，开始转向饲养瘦肉型猪。1990 年以后，国有畜牧场因改制解散。

目前，饲养沙子岭猪主要有三种情况，一是沙子岭猪资源保护场对沙子岭猪进行基因资源保护。1984 年，湘潭市家畜育种站根据市政府"保护和利用好沙子岭猪基因资源"的要求，建立了沙子岭猪保种场，成立了沙子岭猪保种技术小组，市蔬菜畜牧水产局副局长康运泰同志制定了《沙子岭猪保种试行方案》，市家畜育种站根据试行方案要求制定了《沙子岭猪保种实施方案》。当年从产区的不同乡镇选择不同血缘关系的沙子岭公猪 10 头、母猪 50 头组成保种核心群，建立种猪档案，开展了专业化的基因库保种工作。通过纯繁选育，沙子岭猪品质不断提高，每年向产区农民提供种猪 350～550 头。到 1990 年，因保种经费严重不够，采取保种场与产区相结合的方式保种，将部分公猪和母猪下放到湘潭县的云湖桥、青山桥等产区农户饲养，保种场对农户饲养保种公猪和母猪给予一定补助。当时，保种场饲养沙子岭公猪7～9头，母猪50～60头，下放在产区的公猪3头，母猪120～130头。2011年8月，位于湘潭县梅林桥镇飞龙村的万头沙子岭猪保种场建成投产，并从产区收回沙子岭公猪15头、母猪300头组成保种核心群。二是主产区和边远山区的少数农户饲养沙子岭母猪进行杂交，仔猪自繁自养。三是优质猪肉生产企业饲养。以沙子岭猪为母本的二元和三元杂交猪肉质细嫩，含有16种氨基酸，其中含人体必需氨基酸达9种（占总量的60.0%），肌肉营养价值高，熟肉率高，系水力强，肌纤维细，肉质细嫩味香。2012年，组建了沙子岭猪开发公司，建立沙子岭猪养殖基地，着手开发生产优质猪肉系列产品，目前，湘潭、长沙、杭州等地开设沙子岭猪肉专卖店20多家。

三、品种特性

从1984年开展专业化的沙子岭猪保种以来，湘潭市蔬菜畜牧水产局和湘潭市家畜育种站等单位联合开展了沙子岭猪毛色、生产性能、肉品质及生理生化等方面研究。研究表明，沙子岭猪在低营养水平条件下，具有较快的生长速度（日增重412 g～446g），较好的饲料报酬（4.82～4.48），较高的瘦肉率（40.82%～44.59%）和较低的骨率（8.87%），且遗传稳定；沙子岭母猪及二元杂交母猪对青粗饲料的消化吸收率高，蛋白质合成率高，在低营养水平条件下生产性能发挥较好，产仔数和产活仔猪数多、仔猪成活率高、护仔性能好，利用时间长达6～7年（为外来猪种的二倍）。公猪体型中等、饲料消耗低、性成熟早、性欲旺盛、精液质量好、利用年限为4～5年，比外来品种延长1～2年。公母猪抗逆性强；沙子岭猪肉质优良，氨基酸含量丰富，且含人体必需氨基酸比例高，肌间脂肪分布适中，肉质鲜嫩，营养价值高，且低营养水平对这些性状影响不大；沙子岭猪杂交配合力好，杂交筛选的优势杂交组合如"双长沙"生长快（日增重640g）、饲料报酬高（3.2）、瘦肉率高（61.7%）、肉质优良。

四、品种保护

中华人民共和国成立以后，对沙子岭猪进行了科学研究工作。1954年，华中农业科学研究所会同湖南省农林厅及湘潭专署农业局、湘潭县农业局对沙子岭猪进行了调查，确认沙子岭猪为地方良种。湖南省畜牧试验站（现湖南省畜牧兽医研究所）、湖南农学院（现湖南农业大学）也先后开展了对沙子岭猪的调查、引种和试验等研究工作。先后在湘潭建立沙子岭种猪场、湖南省湘潭市沙子岭生猪繁育指导站，开展沙子岭猪的保种选育，并在产区进行了沙子岭猪的良种鉴定登记工作。1984 年，湘潭市人民政府通过市长办公会议决定加强沙子岭猪资源保护，由湘潭市蔬菜畜牧水产局制定《沙子岭猪保种试行方案》，由市级畜牧事业单位湘潭市家畜育种站承担保种任务，在产区建立保种场和保护区，组建保种核心群，持续开展专业化的沙子岭猪基因资源保种工作。

第二章
品种特征和生产性能

第一节 体型外貌

一、外貌特征

沙子岭猪被毛较粗稀，毛色特征为"点头黑尾"，即头部和臀部为黑色，其他部位为白色，背腰部有黑斑或隐花的占17%左右。头部黑斑以两额角为中心分为两块连于头顶，遗传稳定。头部黑斑块有未越耳根和越过耳根的两种表现型，黑斑未越耳根的占27.0%，越过耳根6cm的占14.0%，6cm以内的占59.0%。臀部黑斑绕尾根呈圆形或椭圆形。成年猪的鬃毛长而粗；公猪鬃毛长8.0cm，最长8.5cm，背部鬃毛面积的长度为41.7cm，最宽部位为12.0cm；母猪鬃毛长9.7cm，最长11.0cm，背部鬃毛面积的长度为47.0cm，最宽部位为12.8cm；肥猪的鬃毛细短，仔猪被毛较稀细，皮肤细嫩、红润、有光泽。成年猪皮较厚，色淡白。体长中等，体躯较宽，颈短粗，背腰平直的占76%，微凹的占24%。腹大而不拖地，臀部发育一般，大腿欠丰满。四肢粗壮结实，前肢正直，后肢微弯、开张，开膛见奶。蹄甲坚实，蹄系正直，趾甲不落地。乳房发育良好，母猪乳池宽大，乳头多在14个以上，最多的17个。双乳头的呈对称排列，单乳头的呈品字形排列，最后一对乳头分开的占84.0%，靠拢的占16.0%。有粗乳头和细乳头之分。成年猪尾长过飞节，尾根粗，尾巴皮肤黑色，尾端毛较长呈毛笔状，尾尖毛有白毛和黑毛两种。成年母猪尾长为31.20cm，公猪31.53cm。初生仔猪有犬齿2对，成年猪獠牙较长。公猪睾丸较小，阴囊外露不明显。沙子岭猪公猪、母猪见图2-1、图2-2。

图 2-1　沙子岭猪公猪

图 2-2　沙子岭猪母猪

二、体型特点

沙子岭猪属肉脂兼用型猪种，体型中等，分为大小两种，母猪体重大型130kg，小型97kg，大型母猪的前躯不及小型猪发达；公猪体重大型120kg，小型75.0kg，体型紧凑。1980年普查时，成年公猪的体长和体高大于成年母猪，体重却相反。目前，农村饲养的成年公猪，体长、体高和体重都较成年母猪小；保种场饲养的公母猪体重、体长、体高仍保持1980年水平。

2006年进行了品种普查，统计了其中14头公猪和59头母猪的毛色、外貌和体型分布比例，详见表2-1。

表 2-1　沙子岭猪成年猪体型及毛色等性状统计

项目		公猪	母猪	项目		公猪	母猪
统计头数（头）		14	59	统计头数（头）		14	59
体型（%）	大型	85.7	69.49	臀部（%）	丰满	78.57	59.32
	小型	14.3	30.51		欠丰满	21.43	40.68
毛色（%）	点头墨尾	100	83.05	头部（%）	头大	100	86.44

（续）

	项目	公猪	母猪		项目	公猪	母猪
	背腰黑斑		16.95		嘴筒中等	100	83.05
躯干（%）	背腰平	100	74.58	乳头	对数	7.3	7.5
	背腰凹		25.42		粗乳头（%）		20.33
腹部（%）	平直	100	42.37		中等乳头（%）	42.86	35.59
	下垂		57.63		细乳头（%）	57.14	44.08

三、体重体尺

1980 年和 2006 年进行了沙子岭猪品种资源普查，其体重体尺数据见表 2-2。

表 2-2　沙子岭猪成年猪体重体尺

项目	年份	头数	体高（cm）	体长（cm）	胸围（cm）	体重（kg）
公猪	1980	18	72.80±1.28	133.22±3.16	113.89±2.48	113.87±4.90
	2006	9	69.67±1.22	129.89±3.48	110.56±4.48	109.28±10.74
母猪	1980	297	66.23±0.26	126.04±0.38	118.39±0.54	117.0±1.50
	2006	32	67.63±3.19	134.78±4.46	124.38±4.32	124.73±7.42

2014 年沙子岭猪资源场测定：6 月龄公猪平均体重 42kg、体长 90cm、体高 45cm，6 月龄母猪平均体重 45kg、体长 87cm、体高 42cm。成年公猪平均体重 130kg、体长 136cm、体高 71cm；成年母猪平均体重 145kg、体长 138cm、体高 66cm。

第二节　生物学特性

一、分娩行为

沙子岭猪母猪分娩前后的合理饲养，是保证母猪正常分娩和降低新生仔猪死亡率的必要条件。1998 年，我们对相同产期的四头二产纯繁沙子岭猪母猪围产期的行为进行了观察。研究沙子岭猪母猪分娩前后的行为及变化规律，有利于建立科学饲养管理制度，充分发挥其优良的繁殖性能。

（一）产前行为

沙子岭猪母猪分娩前的主要征兆是衔草做窝，排粪、排尿次数增多，腹部明显增大下沉，阴户充血肿胀，体积明显增大，越接近分娩时间，乳房增大更多，母猪乳头开始排乳汁至产仔的间隔时间为 1 028.22min。阴户出现黏液至产仔的时间为 496.20min。故根据乳房充起程度、开始排乳汁时间、阴户肿胀度、阴户出现黏液的时间，结合做窝开始时间，即可基本预测母猪产仔的时间，提前做好接产准备。

（二）分娩期行为

母猪分娩期行为见表 2-3。母猪分娩前最后一次躺下至第一头仔猪产出的间隔时间为 23.75min。从第一头仔猪产出到最后一头仔猪产出的持续时间（分娩期）为 73.08min，产一头仔猪平均需 5.73min。母猪排胎衣的开始时间在产后 122.74min，胎衣全部排出的持续时间为 106.93min，胎衣分 1～4 次排出，平均 2.5 次排完，胎衣重 1.49kg。

表 2-3　沙子岭猪母猪分娩期行为

项目	母　猪　号				$\overline{X}\pm SE$
	(2) 2	(4) 1	(8) 1	(13) 1	
最后一次躺下至第一头仔猪产出（min）	11.37	19.02	60.03	4.58	23.75±12.45
产第一头仔猪至最后一头仔猪时间（min）	64.83	54.00	141.07	32.43	73.08±23.64
产一头仔猪平均时间（min）	5.40	3.60	11.76	2.16	5.73±2.11
产完仔猪至胎衣开始排出（min）	77.67	290.95	96.32	26.0	122.74±58.01
胎衣排出持续时间（min）	27.0	128.67	86.32	185.73	106.93±33.54
产第一头仔猪至胎衣全部排出时间（min）	169.5	473.62	323.70	363.28	332.53±62.92
胎衣重量（kg）	1.10	1.48	1.52	1.55	1.49±0.04
胎衣排出次数	2	4	1	3	2.5±0.65
产仔数	12	15	12	15	13.5±0.87

（三）产后行为

沙子岭猪母猪分娩后昼夜卧息时间较长，且差异不大，这有利于母猪均衡休息，恢复体力。沙子岭猪母猪产后 3d 内哺乳次数白天 21.58 次，夜间 24 次，明显高于二花脸母猪（白天 7.67 次，夜间 7.86 次），说明沙子岭猪的母性强于二花脸猪。母猪产后第一次饮食的时间离产后近 12h，而产后体质虚弱，生理过程明显不同于产前，况且要承担仔猪频繁的吮乳，故加强分娩后母猪饮食调制具有十分重要的意义。

（四）分娩前征兆

在观察母猪围产期行为的同时，对母猪分娩前后的体重、体尺、乳房、阴户的变化进行了观察测定。观察发现，沙子岭母猪分娩前除表现频繁的做窝、排粪、排尿等行为外，阴户逐渐肿胀、增大。乳房由基部开始胀大，并向乳头尖端发展。腹围增大、腹部下沉。越接近分娩时间，各部位变化越明显。因此，根据乳房充起程度及开始排出乳汁的时间、阴户肿胀度及出现黏液的时间，结合开始做窝时间，即可预测母猪产仔时间。详见表 2-4 至表 2-6。

表 2-4　沙子岭猪母猪分娩前后体重、体尺变化（单位：cm）

时间	体高	凹高	臀高	胸围	腹围	臀围
产前 3d	67.33±2.47	64±2.6	69.67±1.44	117.83±2.75	162.93＋1.68	78.33±7.09
产前 2d	66.00±2.94	63.5±2.68	69.63±3.15	115.38±4.07	163.7±4.61	84.5±3.2
产前 1d	65.88±3.33	62.13±1.70	68.5±2.77	118.63±3.45	167.25±3.97	82±5.89
产后 5d	66.13±2.17	64.38±2.21	70.13±2.46	114.63±4.96	157.25±4.50	81.63±4.85

注：产前体重 146.5±11.09kg；产后第 5 天体重 142.57±8.15kg。

表 2-5　沙子岭猪母猪分娩前乳房变化（单位：cm）

时间	乳头长	乳头直径	乳房总长	乳房基部横径	乳房基部纵径
产前 3d	1.49±0.07	1.83＋0.19	3.19±0.31	4.36±0.64	4.05±0.39
产前 2d	1.48±0.13	1.86±0.17	3.41±0.37	4.45±0.42	4.13±0.27
产前 1d	1.51±0.13	1.87±0.17	3.37±0.29	4.70±0.56	4.31±0.28

表 2-6　沙子岭猪母猪分娩前后阴户变化（单位：cm）

性状	产前 3d	产前 2d	产前 1d	产后 5d
阴户长	8.67±1.21	9.04±0.77	9.00±0.56	7.86±0.35
阴户宽	4.23±0.25	4.35±0.21	4.50±0.36	3.67±0.18

二、哺乳行为

1985 年，对四头沙子岭初产母猪的哺乳行为进行了观测，发现沙子岭母猪性情温驯，饲养人员容易接近，母猪躺卧时动作十分小心，一般都用嘴将仔猪推向一边，按前肢、腹部的顺序慢慢躺下接近地面，这样就减少了仔猪被压死的机会，提高了成活率。60d 哺乳期内，沙子岭猪母猪平均哺乳次数为 30.95 次，高于大围子猪（28.85 次），更高于二花脸猪（20.17 次），这是沙子岭猪母性强的一种表现。沙子岭猪母猪放乳前仔猪拱奶时间为 69.04s，放乳持续时间为 65.2s。60d 哺乳期泌乳量为 216.12kg，泌乳高峰期在产后18～26d，日泌乳量最多为 4.63kg，断奶时日泌乳量降到 2.58kg。沙子岭猪母猪放乳次数、哺乳间隔时间、放乳前仔猪拱奶时间、放乳持续时间等情况详见表 2-7 至表 2-12。

表 2-7　沙子岭猪哺乳母猪放乳次数（单位：次）

母猪耳号	时间段	产后天数（d）														全期平均
		3	6	9	12	15	18	21	26	31	36	41	46	51	56	
(10) 1	全天	36	39	33	33	32	30	31	34	32	35	31	33	24	26	32.07
	白天	21	21	15	18	15	17	16	15	15	18	16	15	10	12	16.0
	夜晚	15	18	18	15	17	13	15	19	17	17	15	18	14	14	16.07
(10) 2	全天	41	37	35	32	28	32	29	29	27	27	29	24	24	24	29.86
	白天	20	19	16	14	12	11	13	13	12	14	14	10	10	9	13.71
	夜晚	21	18	19	18	16	18	16	14	15	15	15	14	14	15	16.14
(8) 1	全天	27	33	29	30	29	29	27	30	28	28	26	23	25	27	27.79
	白天	13	15	14	15	15	12	13	15	13	11	12	11	11	12	12.93
	夜晚	14	18	14	16	14	15	17	18	13	15	15	11	14	15	14.86
(13) 1	全天	39	40	43	35	33	34	29	32	32	33	33	31	32	31	34.27
	白天	20	21	23	18	17	17	13	16	15	16	16	15	16	17	16.79
	夜晚	19	19	20	17	15	16	16	17	19	18	16	17	16	14	17.29
平均	全天	35.15	37.25	35.00	32.50	30.25	31.25	29.00	31.25	29.25	30.25	29.25	27.75	26.00	27.00	30.95
±SD		6.18	3.09	5.89	2.08	2.63	2.22	1.63	2.22	2.62	3.86	2.99	4.99	4.0	2.94	2.72

注：6：00—18：00 为白天，18：00—次日 6：00 为夜晚。

表 2-8　沙子岭猪母猪哺乳间隔时间（单位：min）

| 母猪耳号 | 产后天数 (d) | | | | | | | | | | | | | 全期平均 |
---	3	6	9	12	15	18	21	26	31	36	41	46	51	56	
(10) 1	29.99	29.92	36.6	37.03	37.42	41.03	42.06	37.19	37.53	44.39	40.35	36.09	51.42	47.53	39.18±5.95
(10) 2	25.43	29.71	36.18	40.45	45.54	42.9	48.83	44.58	49.06	49.93	49.19	53.55	56.68	54.94	45.02±9.29
(8) 1	44.34	36.12	45.73	41.70	44.89	43.33	49.8	41.59	44.65	44.69	49.11	56.23	55.23	49.15	46.18±5.36
(13) 1	29.32	28.45	27.17	34.20	38.76	35.78	46.14	40.10	38.17	37.15	37.04	40.14	39.62	41.09	36.65±5.32
平均	32.27	31.05	36.42	38.35	42.65	40.76	46.71	40.87	42.35	44.04	43.92	46.50	50.74	48.18	41.77
±SD	8.29	3.44	7.58	3.39	5.63	347	3.46	3.08	5.51	5.25	6.19	9.89	7.74	5.69	5.73

表 2-9　放乳前仔猪拱奶时间（单位：s）

| 母猪耳号 | 产后天数 (d) | | | | | | | | | | | | | 全期平均 |
---	3	6	9	12	15	18	21	26	31	36	41	46	51	56	
(10) 1	42.22	41.61	41.82	47.07	40.36	56.78	58.0	74.3	69.19	65.0	81.28	81.86	89.19	103.53	63.25
(10) 2	43.31	58.95	46.94	66.28	50.19	69.69	68.39	77.07	84.41	80.7	88.36	99.83	100.71	96.25	73.65
(8) 1	50.8	65.9	46.13	63.17	58.12	63.59	64.28	67.37	67.04	95.12	108.46	89.27	71.21	95.5	71.89
(13) 1	48.73	46.41	58.28	46.12	69.97	68.56	64.21	68.97	60.84	69.13	70.67	95.87	68.23	99.58	66.83
平均	46.21	53.22	48.29	53.66	54.66	64.66	63.22	71.93	71.49	77.49	87.19	91.21	82.47	98.72	69.04
±SD	4.23	11.18	7.03	10.54	12.53	5.88	4.28	4.53	7.24	13.5	15.92	7.88	15.23	3.67	16.71

表 2-10　沙子岭猪母猪放乳持续时间（单位：s）

| 母猪耳号 | 产后天数 (d) | | | | | | | | | | | | | 全期平均 |
---	3	6	9	12	15	18	21	26	31	36	41	46	51	56	
(10) 1	85.0	85.0	75.0	77.0	64.0	64.0	77.0	59.6	54	63.86	66.63	59.5	54.33	56.50	67.24
(10) 2	84.0	83.0	69.56	61.29	64.0	63.0	60.8	64.5	66.57	67.82	60.31	66.89	56.3	45.38	65.24
(8) 1	98.0	71.7	65.0	62.5	65.0	64.5	63.5	61.25	61.0	64.14	63.0	60.0	63.25	57.86	65.76
(13) 1	76.0	74.67	66.0	67.0	63.5	66.0	64.0	48.6	57.2	61.30	62.0	60.8	49.0	60.6	62.62
平均	85.75	78.58	68.89	66.95	64.13	64.38	66.33	58.49	59.69	64.28	62.98	61.79	55.72	55.09	65.22
±SD	9.11	6.42	4.52	7.14	0.63	1.25	7.25	6.89	5.40	2.68	2.67	3143	5.89	6.69	1.93

表 2-11　哺乳开始到结束时间（单位：min）

| 母猪耳号 | 产后天数 (d) | | | | | | | | | | | | | 全期平均 |
---	3	6	9	12	15	18	21	26	31	36	41	46	51	56	
(10) 1	9.09	7.81	5.97	7.27	7.34	6.53	4.54	5.67	6.64	4.78	5.91	7.11	6.64	6.19	6.54±1.19
(10) 2	9.45	7.21	6.17	6.10	5.84	3.55	4.44	5.07	5.74	5.45	5.48	5.34	5.93	5.66	5.78±1.26
(8) 1	9.03	7.52	4.95	6.30	5.20	4.80	4.24	6.57	6.78	6.74	6.28	6.24	4.77	4.18	6.06±1.27
(13) 1	7.59	7.55	6.32	6.94	4.88	6.57	5.29	4.90	6.83	6.59	6.31	5.38	5.36	6.49	6.21±0.91

（续）

母猪耳号	产后天数（d）													全期平均
	3	6	9	12	15	18	21	26	31	36	41	46	51	56	
平均	8.79	7.52	5.85	6.65	5.84	5.75	4.77	5.55	6.49	5.89	5.99	6.02	5.68	5.48	6.15
±SD	0.82	1.25	0.62	0.55	1.07	1.47	0.38	0.75	0.51	0.94	0.39	0.84	0.79	1.66	0.32

注：经统计白天平均 5.33±1.11min，晚上 6.89±1.11min；经显著性检验，日夜差异极显著 $p<0.01$。

表 2-12　沙子岭猪母猪泌乳量（单位：g）

产后天数	每头母猪每日泌乳量						母猪阶段泌乳	母猪每次泌乳	每头仔猪吸乳	
	母猪耳号				平均	±SD			每日	每次
	(10) 1	(10) 2	(8) 1	(13) 1						
3d	2 329.2	3 288.2	1 682.1	3 135.6	2 608.8	747.5	7 826.4	71.9	289.9	8.28
6d	2 808.0	3 448.4	2 574.0	3 620.0	3 112.6	501.0	9 337.8	83.4	345.8	9.35
9d	2 920.5	4 007.5	2 685.4	4 373.1	3 496.6	820.4	10 489.8	99.3	388.5	11.10
12d	3 375.9	5 014.4	3 210.0	4 004.0	3 901.1	817.2	11 705.3	120.1	433.5	13.34
15d	4 006.1	4 312.0	3 738.0	4 191.0	4 061.8	249.8	12 185.4	134.9	477.9	15.93
18d	4 050.0	5 491.2	4 190.5	4 770.2	4 625.5	655.9	13 876.5	147.9	578.2	18.15
21d	4 023.8	4 631.3	3 742.2	3 842.5	4 059.8	398.3	12 179.7	142.7	579.9	19.99
26d	4 297.6	4 555.9	3 921.0	4 105.6	4 220.0	27.6	21 100.0	135.6	675.2	21.78
31d	3 625.6	4 023.0	3 598.0	3 705.6	3 738.1	195.4	18 690.5	126.7	598.1	20.10
36d	3 797.6	3 960.9	3 444.0	3 580.6	3 695.7	228.9	18 478.5	12 117	591.3	19.23
41d	3 087.6	4 071.6	3 049.8	3 227.4	3 359.1	481.1	16 795.9	113.8	537.5	18.07
46d	3 128.4	3 156.0	2 490.9	2 926.4	2 925.4	307.3	14 127.0	107.3	468.1	16.87
51d	2 071.8	3 019.2	2 460.0	2 880.0	2 857.6	277.1	14 288.0	101.1	4 572	17.58
56d	2 098.2	2 892.0	2 632.6	2 721.8	2 586.1	342.6	2 930.5	96.6	413.8	15.33
60d哺乳期平均	3 258.6	3 990.8	3 101.3	3 648.8	3 517.8			114.5	488.21	16.11
±SD	747.9	773.4	708.3	612.1	632.9			22.48	109.6	4.17
60d哺乳期					216.12					

三、生理生化

湖南省畜牧兽医研究所于 1981 年对不同日龄的沙子岭猪进行了血液生理生化指标测定。结果表明，初生时各项指标偏低，随年龄增长各项指标均增加。血红蛋白和红细胞初生时增加不多。血清总蛋白、血清白蛋白、血清球蛋白、白细胞的含量和血清淀粉酶的活力，30 日龄时均比初生时增加 1 倍或接近 1 倍，血小板则增加 2 倍多。60 日龄后趋于稳定。血清淀粉酶在 60 日龄时活力最高。血清球蛋白在妊娠时比空怀时增加 90％以上。血清白蛋白在妊娠 60d 后比空怀时增加 17.23％。沙子岭猪血液生理生化常值见表 2-13。

表 2-13　沙子岭猪血液生理生化常值（$n=3$）

指标	初生未哺乳		30 日龄		60 日龄		150 日龄		空怀母猪	妊娠母猪	
	公	母	公	母	公	母	公	母		30d	60d
血清总蛋白（g/L）	33.03	30.11	64.15	62.0	56.98	74.27	70.4	68.8	8.72	124.3	111.8
血清白蛋白（g/L）	17.3	19.4	37.8	33.2	36.7	33.9	30.7	30.3	35.1	34.5	41.1
血清球蛋白（g/L）	15.8	10.7	26.3	28.8	20.3	40.3	39.7	38.4	47.2	89.7	70.7
血清淀粉酶（U）	32	32	64	56	106.67	74.67	53.3	53.3	53.3		
血红蛋白（g/L）	90	80	113.3	83.3	103.3	101.3	100	91.7	97.5	98	88.8
红细胞（10^6/mm³）	3.89	3.42	4.19	4.19	4.72	4.52	3.69	4.06	3.50	3.15	3.36
白细胞（10^3/mm³）	8.32	2.7	18.5	18.51	22.85	15.85	21.18	18.40	21.98	17.68	15.0
血小板（10^3/mm³）	226	95.67	589	452.46	337	263.5	308.0	296.5	198.67	274	218.75

四、生长发育

（一）仔猪生长发育

沙子岭猪具有性成熟早和生长发育快的特点。对 36 头沙子岭猪仔猪的体重增长进行了测定（表 2-14）。其体重随日龄的增长而依次上升，20 日龄、60 日龄体重为初生重的倍数分别为 3.62、11.88。仔猪生长强度在初生至 10 日龄前最大为 82.23％，其次是 10～20 日龄为 40.57％，以后相对生长速度较慢，50～60 日龄时仅为 21.62％。绝对生长，仔猪在 30 日龄前较低，平均日增重为 105.33g，30 日龄后增长加快，平均日增重为 192g。

表 2-14　仔猪体重增长情况

项目	初生	10 日龄	20 日龄	30 日龄	40 日龄	50 日龄	60 日龄
平均数（kg）	0.82	1.97	2.97	3.98	5.67	7.84	9.74
增长倍数	1.00	2.40	3.62	4.85	6.91	9.56	11.88
生长强度（％）		82.23	40.57	29.23	35.03	32.12	21.62
平均日增重（g）		114.5	100.0	101.5	169	217	190

（二）后备猪生长发育

农村传统饲养条件下，4 月龄后备母猪的体重为 20.2kg，为初生重的 22.4 倍；6 月龄体重 31.6kg，为初生重的 35.11 倍；8 月龄体重 49.8kg，为 初生重的 55.33 倍。公猪 4 月龄体重为 20kg，为初生重的 22.22 倍；6 月龄体重 33.8kg，为初生重的 37.56 倍；8 月龄体重 47.8 kg，为初生重的 53.11 倍 （表 2-15）。

表 2-15   后备猪体重体尺（1980 年）

性别	月龄	头数	体重（kg）	体长（cm）	胸围（cm）	体高（cm）
母	4	141	20.20±0.46	64.8±0.65	62.1±0.63	39.3±0.39
	6	117	31.60±0.94	74.8±0.78	74.5±0.97	45.7±0.52
	8	70	49.8±1.60	88.8±1.10	88.4±1.11	64.2±0.84
	10	84	67.0±2.20	97.3±1.53	93.4±1.50	65.6±0.65
公	4	10	20.0±0.95	68.0±1.20	54.0±0.82	35.0±0.88
	6	10	33.8±2.53	82.2±2.88	68.1±2.69	42.3±1.61
	8	10	47.8±3.76	95.9±3.86	76.5±2.96	49.5±2.05
	10	10	52.1±3.58	100.1±3.84	83.0±2.72	52.1±1.92

规模养殖条件下，1989 年测定了湘潭市家畜育种站沙子岭猪保种群后备 猪的体重与体尺（表 2-16）。由于保种场饲料营养水平高于农村，6 月龄后备 公母猪的体重体尺相比农村有所提高。

表 2-16   后备猪体重体尺（1989 年）

性别	月龄	头数	体高（cm）	体长（cm）	胸围（cm）	体重（kg）
公猪	6	12	49.68±1.05	91.82±1.89	77.77±1.44	45.09±2.50
	12	12	65.00±0.85	118.56±0.75	101.44±1.87	92.35±3.93
母猪	6	16	48.48±0.99	95.38±1.89	83.13±1.67	51.48±3.18
	12	12	62.06±0.77	118.28±0.86	106.50±1.04	108.96±2.92

（三）生长育肥猪生长发育

龚克勤等为研究沙子岭猪胴体中皮、骨、肉、脂及其内脏器官的生长发育 规律，选择 60 日龄断奶沙子岭猪仔猪 24 头，按照全国饲养标准草案的标准降 低营养 20% 进行饲养试验，体重分别达到 30kg、45kg、60kg、80kg 时分别屠宰 3 头测定其器官、组织的生长情况。另外，选择发育中等的初生 4d，30d 5kg，60d 8kg，90d 15kg 的仔猪进行屠宰分离比较。结果表明：

沙子岭猪在幼年时绝对日增重慢，150 日龄体重 30kg 以上时，日增重速度加快，210 日龄日增重更快，但相对增重则幼年时增重最快，饲料效率也最高（5 月龄每增重 1kg 消耗消化能 37.06MJ），到后期增重变慢，饲料效率也逐步降低（7.5 月龄每增重 1kg，消耗消化能 44.27MJ）。由此看出，沙子岭猪幼时生长快，饲料报酬高。

沙子岭猪皮、骨、肉、脂肪的生长强度：骨的生长强度一般低于初生时，说明发育较早；皮、肉的生长强度属于中期发育；脂肪的生长强度随着体重的增加而迅速增长，说明脂肪是生长强度最大的组织，属晚熟组织。另外，皮、膘的增长倍数最低，而花油、板油的生长倍数和生长强度特别高，说明有强烈的蓄积脂肪能力。

沙子岭猪胴体各组织的发育与其他地方猪种比较，除具有一般猪种的生长发育规律外，还有其特殊的规律，如皮、骨、肉、脂的生长强度均高于四川的内江猪和成华猪，特别是肌肉的生长强度高于内江猪和成华猪，沙子岭猪的皮、肉生长强度超过初生时的生长强度，而内江猪和成华猪低于初生时的生长强度。脂肪的生长强度与内江猪相似，但低于成华猪。以上说明沙子岭猪的肌肉生长强度高于内江猪和成华猪。因此，沙子岭猪适宜做肉用组合的杂交亲本。

沙子岭猪胴体各部位分离情况表明，背、腰部的生长强度最高，后臀腿、前腿胸的生长强度居于中等，颈部的生长强度中等偏低。说明沙子岭猪的主要产肉部位（背、腰、前后肢）的生长强度占明显的优势，而肉质差的部位（颈、头、蹄）生长强度较低，当然沙子岭猪的花板油的生长强度较高，若向肉用方面选育，则需要加以改进。

沙子岭生长育肥猪中轴骨和四肢骨的生长强度有一定规律性，90 日龄以前的生长强度均超过初生时的生长强度，中轴骨高 3%～11.2%，四肢骨高 6%～25%，随着年龄体重的增加而生长强度降低，到 230 日龄时中轴骨只为初生时 88.4%，四肢骨为 68%，说明骨骼属于早熟组织，四肢骨较中轴骨提前停止生长。

沙子岭猪内脏的增长倍数和生长强度均较高，心脏的增长倍数高于新金猪的 21 倍，肺脏高 36 倍，肝脏高 36 倍，脾脏高 43 倍，肾脏高 33 倍，胰脏高 55 倍，小肠重高 48 倍，长度长 0.3 倍，大肠重高 91 倍，长度长 1 倍，胃重高 156 倍，说明沙子岭猪内脏器官和消化器官增长倍数和生长强度显著，内脏和消化器官比较发达，是沙子岭猪的特征之一。

从大肠、小肠长度的生长强度说明沙子岭猪与其他猪种是一致的，即大小肠均属早期发育器官，但随着年龄的增加，当采食大量的饲料时，其长度的生长强度基本停止生长，而大肠的生长强度大于小肠。内脏器官的生长强度大，说明生长力旺盛，有较强的新陈代谢机能，对沙子岭猪来说是一个很有价值的生物学特征。

沙子岭猪皮和膘的厚度适中，花、板油的生长倍数与新金猪比较高出 200 多倍，生长强度也比较高，说明沙子岭猪具有较强的蓄脂能力。

根据沙子岭猪胴体各部位，内脏器官等生长强度的大小顺序概括如下：

胴体：脂肪＞肌肉＞皮＞骨。

部位：腰部＞背部＞后臀腿＞前腿胸＞颈＞四蹄＞头部。

内脏：肝＞脾＞肺＞肾＞心；大肠＞胃＞胰脏＞小肠。

骨骼：中轴骨＞四肢骨。

五、耐粗特性

猪是杂食动物，对于粗纤维利用率不高。据试验，谷物块根日粮中用豌豆秆粉和草粉使粗纤维占日粮干物质的 7％～13％时，则育肥猪的平均增重和饲料报酬，随日粮中粗纤维含量增加而下降。粗纤维 7％时日增重为 100g，含量 9％时为 90.6g，11％时为 84g，13％时为 78.3g。Sahnela 研究同样证明：提高日粮中纤维水平将降低日增重和饲料利用率。也有研究认为育肥猪 4 月龄前日粮中粗纤维适宜含量 4％～6％，4 月龄后可增加至 5％～6％，断奶后即用含粗纤维 6％的日粮培育，可以显著提高消化器官对粗纤维的适应能力，我国猪的饲养标准（草案）中规定育肥猪日粮的粗纤维为 5％，以上说明猪对粗纤维的利用是一个限量指标，如果日粮中粗纤维过量则无益反而有害。

沙子岭猪适应性较强，耐粗饲，具有较强的耐寒耐热能力。研究表明，在日粮粗纤维含量 15.3％的情况下，沙子岭猪表现出良好的育肥性能，日增重可达 420.39g，料重比 4.42∶1，而宁乡猪相应为 390g，料重比 5.24∶1。沙子岭猪母猪在低于"南标"10％的营养水平条件下，表现出良好的繁殖性能，初生窝重达（10.6±0.4）kg，育成仔猪（10.8±1.01）头，断奶窝重达（146.79±8.67）kg。这些指标均达到"南标"所规定的要求。

第三节　生产性能

一、繁殖性能

沙子岭猪性成熟较早，小公猪 30 日龄时具有爬跨行为，55～66 日龄能伸出阴茎，100 日龄已有配种能力，产区群众有"百日起栏（配种）"的说法。经组织学检查，60 日龄时，睾丸及附睾内均发现有少量精子。公猪 5 月龄时可配种，体重约 35kg，不到体成熟体重的 1/2。公猪性欲非常旺盛，精力充沛，日有效配种 2～3 次，多的可达 4 次，正常配种情况下，每次射精量 140～220mL，射精持续时间为（4.53±2.68）min，精子密度为（2.12±1.27）亿个/mL，活力正常的精子 77% 左右，畸形精子为 8.75%，精液 pH 为 7.46，公猪利用时间为 3～4 年。

小母猪初次发情的时间特别早，发情表现明显，初次发情的时间平均为 106 日龄，最早的 71 日龄。经组织学观察，60 日龄时发现卵巢中有早期成熟卵泡，90 日龄时有发育成熟的卵泡。5 月龄卵巢重量为初生时的 215 倍，并有直径 0.1～0.3cm 的滤泡。母猪一般在 150 日龄左右，体重 35kg 左右，第三次发情时初配。母猪发情明显，主动求偶。母猪利用时间 6～8 年，最长的可达 9 年。沙子岭猪纯繁与杂交繁殖性能见表 2-17。

表 2-17　沙子岭猪母猪繁殖性能

类别	纯繁		杂交			
	初产	经产	双沙	杜沙	长沙	平均
窝数（窝）	138	303	7	8	6	
产仔数（头）	8.62±3.95	12.39±2.81	14.00±2.38	13.25±2.12	11.17±1.17	12.81±1.89
产活仔数（头）	8.49±2.31	11.53±1.95	11.57±2.57	12.75±0.25	10.17±0.98	11.50±1.27
初生体重（kg）	0.82±2.74	0.88±1.69	0.90±0.18	0.83±0.18	0.89±0.17	0.87±0.18
初生窝重（kg）	6.70±3.08	9.53±2.39	10.19±2.59	11.46±2.01	8.79±1.08	10.15±1.96
泌乳力（kg）	23.88±3.09	28.76±3.92	47.92±5.43	49.10±9.82	45.07±5.63	47.36±6.96
断奶数（头）	7.74±3.17	10.64±2.81	10.20±1.19	10.60±0.55	9.00±0.82	9.93±0.89
成活率（%）	91.18	92.28				
60 日龄个体重（kg）	9.74±2.75	11.63±2.42	15.93±1.96	15.02±2.06	15.11±1.99	15.35±2.00
60 日龄窝重（kg）	75.39±9.53	123.8±5.72	161.63±17.63	159.22±14.02	136.19±18.29	152.35±16.65

二、生长育肥性能

按《沙子岭猪饲养管理技术规范》（DB43/T 625—2011）提供的生长育肥猪营养水平饲养，15～85kg 生长肥育期间日增重 428.57～511.96g、料重比（4.03～4.85）：1（表 2-18）。商品猪适宜屠宰体重为 75～85kg。

表 2-18　沙子岭猪生长肥育性能

年份	头数	始重（kg）	终重（kg）	试验天数（d）	日增重（g）	料重比
1980	8	19.06	92.4	146	502	4.85
2002	8	21.53±3.33	73.82±10.98	121	428.57±69.95	4.65±4.75
2006	24	13.78±2.28	89.04±8.44	147	511.96±51.25	4.03±3.01
2017	30	30.81±4.11	83.63±9.13	107	493.64±84.67	4.56

三、胴体性能

肥育猪在平均体重 85kg 屠宰时，平均屠宰率 72%、瘦肉率 42%、眼肌面积 21cm^2、腿臀比例 25%；平均背膘厚 45mm。沙子岭猪胴体性能见表 2-19、表 2-20。

表 2-19　沙子岭猪生长肥育猪的屠宰性能

年份	1980	2002	2006	年份	1980	2002	2006
头数（头）	12	8	12	头数（头）	12	8	12
宰前重（kg）	90.95	77.51±9.87	87.64±4.86	眼肌面积（cm^2）	20.62	22.27±2.07	22.90±4.10
胴体重（kg）	64.37	54.58±8.21	62.18±2.40	后腿比（%）	25.45	25.99±1.61	27.00±0.01
屠宰率（%）	70.82	74.32±1.33	71.67±1.86	板油率（%）	11.81	4.99±6.79	6.06±0.50
胴体斜长（cm）		71.25±3.16	73.00±2.71	肉率（%）	42.02	42.71±1.51	41.05±1.70
胴体直长（cm）	76.04	84.01±4.53	85.63±1.73	脂率（%）	36.62	32.82±2.45	37.11±1.60
6～7 肋膘厚（cm）	5.27	3.51	4.37	皮率（%）	11.38	14.38±1.92	12.64±1.77
6～7 肋皮厚（cm）	0.52	0.45	0.44	骨率（%）	7.47	10.11±0.97	8.87±0.87

表 2-20　2016 年沙子岭猪屠宰性能

项目	测定值	项目	测定值
宰前活重（kg）	69.28±6.63	后腿比率（%）	24.72±3.73
胴体重（kg）	51.83±4.75	瘦肉率（%）	43.12±3.61
屠宰率（%）	74.86±1.55	脂率（%）	40.17±4.33
胴体斜长（cm）	65.33±1.53	骨率（%）	7.09±0.47b
胴体直长（cm）	76.00±2.65	皮率（%）	9.62±1.54
背膘厚（cm）	4.13±0.30	肉色评分	3.17±0.29
皮厚（cm）	0.47±0.30	大理石纹评分	3.50±0.00
眼肌面积（cm²）	20.55±4.81		

注：沙子岭猪试验猪 3 头。

四、肉质性状

肥育猪在平均体重 85kg 屠宰时，肌肉 pH_1 6.1～6.4；肌肉 pH_{24} 5.6 左右，肉色评分（5 分制）3～3.5 分；大理石纹评分（5 分制）3～3.5 分；贮存损失 1.6%；肌内脂肪含量 3.5%；粗蛋白 22.7%左右，粗灰分 1.2%左右，氨基酸含量 94.9%左右。2016 年测定的肉质性状如下。沙子岭猪肉品质见表 2-21。沙子岭猪背最长肌氨基酸含量见表 2-22。沙子岭猪背最长肌脂肪酸含量见表 2-23。

表 2-21　沙子岭猪肉品质

项目	测定值
头半棘肌 pH_1	6.45±0.10
背最长肌 pH_1	6.58±0.16
头半棘肌 pH_{24}	6.08±0.18
背最长肌 pH_{24}	5.51±0.12
L_1	44.99±1.71
a_1	6.35±1.70
b_1	4.29±0.24
L_{24}	51.28±1.74
a_{24}	6.80±2.82
b_{24}	3.40±1.18
熟肉率（%）	67.38±1.31

（续）

项目	测定值
贮存损失（%）	1.34±0.13
失水率（%）	12.09±1.80
肉色评分	3.17±0.29
大理石纹评分	3.50±0.00

注：下标 1 表示宰后 1h；下标 24 表示宰后 24h；L 表示肉的亮度；a 表示肉的红度；b 表示肉的黄度。

表 2-22　沙子岭猪背最长肌氨基酸含量

种类	测定值	种类	测定值
天冬氨酸（g/100g）	2.23±0.06	甲硫氨酸（g/100g）	0.49±0.08
谷氨酸（g/100g）	3.49±0.11	苯丙氨酸（g/100g）	0.95±0.02
丝氨酸（g/100g）	0.92±0.03	异亮氨酸（g/100g）	1.12±0.03
组氨酸（g/100g）	1.13±0.08	亮氨酸（g/100g）	1.87±0.04
甘氨酸（g/100g）	0.99±0.06	赖氨酸（g/100g）	2.12±0.06
苏氨酸（g/100g）	1.06±0.03	脯氨酸（g/100g）	0.67±0.03
丙氨酸（g/100g）	1.32±0.04	总氨基酸（g/100g）	21.93±0.67
精氨酸（g/100g）	1.35±0.06	风味氨基酸（g/100g）	16.49±0.49
酪氨酸（g/100g）	0.82±0.03	必需氨基酸（g/100g）	9.95±0.24
胱氨酸（g/100g）	0.19±0.02	风味氨基酸占总氨基酸比例（%）	75.21±0.07
缬氨酸（g/100g）	1.16±0.02	必需氨基酸占总氨基酸比例（%）	45.38±0.27

表 2-23　沙子岭猪背最长肌脂肪酸含量

种类	测定值（%）	种类	测定值（%）
豆蔻酸 C14：0	1.46±0.20	顺二十烯酸 C20：1	0.89±0.08
棕榈酸 C16：0	28.74±1.83	α-亚麻酸 C18：3n−3	0.18±0.05
棕榈油酸 C16：1	4.09±0.26	二高-γ-亚麻酸 C20：3n−6	0.23±0.10
十七烷酸 C17：0	0.19±0.01	花生四烯酸 C20：4n−6	1.47±0.61
硬脂酸 C18：0	13.78±0.54	饱和脂肪酸	44.41±2.52
油酸 C18：1	43.17±0.54[b]	单不饱和脂肪酸	48.15±0.53
亚油酸 C18：2	5.52±1.73	多不饱和脂肪酸	7.44±2.44
花生酸 C20：0	0.24±0.02	不饱和脂肪酸	55.59±2.51
γ-亚麻酸 C18：3n−6	0.04±0.01		

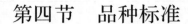

第四节　品种标准

　　围绕沙子岭猪已制定 1 个行业标准，5 个省级地方标准，初步形成了从品种到养殖再到产品的系列标准体系，通过标准的应用和推广，沙子岭猪生产标准化水平不断提高。

　　1999 年制定发布了湘潭市地方规范《沙子岭猪》（DB 4303.006—1999），2005 年制定发布湖南省地方标准《沙子岭猪》（DB 43/T 255—2005），2011年制定发布湖南省地方标准《沙子岭猪饲养管理技术规范》（DB 43/T 625—2011），2015 年制定发布湖南省地方标准《沙子岭猪遗传资源保护技术规程》（DB 43/T 1044—2015），2015 年制定发布中华人民共和国农业行业标准《沙子岭猪》（NY/T 2826—2015），2016 年制定发布湖南省地方标准《沙子岭猪生产性能测定技术规程》（DB 43/T 1193—2016）和《沙子岭猪肉》（DB 43/T 1192—2016）。

第三章
品 种 保 护

　　沙子岭猪是养猪生产中的珍贵遗传资源，经长期自然选择和人工选择，适应产区生态环境条件，形成了耐粗饲、耐低营养、产仔多、母性好、肉质佳等优良遗传特性。多年来，沙子岭猪一直是湖南省分布最广、数量最多、影响最大的地方猪种，20世纪50～60年代，该猪种最多时占全省养猪数量的50%左右；80年代初，湖南省开展了以大白、长白猪等为父本改良沙子岭猪、大围子猪等地方猪种的杂交组合筛选试验，湘潭市所辖的湘乡市、湘潭县先后成为全国瘦肉型猪基地县，为防止沙子岭猪在品种改良过程中受到血缘混杂的影响，妥善保护沙子岭猪优良遗传资源，在湘潭市人民政府的高度重视下，从1984年至2017年已经进行了长达33年的专业化持续保种工作。

第一节　保种概况

一、湘潭市沙子岭猪保种场

　　1984年至1996年，湘潭市家畜育种站在湘潭县双板桥乡保种基地（原湘潭地区畜牧科学研究所）开展沙子岭猪专业化的基因库保种工作，当时保种场条件很差，栏舍是建筑工棚改造的，经常停电，猪舍用水靠肩挑；1997年经市政府同意，保种场搬迁到岳塘区原红旗农场船形山（现市政府旁），征地1.3hm²，建设了超过2 000m²的猪舍，保种条件有所改善，饲养母猪达100头左右；后因城市建设发展和市政中心搬迁，2006年至2009年，市家畜育种站与湘潭县石古镇、谭家山镇、云湖桥镇合作进行产区联合保种。2010年，市育种站投资1 500多万元，采用工厂化的设计理念，在湘潭县梅林桥镇白云村租地 4hm²，于 2011 年建成了建筑面积近 8 000m² 的现代设施化保种场（图 3-1）。

图 3-1 湘潭市沙子岭猪保种场

2011 年建成的保种场建设地点地势高燥，背风向阳，电力充足，水源条件好，生态环境优美，便于防疫，交通便利。全场按办公生活区、生产区、粪污处理区、无害化处理区进行规划布局。办公区安装了在线监控系统；生产区设计了饲料生产车间和二条生产线，其中纯繁保种线位于生产区的上方，按配种、怀孕、产仔、保育、育成的生产工艺流程进行规划建设，配种怀孕采用传统大栏群养方式，母猪高床分娩，断奶仔猪高床保育，育成栏采用传统水泥地面加漏缝地板；另一条是扩繁生产线，位于生产区的下方，亦按配种、怀孕、产仔、保育、育成的生产工艺流程进行规划建设，配种怀孕采用定位栏，其他环节同纯繁保种线。在生产区的下方建设污水处理设施和无害化处理设施。场内有四个鱼塘环绕，面积达 1.3hm²，主要用于调节场区小气候，还是很好的防疫隔离屏障。全场绿化面积达 80% 以上，建筑屋顶除办公大楼采用红色外，其他生产性建筑均采用绿色屋面，整个猪场布局和建筑美观大方。

场内有种猪舍 12 栋，栏舍配套设施齐全，办公生活用房、饲料仓库、肥料车间、道路、围墙、绿化、供水供电、电子监控、人工授精、种猪测定、粪污及无害处理等设施设备完善。场内常年存栏沙子岭猪种猪 400 多头，其中公猪 12 个血统 20 头，母猪 380 多头。全场配备技术管理人员 5 人（其中研究生学历 1 人，本科学历 3 人），生产人员 8 人。保种场投产以来，充分发挥了现代养猪设施设备在地方猪生产中的作用，不仅提高了猪场生产水平，而且有效保护了沙子岭猪遗传资源。它主要采用了以下设施化养殖技术：

一是水帘降温技术。针对产区夏季较炎热、气温高、湿度大、时间长等特点，公猪舍、怀孕舍安装了水帘和风机，通过负压抽风，既起到防暑降温效果，又达到猪舍通风换气的目的。实践证明，猪舍降温效果明显，舍内温度可降低6～8℃。另外，保育舍安装了冷风机。二是电热板保温技术。产区冬季气温最低可达零度以下、且湿度大，在产仔舍和保育舍安装了电热保温板，同时在产仔舍配置了仔猪保温箱和红外线灯。产仔舍仔猪保温箱内安置电热板、保温箱内吊装红外线灯，电热板确保仔猪腹部不受凉，同时可提高保温箱内的温度。三是高床分娩与保育技术。由于沙子岭猪母猪和杂交母猪体重比外种猪要小，故分娩床设计为长1.7m，宽0.5m，高0.9m。保育栏采用传统设计长2.2m×宽2.2m×高0.8m，休息区安装了电热板和自动料槽。实践证明，沙子岭猪母猪及其杂交母猪采取高床分娩与保育技术可行，可减少仔猪疾病的发生，提高仔猪成活率。沙子岭猪资源场采用高床分娩与保育技术，仔猪在哺乳保育阶段的成活率达到95%以上。四是在线监控技术。分别在配种、怀孕、产仔、保育、育成舍安装了高清探头，在办公楼设置了多功能室，实施24h在线监控，同时方便猪场管理人员及来访人员在线了解猪场生产情况。五是种猪测定技术。猪场添置了种猪性能测定设备、电子秤及人工授精设备。采用种猪性能测定设备能实现种猪测定数据准确、真实，种猪测定量也大大增加。六是粪污有氧连续动态发酵处理技术。猪场投资260万元，引进粪污有氧连续动态发酵处理技术，该工艺由污水收集池（300t）、双棱发酵塔、肥料车间三部分组成。粪尿污水通过双棱发酵塔发酵7d后可去除65%～70%的水分，成为优质有机肥原料。

沙子岭猪及其杂交猪采用现代先进的设施设备和养殖技术，提高了生产水平，增强疫病防控及粪污治理能力。设施设备运行多年，与传统养猪方式相比，仔猪成活率可提高6～8个百分点，仔猪断奶时间缩短至35d（传统养猪60d断奶），断奶体重增加1～2kg，母猪年产胎数增加0.2～0.3胎，育肥猪育肥期缩短10～15d，经济效益明显。同时，"全进全出"式的生产工艺，便于管理，有利于生物安全体系的建立和疫病的有效防控；发酵塔粪污处理技术的应用，实现了猪场废弃物的无害化处理和资源化利用。由于猪场设施化水平高，技术、制度和生产管理到位，达到了农业部规定的"五化"要求，2013年沙子岭猪保种场成为了农业部畜禽标准化养殖示范场；2015年，成为了国家级畜禽遗传资源保种场；2017年6月，沙子岭猪保种场荣获农业部安佑杯"2017寻找中国美丽猪场"中部赛区金奖。

二、湘潭沙子岭土猪科技开发有限公司扩繁场

湘潭沙子岭土猪科技开发有限公司于 2013 年注册成立，注册地位于雨湖区民主路，注册资金 500 万元。是一家专业从事沙子岭猪良种繁育、优质猪健康养殖、肉制品加工、产品营销与电子商务等于一体的现代农牧科技企业。几年来，公司采取"公司＋基地＋农户"的产业化开发思路、"沙子岭猪＋绿色养殖"的技术路线与"优质猪肉＋连锁专卖"的市场营销策略，建立了沙子岭猪产品宣传网站和产品安全溯源系统，牵头组建了湘潭市沙子岭猪产业协会。自沙子岭优质猪肉进入市场以来，通过连锁与加盟的方式建立沙子岭优质猪肉专卖店 21 家，其中湘潭、湘乡、易俗河三地 8 家、长沙 2 家、杭州 11 家；开发了以沙子岭猪肉为原料的香肠、腊肉、扣肉等深加工产品以及以沙子岭猪肉为原料的"毛氏（家）红烧肉"等熟食产品。目前，沙子岭猪品牌影响力不断增大，市场前景看好。

为了加快沙子岭猪特色产业开发步伐，公司于 2014 年在雨湖区姜畲镇石安村租地约 5hm²，投资 1 600 多万元建设一个万头沙子岭猪扩繁场（图 3-2）。该场于 2016 年底基本建成，并成为了农业部畜禽标准化养殖示范场。该场可饲养沙子岭母猪 200 头，湘沙猪配套系母猪（巴沙二元母猪）400 头，年出栏可达 12 000 头。场内建有公猪舍 1 栋，配怀舍 2 栋，产仔舍 2 栋，保育舍 2 栋，育成育肥舍 2 栋，共 7 500m²，配套建有大型沼气利用工程，污水沉淀池，有机肥车间。扩繁场参照保种场的生产工艺流程进行规划建设，与保种场不同的地方是育成舍采用地暖保温、自动刮粪板刮粪工艺。全场配备技术人员 6 人，生产人员 18 人。

图 3-2　万头沙子岭猪扩繁场

三、湘乡市龙兴农牧有限公司扩繁场

湘乡市龙兴农牧有限公司成立于 2011 年 12 月，公司位于湘乡市龙洞镇龙洞村，是集产、供、销一体化的新型农业发展有限公司，以地方沙子岭猪养殖、种猪扩繁为主的农业综合经营有限责任公司，是湘乡市唯一由湘潭市畜牧兽医水产局确定的沙子岭猪扩繁基地。2014 年公司获得"湘潭市农业产业化龙头企业"荣誉称号。

公司扩繁场现有猪栏面积 5 600m² （图 3-3），存栏沙子岭猪母猪 150 头，巴克夏公猪 2 头，年出栏巴沙二元种猪及商品猪 3 000 头，每年举办沙子岭猪养殖技术培训班 3～5 期，培训养殖农户 500 余人次。公司在湘乡市区开设了沙子岭猪肉专卖店，开发了扣肉等加工产品。公司依托市畜牧部门及湖南农业大学等科研院所的技术力量，积极开展沙子岭猪产前、产中、产后服务，提高了广大养殖户的经济效益。

图 3-3 湘乡市龙兴农牧有限公司扩繁场

四、保种区

1989—2010 年，沙子岭猪采取集中（保种场保种）与分散（保护区农户保种）相结合的保种方式，保种场重点保护好公猪和核心群母猪，在拥有种猪所有权的情况下，将一部分公猪和母猪下放到湘潭县的双板桥、云湖桥、石鼓三个保护区，承包给农户饲养，双方签订合同，保种场对农户饲养的保种公猪每头每年补贴 2 000 元，母猪按每年纯繁一胎补助 500 元。通过示范，调动了农户保种的积极性，扩大了保护区保种母猪数量。

2011 年以来，保护区确定为湘潭县云湖桥镇、花石镇、石鼓镇所辖的 12

个行政村，保护区规划保存沙子岭猪种猪 1 300 头。规定保护区内只饲养沙子岭猪，以纯种繁殖为主，可适当开展以沙子岭猪为母本的二元杂交，不得进行三元杂交。保护区之间及保护区与保种场之间可以进行沙子岭猪种猪或精液交流；保护区内不得建设畜禽屠宰厂、肉食品加工厂及化工厂；要求保护区内建立以场（户）为单位的种猪系谱档案，开展品种登记；保护区管理按照《中华人民共和国畜牧法》《中华人民共和国动物防疫法》《畜禽遗传资源保种场保护区和基因库管理办法》的规定执行；保护区配备专职畜牧兽医技术人员指导保种工作。

第二节　保种目标

20 世纪 80 年代初期，我国开展了大规模的地方猪种杂交改良工作，湖南省也不例外。为防止沙子岭猪在杂交改良中造成血缘混杂，有效保护其优良种质特性，1984 年，湘潭市人民政府决定由市级科研事业单位对沙子岭猪进行专业化的基因库保种工作。据此，湘潭市蔬菜畜牧水产局制定了保种试行方案，湘潭市家畜育种站承担保种任务并制定了保种实施方案，保种技术人员开展了专业化的持续保种工作。

一、保种规模

按沙子岭猪遗传资源保护技术规程（DB 43/T 1044—2015）规定，要求保种场保种核心群母猪 300 头以上，公猪 20 头以上，家系不少于 10 个。保种区母猪 1 500 头以上，公猪 15 头以上，家系不少于 6 个。采用集中（保种场）与分散（保护区）相结合的保种方式，确保沙子岭猪基因资源长期不丢失或很少丢失。

二、保护性状

保存沙子岭猪优良基因库和现有品种特征特性基本不变，重点保护母性好、耐粗饲、肉质细嫩、抗逆性强等优良特性。要求保种群经过 20 个世代的保种繁衍，沙子岭猪仍保持其品种固有的特征特性，基因频率平衡。第 20 世代的近交系数在 10% 以下，测定各世代猪群头部黑斑表型比，差异不显著（$p > 0.05$）。F 测定各世代的繁殖性能、肥育性能，差异不显著（$p > 0.05$）。

1. 繁殖性能 初产母猪平均总产仔数9头、产活仔数8.5头，平均初生个体重0.8kg，21日龄窝重24kg，35日龄断奶窝重32kg；经产母猪平均总产仔数11.5头、产活仔数10.6头，21日龄窝重28kg，35日龄断奶窝重45kg。

2. 生长发育 6月龄公猪平均体重42kg、体长90cm、体高45cm；6月龄母猪平均体重45kg、体长87cm、体高42cm。成年公猪平均体重130kg、体长136cm、体高71cm；成年母猪平均体重145kg、体长138cm、体高66cm。

3. 肥育性能 在混合精料含可消化能12.12～12.56MJ/kg、粗蛋白质12%～14%条件下，育肥期15～85kg平均日增重450g，料重比4.5∶1。

4. 胴体性能 肥育猪在平均体重85kg屠宰时，屠宰率72%，胴体瘦肉率41.5%，眼肌面积21cm²，腿臀比例25%，平均背膘厚45mm。

三、选育性状

重点选育高产仔数、日增重、饲料转化率和瘦肉率等经济性状。

第三节 保种技术措施

一、组建保种核心群

沙子岭猪保种核心群的组成采取分层选择保种个体的方式，以在中心产区选择保种个体为主，外围产区、边缘产区也选择部分保种个体，原因是地方品种的中心产区、外围产区、边缘产区其基因频率不完全一致，从中心产区每头沙子岭猪公猪所配母猪群内挑选具有沙子岭猪品种特征特性，彼此不同母亲的小公猪、小母猪各两头；在外围产区、边缘产区每头沙子岭猪公猪所配母猪群内挑选具有沙子岭猪品种特征特性，彼此不同母亲的小公猪、小母猪各一头，编号编栏，给予相同的饲养管理条件。

初配前，淘汰那些明显的由于近交衰退的个体（因产区缺乏档案材料而难免误选近交个体）。中心产区每头公猪所配母猪产的小公猪小母猪的数量应占保种群的70%，组成保种原始群的公猪彼此之间应是不同父母，母猪彼此之间应是不同母亲。

1984年，按照"沙子岭猪保种试行方案"核心群组建原则，保种核心群的公母比为1∶5，核心群规模为60头，其中公猪10头，母猪50头，群体有效含量（Ne）为 50。2011 年以来，保种核心群规模达到 150 头。实际保种工作中，由于受自然灾害、疫情及人为因素等的干扰，保种群的规模应适当增大，保种群公猪家系应达到 12 个以上，每个家系 2～3 头公猪，母猪数量按市场开发程度可适当增大。

二、留种方式与选配方法

保种群的选留方式采用各家系等数留种法，每世代近交系数增量控制在 0.3％以内。各家系每世代等量选留优秀个体，即"一公留一子""一母留一女"，多个世代的选留实行选优淘劣原则，留种时先把有明显近交衰退的个体淘汰，做到"保中有选""选优去劣"。为了使保种群基因频率和基因型频率保持平衡，母猪采用避开全同胞的等量分组，公猪随机与某组母猪交配。保种区饲养的保种母猪配种，母猪按饲养农户分组建档，要求组间无血缘关系。为了防止血缘混杂，保种区内的非保种公猪及时去势。

三、延长世代间隔

沙子岭猪通常利用年限为 4～5 年，也是一个世代间隔期。在世代间隔期内每年按相同的留种方案进行一次保种配种和继代留子。每年的继代仔猪经过后备阶段饲养到下一年的继代仔猪选留后，即可转为生产用种猪。

四、扩大公猪血统

1984 年组建保种群时有公猪血统 12 个，到了 1997 年公猪血统减少到 6 个。我们利用公猪逐代回交的办法，扩大了公猪血统。即将保种场公猪放到偏远山区（如石鼓镇）饲养，在石鼓镇选择 2 个相距较远的村（母猪间血缘较远），每个村每年回交沙子岭猪母猪 3～5 头，产仔后，选留后备公猪 3～4 头，通过 4 代回交，可从两个村的后代中选出血缘不同的公猪。

五、防止近交与杂交繁殖

保种群要避免近亲繁殖，防止后代衰退，延长保种年限。如 A 家系公猪，可在下一代随机调换另一家系的母猪与之交配，这样就可以避免近亲繁殖。在世代间隔期中，每年进行一胎纯繁配种，另一胎可进行杂交配种，生产杂交仔猪育肥，以减少保种费用。

六、性能检测及评估

(一) 检测指标

在保种过程中，每年对沙子岭猪后备公母猪的生长发育性状（6月龄体重、体长、胸围、体高、腿臀围、活体背膘厚等）、肥育性状（日增重、料重比等）、胴体性状（屠宰率、瘦肉率、胴体直长、胴体斜长、眼肌面积、三点均膘厚、后腿比等）、肉质性状（肌肉 pH、系水力、贮存损失、熟肉率、肌内脂肪含量、肉色、大理石纹等）及繁殖性状（产仔数、产活仔数、初生个体重、初生窝重；21日龄成活数、个体重、窝重；35日龄成活数、个体重、窝重等）等进行测定记录，同时，对种猪体型外貌进行鉴定（表3-1）。及时分析不同世代间体型外貌与生产性能测定数据的变化；或采集耳组织 DNA 样品进行基因分析，从分子水平了解基因频率的变化。

(二) 检测指标及评估

一是采用卡方（χ^2）测定不同世代成年母猪头部黑斑比，要求头部黑斑未越耳根的占 27%，越耳根但未超过 6cm 的占 59%，越耳根超过 6cm 的占 14%。

二是随机统计哺乳仔猪（少于 35 日龄）背腰部出现黑斑或隐花的比例，正常应在 16%左右。

三是采用统计软件分析不同世代沙子岭猪生长、肥育、胴体、肉质、繁殖等经济性状指标的变异，要求各世代间差异不显著（$p > 0.05$）。

四是采用分子遗传检测技术分析不同世代基因和基因型频率的变化，以评估保种的效果。

表 3-1　沙子岭猪种猪外貌鉴定标准

项目	理 想 要 求	标准分
品种特征	"点头墨尾"特征明显。具体要求头部黑斑越耳根在 6cm 以内。左右对称。额前白星大小适中。臀斑呈圆形或椭圆形，大小适宜。体质结实健壮，各部位发育匀称，肥瘦适中，性情温顺，行动稳健。被毛光洁，皮下充实	30
头颈	头中等大小，嘴筒齐。上下唇吻合良好，眼大明亮，面微凹。耳中等大，形如蝶，耳根硬，颈长短适中，肌肉发达，颈肩结合好	5

（续）

项目	理想要求	标准分
前躯	肩宽、胸深宽。发育良好，肩胸结合好，肌肉丰满。肩后无凹陷	15
中躯	背平直或微凹，长度中等。肌肉丰满，胸腹线弧度适中（腹大不拖地），乳头排列均匀，发育良好，正常乳头 14 个以上	20
后躯	臀宽展平直或稍斜，大腿丰满，尾根粗，公猪睾丸发育均匀，左右对称。母猪外阴正常	15
四肢	四肢粗壮结实，后肢开张、正直、高度适中，步行稳健	15
合计		100

七、保种经验

沙子岭猪种质资源保护利用工作开展 30 多年来，不仅有效保存了沙子岭猪基因资源，而且通过杂交利用促进了湘潭以及全省生猪生产，对湘潭成为全国养猪强市、湖南成为全国养猪大省、促进农民养猪增收等方面做出了较大的贡献。据统计，保种场先后向社会提供沙子岭种猪 15 000 多头，同时通过对外纯繁配种，间接提供种猪 5 000 余头。保护区常年饲养沙子岭猪母猪 1 600 余头。据不完全统计，2016 年湘潭市农村沙子岭猪母猪存栏 2.6 万头左右，占湘潭市种猪数量的 12％。沙子岭猪保种利用取得初步成功的经验主要有以下四点：

一是政府业务科研部门高度重视支持地方猪种的保护。湘潭市设立了科研事业性质的沙子岭猪原种场（保种场），市政府每年拨专款（20 世纪 80 年代每年 2 万元，2014 年以来增加到每年 30 万元）资助保种工作。农业农村部、省畜牧局在经济上也给予了大力支持。中国农业大学、中国农业科学院畜牧兽医研究所、省畜牧水产局、省畜牧兽医研究所、湖南农业大学等单位的领导、专家、教授对沙子岭猪保种及科学研究给予了大力的指导和帮助。湘潭市畜牧部门组织了专门技术力量负责保种选育工作，保种技术人员的相对固定对搞好保种工作至关重要。

二是采取集中与分散相结合的活体保种方式。在目前冻精保种、冻胚保种等技术未过关或未推广之前，采取活体保种方式是保存猪种资源唯一有效的方式。活体保种存在疫情、自然灾害等风险因素。为降低风险，沙子岭猪采取保种场重点养好公猪和核心群母猪，在拥有母猪所有权的情况下，将一部分保种母猪下放到保护区，承包给农户饲养，双方签订合同，并通过示范作用，扩大保护区母猪数量，充分调动农户保种的积极性。形成以国家级保种场为核心、产区保种为骨干、群众保种为基础的三级配套保种网，有效保存了沙子岭猪基因资源。

三是技术上采取了一条正确的保种途径。沙子岭猪保种采用群体继代理论，通过延长世代间隔；分层选择保种个体组建保种核心群；要求公猪之间无亲缘关系，母猪可以是同父异母；交配方式采取避开全同胞的有限随机交配；世代更替采取各家系等数留种。从群体水平上控制保种群体近交系数上升，维持群体基因和基因型频率平衡，在确保主要遗传特性的前提下，淘汰不良个体，从而使沙子岭猪的品质不断提高。

四是资源保护和开发利用相结合。在搞好沙子岭猪保种工作的同时，开展了沙子岭猪的种质研究和杂交利用工作，并及时将研究成果转化为生产力。湘潭市家畜育种站与伟鸿食品公司、三旺实业、毛家食品等加工企业紧密合作，采取"公司＋基地＋农户"的产业化开发模式，建立沙子岭猪优势杂交组合生产基地，推广饲养"双沙""双长沙""巴沙""大巴沙"杂交猪，开发冰鲜肉、冻猪肉、红烧肉、香肠等系列产品，产品远销俄罗斯、新加坡等国家，以及我国香港、澳门等地区，取得明显的经济效益和社会效益。开发促进了保种，保种为开发奠定种源和技术基础。

第四节　种质研究

沙子岭猪具有繁殖性能好、肉质优良、适应性强等许多优良种质特性，深受群众喜爱。20世纪六七十年代以来，科研人员对沙子岭猪开展了生长发育、肥育性能、繁殖性能、毛色遗传、母猪行为、蛋白质多态性、分子遗传、遗传参数、肉质特性等多方面的研究。现将主要种质特性研究成果进行阐述。

一、繁殖性能

经测定，沙子岭猪公猪的总射精量平均为162.83mL，最高可达390mL；活力77%；pH近中性（7.46）；精子密度较大（2.12亿个/mL）；畸形精子率为8.75%；射精持续时间为4.53min。各性状除pH、活力的变异系数较小外，其他均大于40%，表现出强大的变异程度（表3-2）。

表 3-2 沙子岭猪精液品质特性

指标	总射精量（mL）	净射精量（mL）	pH	活力（%）	精子密度（亿个/mL）	畸形率（%）					射精持续时间（min）
						总体	头	颈	中	主	
$\bar{X}$	162.83	129.08	7.46	77	2.12	8.75	3.2	1.15	3.14	1.08	4.53
SE	3.57	4.89	0.01	0.1	0.14	0.75	0.68	0.15	0.54	0.31	0.17
C.V	44.41	45.12	3.62	18.18	60.00	58.17	121.88	75.65	98.73	164.81	59.16

　　调查产区 1 506 头沙子岭猪仔猪的奶头数，其中，奶头 14～16 个的仔猪占 78.95%，最多的仔猪有奶头 18 个，仔猪奶头数分布频率见表 3-3。

表 3-3　沙子岭猪仔猪奶头数分布频率

奶头数	10	11	12	13	14	15	16	17	18	合计
仔猪数	2	3	79	174	489	430	270	47	12	1 506
分布频率	0.13	0.20	5.26	11.55	32.47	28.55	17.93	3.12	0.80	100.0

　　测定 4 头初配母猪的排卵数，平均排卵 10.25 个（范围 9～12 个），卵的直径为 (177.85±2.95) μm。测定 3 头两胎或三胎母猪的平均排卵数为 19 个（范围 14～28 个），卵的直径为 (149.7±15.5) μm。用 3 头初产哺乳母猪于产后 35～42d 自然发情时进行配种，妊娠满 30d 时进行解剖观察。发现排卵 48 个，早期存活胚胎 41 个，存活率为 85.4%，41 个胚胎平均重 1.6g（范围 0.7～1.9g）。

　　分析各胎次的产仔数变化，发现 3～8 胎最高。详见表 3-4。

表 3-4　沙子岭猪母猪不同胎次产仔数

项目	胎次	1	2	3	4	5	6	7	8胎以上
大型	窝数	138	106	78	69	57	41	51	45
	产仔数	8.62±0.18	10.3±0.24	11.9±0.24	11.6±0.31	12.0±0.42	12.1±0.40	11.98±0.41	12.1±0.38
小型	窝数	199	168	119	92	69	46	21	26
	产仔数	8.15±0.20	9.5±0.17	10.9±0.21	11.1±0.25	10.9±0.27	11.8±0.36	12.0±0.63	11.5±0.68

　　注：表 3-3、表 3-4 数据来自 1984 年《湖南省家畜家禽品种志》。

二、肥育性能

2002 年和 2006 年分别在湘潭市家畜育种站沙子岭猪保种场进行了两次沙子岭猪饲养试验。2006 年的试验按高、中、低营养水平设计，但以合并方式统计，其日粮组成及营养水平见表 3-5。两次饲养试验的生长肥育性状统计如表 3-6。与 1980 年比较，2006 年试验猪的生长速度、饲料转化率等指标均有所提高。该高、中、低三组试验猪合并统计的平均日增重为（511.96±51.25）g，平均料重比为 4.03∶1。其中，日增重高组、中组分别比低组提高 6.38%、13.59%，经 LSD 法多重比较，高组与低组之间差异显著（$p < 0.05$）；料重比高组、中组分别比低组降低 3.98%、10.54%。表明沙子岭猪具有较好的生长速度和饲料转化效率，适当提高日粮的营养水平，能有效提高日增重和饲料报酬。

表 3-5 沙子岭猪日粮组成与营养水平

日粮组成				营养水平				
体重阶段（kg）	17～55		55～85		体重阶段（kg）	17～55		55～85	
年份	2002	2006	2002	2006	年份	2002	2006	2002	2006
玉米（%）	57	62	51.5	63	消化能（MJ/kg）	12.75	12.81	11.55	12.68
麦麸（%）	18	17	20	20	粗蛋白（%）	14.69	14.99	13.12	13.64
豆粕（%）	17	17	14	13	粗纤维（%）	5.43	3.72	8.81	3.72
统糠（%）	4		10.5		钙（%）	1.18	1.04	1.13	1.04
预混料（%）	4	4	4	4	磷（%）	0.55	0.65	0.52	0.64

表 3-6 沙子岭猪肥育性能

年份	1980	2002	2006	2017
头数	8	16	24	30
始重（kg）	19.06	21.53±3.33	13.78±2.28	30.81±4.11
终重（kg）	92.4	73.82±10.98	89.04±8.44	86.63±9.13
试验天数（d）	146	121	147	107
日增重（g）	502	428.57±69.95	511.96±51.25	493.64±84.67
料重比	4.85	4.65±4.75	4.03±3.01	4.56

三、胴体品质

1980年、2002年和2006年分别对沙子岭猪进行了屠宰测定，胴体品质见表3-7。

表3-7　沙子岭猪胴体品质

年份	1980	2002	2006	年份	1980	2002	2006
头数	12	8	12	头数	12	8	12
宰前重（kg）	90.95	77.51±3.49	87.64±1.40	眼肌面积（cm²）	20.62	22.27±0.73	22.90±1.18
胴体重（kg）	64.37	54.58±2.90	62.18±0.69	后腿比（%）	25.45	25.99±0.57	27.00±0.003
屠宰率（%）	70.82	74.32±0.47	71.67±0.54	板油率（%）	11.81	4.99±2.40	6.06±0.14
胴体斜长（cm）		71.25±1.12	73.00±0.78	肉率（%）	42.02	42.71±0.53	41.05±0.49
胴体直长（cm）	76.04	84.01±0.57	85.63±0.50	脂率（%）	36.62	32.82±0.87	37.11±0.46
6～7肋膘厚（cm）	5.27	3.51±0.15	4.37±0.10	皮率（%）	11.38	14.38±0.68	12.64±0.51
6～7肋皮厚（cm）	0.52	0.45±0.01	0.44±0.003	骨率（%）	7.47	10.11±0.34	8.87±0.25

2006年屠宰测定时，对沙子岭猪消化器官进行了测定（表3-8）。

表3-8　沙子岭猪消化器官测定结果（$n=12$）

肝（kg）	胆（kg）	胰（kg）	胃（kg）	小肠（kg）	大肠（kg）	盲肠（kg）	小肠长（cm）	大肠长（cm）	盲肠长（cm）
1.09±0.04	0.10±0.15	0.11±0.05	0.74±0.03	0.97±0.02	1.92±0.09	0.11±0.07	1 575.75±24.99	478.2±11.85	23.04±0.56

四、肉质性状

（一）肉质常规指标

2002年和2006年屠宰测定时，分别采集左侧胴体背最长肌样品进行肉质分析。从表3-9可以看出，沙子岭猪的肉色、大理石纹、pH、熟肉率、失水率、贮存损失等指标在高、低营养水平组间差异不显著（$p > 0.05$）。

肉色是重要的感官品质之一，主要由肌红蛋白的数量和化学性状决定，是肌肉的生理、生化和微生物变化的外部体现。据研究，中国地方猪种的肉色评分为2.5～3.5，沙子岭猪高、低营养水平组的肉色在此范围内，属正常肉色。大理石纹是反映肌内脂肪的含量及分布情况。猪肉的风味、多汁性及嫩度与大理石纹含量和分布有直接关系。据研究中国地方猪种大理石纹评分大部分为3～4分。沙子岭猪高、低营养水平组的大理石纹评分为3～3.13分，亦处于正常范围。pH反映肉代谢和糖原酵解的速度和强度。沙子岭猪背最长肌及半棘肌的pH为6.23～6.38，处于正常范围。沙子岭猪熟肉率较高（72.29%～72.62%）、失水率较低（10.87%～11.77%）、贮存损失较少（2.05%～2.53%），说明在加工运输和贮存过程中水分损失较少，这与我国地方猪种如大围子的熟肉率较高（73.7%）、失水率较低（9.4%）的研究结果相一致。

表3-9　沙子岭猪肉质特性（2002年）

| | 头数 | 肉色评分 | 大理石纹评分 | pH | | 熟肉率（%） | 失水率（%） | 贮存损失（%） |
				头半棘肌	背最长肌			
高水平组	4	2.88±0.13	3.13±0.13	6.38±0.05	6.23±0.05	72.29±055	10.87±0.36	2.53±0.27
低水平组	4	3.00±0.00	3.00±0.21	6.38±0.03	6.25±0.03	72.63±1.88	11.77±0.26	2.05±0.12

（二）肌肉化学成分

沙子岭猪肌肉中，水分、粗蛋白、粗脂肪、粗灰分含量两组差异不显著（$p>0.05$）（表3-10）。试验结果表明，高营养水平更有利于肌肉内沉积脂肪、改善风味。沙子岭猪肌肉中粗脂肪2.84%～3.25%，含量高于嘉兴黑猪（1.37%），更高于引进品种大约克（0.88%）。

表3-10　沙子岭猪肌肉化学成分（2002年）

组别	头数	水分（%）	粗蛋白（%）	粗脂肪（%）	粗灰分（%）
高水平组	4	73.30±0.11	22.45±0.26	3.25±0.31	1.06±0.04
低水平组	4	73.20±0.04	23.08±0.25	2.84±0.24	1.07±0.02

（三）肌肉氨基酸含量

沙子岭猪肌肉中含16种氨基酸（表3-11），各种氨基酸含量高、低营养水平组间差异不显著（$p>0.05$）。所测沙子岭猪肉的 16 种氨基酸中，含人体必需氨基酸 9 种，含量达 60%；含风味氨基酸（Asp、Ser、Glu、Gly、Ala、Val、Ile、Leu、Lys、Arg 和 Pro）11 种，含量达 251.7～256.77mg/g，占总氨基酸含量的 77.91%～78.91%，说明肌肉营养价值高，风味好。

表 3-11 沙子岭猪氨基酸测定结果（2002 年）

组 别	头数	天门冬氨酸 Asp	丝氨酸 Ser	谷氨酸 Glu	甘氨酸 Gly	组氨酸 His	精氨酸 Arg	苏氨酸 Thr	丙氨酸 Ala	酪氨酸 Tyr
高水平组（mg/g）	4	28.34± 0.90	16.60± 0.46	60.14± 1.64	22.83± 0.54	16.16± 0.42	24.59± 1.75	22.03± 0.58	16.95± 0.51	11.26± 0.44
低水平组（mg/g）	4	27.80± 0.60	16.46± 0.08	58.13± 0.58	21.53± 0.88	15.49± 1.05	22.59± 0.14	21.70± 0.53	19.61± 0.91	9.89± 0.32

组别	头数	缬氨酸 Val	蛋氨酸 Met	赖氨酸 Lys	异亮氨酸 Ile	亮氨酸 Leu	苯丙氨酸 Phe	脯氨酸 Pro	氨基酸总和
高水平组（mg/g）	4	14.87± 0.45	7.76± 0.28	29.15± 2.00	16.33± 0.25	26.97± 0.74	15.58± 0.38	未检出	329.56
低水平组（mg/g）	4	15.20± 0.86	6.86± 0.17	29.28± 1.68	14.88± 0.17	26.22± 0.31	13.35± 0.71	未检出	318.99

（四）肌纤维

肌纤维细度是肉质细嫩的重要指标。沙子岭猪高、低营养水平组的肌纤维直径、肌纤维密度，两组间差异不显著（$p>0.05$）（表 3-12）。肌纤维直径，沙子岭猪与大围子猪（45.41μm）基本接近，而比长白猪（78.97μm）要小得多。肌纤维密度，沙子岭猪与河北定县猪（312.97 根/mm²）基本接近，而比长白猪（244.33 根/μm²）大得多。说明沙子岭、大围子等地方猪种的肉质比较鲜嫩，而长白猪的肉质比较粗糙。

表 3-12 沙子岭猪肌纤维性状测定结果（2002 年）

组 别	头数	肌纤维直径（μm）	肌纤维密度（根/mm²）
高水平组	4	48.09±2.50	344.00±24.38
低水平组	4	47.39±2.43	361.50±25.56

（五）肌肉脂肪酸含量

朱吉，杨仕柳等（2007 年）测定了湖南 5 个猪种的肌肉脂肪酸含量（表

3-13）。饱和脂肪酸含量由高到低依次为宁乡猪、沙子岭猪、大围子猪、铁骨猪、桃源猪；不饱和脂肪酸含量由低到高依次为沙子岭猪、大围子猪、宁乡猪、铁骨猪、桃源猪；棕榈酸含量宁乡猪显著高于铁骨猪，沙子岭猪显著高于大围子猪、铁骨猪；沙子岭猪硬脂酸含量显著高于桃源猪；铁骨猪的油酸含量显著高于沙子岭猪、大围子猪、桃源猪；大围子猪、桃源猪的亚油酸含量显著高于宁乡猪、铁骨猪、沙子岭猪。其他各指标品种间差异不显著（$p > 0.05$）。

表 3-13　沙子岭猪等地方猪种的肌肉脂肪酸含量（$n = 12$）

项目	宁乡猪	铁骨猪	桃源猪	沙子岭猪	大围子猪
肉豆蔻酸（14：0）（%）	1.31±0.04	1.32±0.02	1.48±0.02	1.53±0.04	1.70±0.16
棕榈酸（16：0）（%）	27.37±0.77[a]	24.66±0.53[c]	24.9±0.29[abc]	27.27±0.30[a]	25.14±0.24[bc]
硬脂酸（18：0）（%）	11.84±0.30[ab]	11.9±0.44[ab]	10.76±0.18[b]	13.64±0.50[a]	12.26±0.19[ab]
花生酸（20：0）（%）	0.90±0.14	1.77±0.27	1.14±0.09	0.71±0.08	1.23±0.04
油酸（18：1）（%）	51.00±0.56[a]	53.52±0.70[a]	49.44±0.14[b]	47.32±0.56[bc]	45.36±0.50[c]
亚油酸（18：2）（%）	7.74±0.26[b]	6.19±0.16[b]	11.41±0.22[a]	8.86±0.58[b]	13.67±0.60[a]
亚麻酸（18：3）（%）	0.35±0.07	0.64±0.10	0.39±0.01	0.35±0.03	0.58±0.03
饱和脂肪酸（%）	41.42±0.36	39.65±0.73	38.28±0.10	43.15±0.37	40.33±0.29
不饱和脂肪酸（%）	59.09±0.75	60.35±0.73	61.24±0.37	56.53±0.47	59.61±0.54

注：同行数字肩标不同小写字母表示差异显著（$p < 0.05$），相同字母表示差异不显著（$p > 0.05$）。

（六）肌肉矿物质元素含量

朱吉，杨仕柳等（2007 年）还测定了湖南 5 个猪种肌肉矿物质元素含量（表 3-14）。其中桃源猪肌肉中锌含量最低，显著低于宁乡猪、沙子岭猪；铁骨猪肌肉中钙含量最高，极显著高于沙子岭猪、大围子猪、宁乡猪、桃源猪；其他各元素品种间差异不显著（$p > 0.05$）。

表 3-14　沙子岭猪等地方猪种肌肉矿物质元素含量（$n = 12$）

项目	宁乡猪	铁骨猪	桃源猪	沙子岭猪	大围子猪
钾（%）	0.39±0.006	0.36±0.006	0.38±0.009	0.39±0.003	0.38±0.003
钠（$\mu g/g$）	444.52±10.32	430.83±12.37	435.35±10.80	412.94±15.17	416.14±12.71
铜（$\mu g/g$）	0.65±0.02	0.58±0.006	0.46±0.01	0.63±0.04	0.63±0.03
镁（$\mu g/g$）	219.5±2.08	206.87±3.90	225.04±3.55	200.8±2.41	214.46±0.82
锌（$\mu g/g$）	14.74±0.38[a]	14.15±0.61[ab]	11.58±0.40[b]	17.32±0.59[a]	13.14±0.38[ab]
钙（$\mu g/g$）	27.97±0.94[B]	38.83±1.60[A]	24.26±0.70[B]	28.91±1.63[B]	28.43±0.74[B]

注：同行数字肩标不同大写字母表示差异极显著（$p < 0.01$），不同小写字母表示差异显著（$p < 0.05$），相同字母表示差异不显著（$p < 0.05$）。

五、染色体观察

1991 年，谢菊兰等采用微量外周血淋巴细胞培养，运用胰酶 G-带技术，分别对 6 头沙子岭猪、6 头湘白Ⅲ系猪、6 头湘白Ⅰ系猪进行核型分析（表 3-15），结果表明：沙子岭猪、湘白Ⅲ系猪、湘白Ⅰ系猪染色体组成为 $2n=38$，性染色体为 XX（母）、XY（公）；核型中 A、B、C、D 四群染色体的形态特征基本上同国内外有关家猪的染色体组型相仿；G-分带也趋向一致。采用 t 检验，沙子岭猪与湘白Ⅲ系猪大部分双臂染色体相对长度有极显著的差异（$p<0.001$），而湘白Ⅰ系猪与湘白Ⅲ系猪多数单臂染色体相对长度有极显著的差异（$p<0.001$）。从核型、编号及染色体形态特征说明沙子岭猪、湘白Ⅰ系猪与湘白Ⅲ系猪的遗传组成基本稳定。染色体的差异可能是品种间固有的特征。

表 3-15　染色体的平均相对长度、臂比指数

组群	序号	平均相对长度			t 检验		臂比指数			染色体类型
		湘白Ⅲ系猪	湘白Ⅰ系猪	沙子岭猪			湘白Ⅲ系猪	湘白Ⅰ系猪	沙子岭猪	
		$\overline{X}1\pm S\ \overline{X}1$	$\overline{X}2\pm S\ \overline{X}2$	$\overline{X}3\pm S\ \overline{X}3$	$\overline{X}1-X2$	$\overline{X}1-X3$	$\overline{L}1\pm S\ \overline{L}1$	$\overline{L}2\pm S\ \overline{L}2$	$\overline{L}3\pm S\ \overline{L}3$	
A组	1	109.22±5.90	102.82±4.71	98.78±4.07	6.40*	10.44***	2.04±0.08	2.06±0.07	2.05±0.08	SM
	2	58.29±2.73	67.24±2.77	67.81±3.49	8.96***	9.53***	2.35±0.16	2.50±0.08	2.39±0.24	
	3	52.08±3.47	56.47±3.22	54.42±4.49	4.39**	2.34	2.17±0.10	2.08±0.05	2.16±0.13	
	4	46.19±2.42	44.09±4.31	48.52±1.96	2.10	2.33*	2.29±0.19	2.27±0.06	2.34±0.18	
	5	40.24±2.55	38.981.57	38.27±1.84	1.26	1.97	2.20±0.05	2.11±0.09	2.11±0.15	
B组	6	66.18±3.33	68.07±4.37	69.07±2.92	1.89*	2.89***	3.33±0.40	3.28±0.21	3.13±0.10	ST
	7	48.90±2.18	52.46±3.87	56.21±2.85	3.56	7.31	3.74±0.46	3.63±0.16	3.30±0.20	
C组	8	61.22±2.52	58.77±3.06	56.84±2.26	2.45	4.38**	1.44±0.20	1.46±0.15	1.41±0.15	M
	9	54.71±2.45	50.39±4.21	49.32±1.66	4.32*	5.39***	1.29±0.05	1.27±0.12	1.35±0.13	
	10	46.12±1.50	45.81±1.67	45.89±2.56	0.31	0.23	1.19±0.06	1.16±0.03	1.24±0.09	
	11	34.15±2.15	29.88±3.76	29.09±2.17	4.27**	5.06***	1.12±0.10	1.08±0.08	1.15±0.10	
	12	28.02±1.53	25.63±3.16	23.38±2.12	2.39*	4.64***	1.09±0.06	1.05±0.04	1.06±0.03	
D组	13	88.37±3.40	82.55±4.01	89.08±3.88	5.82**	0.71				T
	14	64.18±3.94	58.34±3.64	60.32±3.50	5.84**	3.82*				
	15	56.11±3.08	54.27±2.93	56.54±3.54	1.84	0.43				
	16	37.26±1.15	42.38±1.65	41.27±1.60	5.12***	4.01***				
	17	27.15±0.82	38.02±2.13	36.09±2.57	10.87***	8.94***				
	18	24.17±1.44	29.05±2.48	24.58±3.15	4.88***	0.41				

（续）

组群	序号	平均相对长度			t 检验		臂比指数			染色体类型
		湘白Ⅲ系猪 $\overline{X}1\pm S\,\overline{X}1$	湘白Ⅰ系猪 $\overline{X}2\pm S\,\overline{X}2$	沙子岭猪 $\overline{X}3\pm S\,\overline{X}3$	$\overline{X}1-\overline{X}2$	$\overline{X}1-\overline{X}3$	湘白Ⅲ系猪 $\overline{L}1\pm S\,\overline{L}1$	湘白Ⅰ系猪 $\overline{L}2\pm S\,\overline{L}2$	沙子岭猪 $\overline{L}3\pm S\,\overline{L}3$	
性染色体 X	X	57.26±1.18	54.18±1.49	54.81±1.12	3.08**	2.45*	1.11±0.07	1.08±0.04		M
	Y	21.13±2.29	22.71±1.82				1.07±0.03	1.04±0.02		

注：相对长度＝某一对染色体的绝对长度/全部染色体总长度×100％；臂比指数＝长臂长度/短臂长度。

* 表示差异显著（$p<0.05$）；** 表示差异极显著（$p<0.01$）；*** 表示差异极显著（$p<0.001$）。

六、血清淀粉酶活性

1981 年，叶立云等对 50 头沙子岭猪、51 头宁乡猪的淀粉酶活性进行了测定，结果表明：肉脂兼用型沙子岭猪的酶活性水平低于偏脂用型的宁乡猪。沙子岭猪初生未哺乳的酶活性较低（为 32U），30 日龄开始上升，到 60 日龄、90 日龄时酶活性降低而较恒定。宁乡猪初生未哺乳时酶活性也较低，为 64U（但比沙子岭猪高 1 倍）。30 日龄达到酶活性正常值的高峰，45 日龄仍较高，60 日龄后酶活性下降而维持恒定。说明沙子岭猪初生时血清淀粉酶含量相当低，没有完全发育的酶系统。沙子岭猪和宁乡猪因品种的经济类型不同，而血清淀粉酶的活性有显著的差异，偏脂用型宁乡猪的酶活性水平高于肉脂兼用沙子岭猪的酶活性水平。

据报道，淀粉酶等位基因的发现与定位，说明淀粉酶有一定的遗传力。从本试验结果看，利用沙子岭猪 30～45 日龄的淀粉酶活力作为早期选种的一项新指标是有价值的。

七、蛋白质多态性

黄路生等（1989）对湖北通城猪、监利猪、湖南沙子岭猪、江西赣西两头乌猪、蒙山猪、广西东山猪以及浙江金华猪，应用血清蛋白多态性原理进行了遗传关系分析，结果表明：所有猪种在所测定的四个血清蛋白质（Pa、Po、Cp、Tf）位点中均表现多态性，各品种（系）间存在紧密的遗传关系。陶钧等（1992）采用改进的淀粉凝胶电泳测定了沙子岭猪等 11 个湖南地方猪种群的转铁蛋白（Tf）、前白蛋白（Pa）、后白蛋白（Po）、铜蓝蛋白（Cp）、血红素结合蛋白（Hpx）和淀粉酶（Am）的多态性，结果表明：沙子岭猪与其他地方猪种群一样在所测的 6 个位点是高度多态的，经卡方检验，6 个蛋白位点均处于哈代—温伯格平衡状态。这一结果亦表明沙子岭猪从基因水平上分析，遗传性是稳定的。根据 6 个位点（Tf、Pa、Po、Hpx、Cp、Am）19 个等位基因频率计算湖南 11 个地方猪种群的标准遗传距离，采用类平均聚类法进行聚类，结果将 11 个种群划分成三类，其中沙子岭猪、寺门前猪、凉伞猪、荫田猪归为一个类群（寺门前、凉伞、荫田猪均为两头黑，已归并成沙子岭猪），这一结果与吴买生（1993）用 16 个表型性状对湖南 5 大地方猪种（沙子岭猪、宁乡猪、大围子猪、湘西黑猪、黔邵花猪）的聚类分析结果相一致，沙子岭猪独成一类。表明沙子岭猪无论从 6 个蛋白位点的基因频率还是从表型上分析，都具有独特的遗传性，表现在体型大，繁殖性能好，胴体品质优良等方面，值得研究开发利用。

孙宗炎等（1997）利用湖南 11 个地方猪品种（品群）6 个血清蛋白的多态位点（Pa、Po、Cp、Tf、Hpx、Am）的测定结果，计算了湖南地方猪种各位点的遗传独特性和综合遗传独特性，并进行了保护等级的划分，桃源猪排第一位，沙子岭猪排第二位。

八、分子遗传

刘荣宗等（1998）对沙子岭猪群体遗传多样性进行研究，从湘潭市家畜育种站保种场采集 31 头沙子岭猪 DNA 样本，用从 4 个随机引物扩增的 26 个 RAPD 标记对其群体内遗传变异和群体间遗传距离进行测定，结果表明：从个体 RAPD 指纹图所获得的品种内平均共带系数（平均指纹相似系数）为 0.7801 ± 0.023，说明沙子岭猪品种内存在着一定的齐质性，与宁乡猪、湘白猪、长白猪等 5 个品种的聚类分析表明，沙子岭猪与欧美猪种遗传距离较远，而与省内的宁乡猪较近。

邢晓为等（2006）为评价从猪到人异种移植的生物安全性提供依据，从沙子岭猪的保种群内随机采集 31 头个体的耳样组织，应用 PCR 和 RT-PCR 技术分别检测这些组织中内源性反转录病毒（porcine endogenous retrovirus，PERV）的前病毒 DNA 和 mRNA，并对 PCR 扩增的灵敏性进行评估。多组织 RT-PCR 检测 3 头沙子岭猪肾、心、肝、肺、脾等组织中 PERV 的表达情况，了解其在各组织中的分布情况；最后，扩增、测序该猪种的 env 基因，结果用 NCBI 中的 BLAST 软件进行分析。PCR 和 RT-PCR 结果表明，所检测的 31 头沙子岭猪均带有 PERV 前病毒 DNA，耳样组织中均有 PERVmRNA 表达，其中有 2 头个体

携带 *env-A*、*env-B*、*env-C* 3 种囊膜蛋白基因，而其余的 29 头个体只带有 *env-A*、*env-B* 两种囊膜蛋白基因，未检测到 *env-C* 基因。多组织 RT-PCR 扩增结果表明，3 头沙子岭猪的肾、心、肝、肺、脾等组织中，*pol*、*gag*、*env-A*、*env-B* 基因均有表达，未检测到 *env-C* 基因表达。测序沙子岭猪的 *env* 基因，结果发现，沙子岭猪 *env-B* 和 *env-C* 基因与其他猪种序列比较分别存在 2 和 10 个碱基的差异，而 *env-A* 基因序列没有差异，说明不同的猪种之间 *env* 基因存在多态性。以上结果表明，沙子岭猪种群携带 PERV，其亚型主要以 PERV-A、PERV-B 为主；PERV 在该猪种肾、心、肝、肺、脾等多种组织中的分布没有明显组织特异性，且 93.5％（29/31）个体表现为 *env-C* 基因缺失，提示沙子岭猪作为候选猪种可能在异种移植中具有较好的应用前景。

唐医亚等（2007）为了克隆沙子岭猪 *SLA-DRA* 和 *SLA-DRB* 基因，分析 SLA 基因特性和抗原多态性，评价沙子岭猪在异种移植中的应用前景奠定基础。应用 RT-PCR 分别扩增沙子岭猪 *SLA-DRA* 和 *SLA-DRB* 基因，鉴定后克隆到 PUCm-T 载体并进行测序，用 NCBI 中的 BLAST 和 ExPASY 中相关软件进行生物信息学分析。得到的沙子岭猪 *SLA-DRA* 和 *SLA-DRB* 基因特异性片段，大小分别为 1 177bp 和 909bp。生物信息学分析发现，所扩增的 *SLA-DRA* 和 *SLA-DRB* 基因片段均包含完整的开放阅读框，分别编码 252 和 266 个氨基酸残基。将湖南沙子岭猪 *SLA-DRA* 和 *SLA-DRB* 基因在 GenBank 登录，登录号分别为 EF143987 和 EF143988。同源性分析发现，沙子岭猪 *SLA-DRA* 和 *SLA-DRB* 与人类相应的 DRA、DRB 相比，核苷酸序列同源性分别为 83％和 83％，编码氨基酸同源性分别为 83％和 79％。与 GenBank 登录的其他猪种相比，*SLA-DRA* 基因同源性最高可达 100％，而 *SLA-DRB* 基因具有多态性。

黎淑娟等（2005）为探明沙子岭猪内源性反转录病毒携带情况及病毒亚型分布，应用 gag、pol 特异性引物，对 31 头沙子岭猪耳部组织的 DNA、RNA 样品进行了 PCR 和 RT-PCR 检测，依据 *env* 基因表型 env-A、env-B、env-C，鉴定了每头猪携带 PERV 亚型。结果表明，在所检测 31 头个体中，93.5％的个体基因组中同时有 PERV 的 A、B 两种亚型（记为 env-AB），另外 6.5％的个体基因组中则同时有 PERV 的 A、B、C 三种亚型（记为 env-ABC），所有个体的耳样组织中均未检测到单独存在的 PERV 的 A、B 或 C 亚型。说明沙子岭猪中存在 PERV 序列，且能以 mRNA 的形式表达，病毒亚型以 env-AB 为主。结果显示，多数沙子岭猪只携带了感染人细胞系的能力相对较弱的 AB 型 PERV，而缺失感染力较强的其他亚型 PERV。由于沙子岭猪具有种群相对封闭，基因纯合度高，遗传背景清楚等特点，可以作为较佳的异种移植候选供体。

马海明等（2005）采用 PCR-RFLP 方法，检测了沙子岭猪、桃源猪、宁乡猪和大围子猪共 429 头肌细胞生成素基因 3′端 353bp 侧翼序列，Msp I 酶切后存在 AA、AB 和 BB 三种基因型，AA 占绝对优势，A 等位基因频率平均为 0.95，其中宁乡猪和沙子岭猪均为 AA 型。RFLP-Msp I 基因型分布 χ^2 检验结果表明，4 个地方品种间只有桃源猪与其他 3 个品种间差异极显著；大围子猪与宁乡猪及其与沙子岭猪间差异显著。

马海明等（2005）采用 PCR-RFLP 方法，还检测了外来品种大约克猪、长白猪和杜洛克猪和湖南地方品种宁乡猪、沙子岭猪、大围子猪和桃源黑猪共 630 头肌细胞生成素基因 3′端 353bp 侧翼序列，Msp I 酶切后存在 AA、AB 和 BB 3 种基因型，其中外来品种中 BB 占优势，B 等位基因频率平均为 0.74。而湖南地方品种中，AA 占绝对优势，A 等位基因频率平均为 0.95，其中宁乡猪和沙子岭猪均为 AA 型。RFLP-Msp I 基因型分布 χ^2 检验结果表明，外来猪种与 4 个地方品种相比均差异极显著；4 个地方品种间只有桃源黑猪与其他 3 个品种间差异极显著；大围子猪与宁乡猪、沙子岭猪间差异显著；外来猪种间只有大约克和长白间差异显著。

九、毛色遗传

（一）纯种毛色遗传

从沙子岭猪保种群中选择毛色性状记载清楚的 20 头公猪配 47 头母猪，共获得 123 胎次的纯繁资料，并进行统计分析，研究沙子岭猪毛色基因的纯合程度和遗传规律。统计表明，经过选择的沙子岭猪原始保种群毛色较一致，种猪均为"两头黑"，背腰部无杂毛，且额上均有一小撮白毛，称"白星"。群内白耳率为 4.88%（耳朵边缘有一小块白斑），白尾率为 39.84%（尾尖有一小撮白毛）。

背腰毛色分离情况：从表 3-16 可以看出，沙子岭猪原始保种群公母猪背腰部标准毛色为全白，但后代背腰部均分离出隐花（黑色表皮上着生白毛，面积很少，直径 1cm 以内）和背花（体躯上一块不定形的黑斑）两种杂毛，隐花率 2.83%，背花率 12.41%，合计杂毛率为 15.25%。公猪杂毛率（16.20%）比母猪（14.22%）高 1.98 个百分点（$p>0.05$），但差异不显著。

表 3-16　沙子岭猪背腰毛色分离统计

性别	鉴定数（头）	隐花		背花		合计	杂毛率（%）
		个体数	占比例（%）	个体数	占比例（%）		
公猪	679	23	3.39	87	12.81	110	16.20
母猪	626	14	2.24	75	11.98	89	14.22
合计	1305	37	2.83	162	12.41	199	15.25

耳色分离情况：沙子岭猪标准耳色应为全黑色。但从表 3-17 看出，沙子岭猪后代群体白耳率为 20.75%，比原始群体 4.88%上升 15.87 个百分点（$p < 0.01$），表现出耳色分离情况较严重。公猪白耳率（21.94%）比母猪（19.59%）高 2.35 个百分点（$p > 0.05$），但二者之间差异不显著。

表 3-17　沙子岭猪耳色分离统计表

性别	鉴定数（头）	白耳		黑耳	
		个体数	占比例（%）	个体数	占比例（%）
公猪	620	136	21.94	484	78.06
母猪	628	123	19.59	505	80.41
合计	1248	259	20.75	989	79.25

尾尖毛色分离情况：从表 3-18 看出，沙子岭猪后代群体白尾率达到 48.91%，比原群体 39.84%上升 9.07%（$p < 0.01$），预示白尾基因频率向高漂移。公猪白尾率（50.40%）比母猪白尾率（47.37%）高 3.03 个百分点，经显著性检验，差异不显著（$p > 0.01$）。

表 3-18　沙子岭猪尾尖毛色分离统计表

性别　项目	鉴定数（头）	白尾		黑尾	
		个体数	占比例（%）	个体数	占比例（%）
公猪	625	315	50.40	310	49.60
母猪	608	288	47.37	320	52.63
合计	1233	603	48.91	630	51.09

沙子岭猪虽然是一个古老的地方猪种，但由于长期以来缺乏系统选育，其毛色基因纯合程度较低。显示本品种外貌特征的背腰部毛色分离较严重，杂毛率达 15.25%；耳色分离相当严重，白耳率高达 20.75%；尾尖毛色向白尾方向漂移，白尾率达 48.91%，比原群体上升 9.07%。根据本研究结果，建议对后备猪的选留要求背腰部无杂毛，耳为全黑色。鉴于尾尖毛色中的白尾和黑尾

的比例趋近 1∶1（48.91∶51.09），基因频率都较高，因此，对后备猪尾尖毛色可不做要求，打破农村产区长期以来认为白尾猪不宜做种用的习惯。根据对沙子岭猪的毛色观察分析，认为民间以及传统书上对沙子岭猪毛色特征描绘为"点头墨尾"这一术语不够确切，建议改称"两头黑"或"两头乌"。

（二）杂交后代毛色遗传

沙子岭猪的经典毛色为"两头乌，中间白"，即头、颈和臀、尾为黑色，躯干、四肢为白色。杂交试验表明，沙子岭猪与长白、大白、杜洛克和巴克夏杂交，长×沙、大×沙杂交组合后代毛色为全白色，杜×沙杂交组合后代毛色为全黑色，巴×沙杂交组合后代分离出黑色、蹄白、腹蹄白、背花四种类型，分别占 8.57％、48.89％、25.71％、16.83％（表 3-19）。说明沙子岭猪与长白和大白杂交后代的毛色与长白、大白与国内其他地方有色猪种杂交后代毛色为全白的报道情况相同，这也验证了白色对有色为显性的遗传规律；沙子岭猪与杜洛克猪杂交，后代全为黑色，由于沙子岭猪为两头乌毛色，与全黑色猪对棕红色猪为显性不同，其毛色遗传机制有待进一步研究；沙子岭猪与巴克夏猪杂交后代毛色表现出四种类型，其中出现有白毛的后代比率占 90％以上，说明巴克夏猪部分被毛为白色这一外貌特征在与沙子岭猪杂交时能较稳定地遗传。

表 3-19　沙子岭猪二元杂交后代毛色分离统计

杂交组合	窝数	仔猪（头）	仔猪毛色				
			全白仔猪（头）	背花仔猪（头）	腹蹄白仔猪（头）	蹄白仔猪（头）	全黑仔猪（头）
长×沙	37	453	453	0	0	0	0
大×沙	33	421	421	0	0	0	0
杜×沙	24	296	0	0	0	0	296
巴×沙	47	630	0	106	162	308	54

十、性状相关

（一）生长性状

测定 36 头沙子岭猪哺乳期不同日龄的体重体尺，并对体重体尺进行相关分析（表 3-20），发现初生时体重与胸围、体高、胸深呈中等正直线相关($r=$

0.525 3、0.487 8、0.597 5)，与胸宽呈弱正直线相关（$r=0.340\ 1$），而与体长的相关不显著（$r=0.296\ 8$）。20 日龄、40 日龄、60 日龄时，体重与体长、胸围、体高、胸宽、胸深呈强正直线相关（$r>0.66$，$p<0.01$）。

表 3-20　仔猪体重体尺间相关分析

	初生	20 日龄	40 日龄	60 日龄
体重与体长	0.296 80	0.938 27**	0.851 10**	0.785 67**
体重与胸围	0.525 26**	0.946 42**	0.898 77**	0.875 07**
体重与体高	0.487 75**	0.805 92**	0.768 18**	0.730 12**
体重与胸宽	0.340 11**	0.906 63**	0.805 26**	0.839 49**
体重与胸深	0.597 51**	0.845 33**	0.834 63**	0.740 64**

注：**表示 $p<0.01$，未标者为 $p>0.05$。

6 月龄时，测定了 51 头沙子岭后备母猪的体重体尺（表 3-21），并计算了 6 月龄沙子岭猪体重与体尺之间的相关系数。体重与体长、胸围、体高、胸宽的相关均达极显著水平（$r=0.874\ 6$，$0.910\ 4$，$0.790\ 5$，$0.858\ 0$，$p<0.01$）（表 3-22）；通径分析表明，影响 6 月龄体重的主要因素是胸围，通径系数达 0.462 7，直接和间接的决定系数为 0.628 4，因此，要提高沙子岭猪 6 月龄体重主要是要加大对胸围的选择。

表 3-21　沙子岭猪母猪 6 月龄体重体尺

指标	体重（y, kg）	体长（x_1, cm）	胸围（x_2, cm）	体高（x_3, cm）	胸宽（x_4, cm）
平均数	40.778 4	85.366 7	74.949 0	44.835 3	19.345 1
标准差	13.442 2	10.771 6	8.325 8	5.036 1	2.871 3

表 3-22　沙子岭猪母猪 6 月龄体重体尺间相关系数

性　状	体重（y）	体长（x_1）	胸围（x_2）	体高（x_3）
体长（x_1）	0.874 6			
胸围（x_2）	0.910 4	0.886 3		
体高（x_3）	0.790 5	0.728 0	0.671 0	
胸宽（x_4）	0.858 0	0.764 2	0.817 6	0.710 9

注：表中所有相关系数均达到极显著水平（$p<0.01$）。

应用多元回归方法和通径系数理论建立了一个估测沙子岭猪后备猪活重的最优回归方程：$y=0.902\ 2x_2+0.703\ 1x_3+1.009x_4-77.726\ 8$。（$x_2$——胸围，$x_3$——体高，$x_4$——胸宽）；其相关指数达 0.903 9，复相关系数达 0.618 9，准确性相当高，随机选取不同月龄的资料验证，误差率为 1.79%，表明该方程具有广泛的适用性和较高的应用价值。

（二）繁殖性状

沙子岭猪母猪繁殖性状的表型参数和相关系数见表 3-23、表 3-24。断奶窝重是反映繁殖母猪经济性能的一项最重要的综合指标。本研究表明，沙子岭猪断奶窝重与产活仔数、初生窝重、20 日龄窝重、断奶仔猪数的相关系数分别为 0.365 3、0.416 3、0.803 6、0.669 8，达到了显著或极显著水平。通径分析表明，20 日龄窝重到断奶窝重的通径系数最大（0.695 7），断奶仔猪数的通径系数次之（0.259 9）。在所有决定系数中，以 20 日龄窝重最大（0.484 05），其次是 20 日龄窝重和断奶仔猪头数的共同作用（0.267 05），因此，要提高沙子岭猪断奶窝重，主要是抓好 20 日龄仔猪的培育，同时提高仔猪成活率。应用综合选择指数公式 $I = y - 1.412\ 7x_3 - 1.780\ 8x_4$，对断奶窝重（$y$）进行直接选择，20 日龄窝重（$x_3$）、断奶仔猪（$x_4$）进行间接选择，可以有效地提高沙子岭猪断奶窝重。

表 3-23 沙子岭猪母猪繁殖性状的表型参数

指标	产活仔数 （x_1, 头）	初生窝重 （x_2, kg）	20 日龄窝重 （x_3, kg）	断奶仔猪数 （x_4, 头）	断奶窝重 （y, kg）
X	11.173 9	12.708 8	32.856 5	9.173 9	96.285 5
S	2.558 7	1.139 1	9.108 9	2.253 9	31.958 0

表 3-24 沙子岭猪母猪繁殖性状间的相关系数

性 状	断奶窝重（y）	产活仔数（x_1）	初生窝重（x_2）	20 日龄窝重（x_3）
产活仔数（x_1）	0.365 3			
初生窝重（x_2）	0.416 3	0.761 2		
20 日龄窝重（x_3）	0.803 6	0.453 1	0.567 7	
断奶仔猪数（x_4）	0.669 8	0.695 9	0.645 3	0.7385

注：表中除断奶窝重与产活仔数的相关系数为差异显著（$p < 0.05$）外，其他相关系数均为差异极显著（$p < 0.01$）。

研究表明，沙子岭猪公猪总射精量与射精持续时间呈高度显著正相关（$r = 0.490\ 4$，$p < 0.01$），总射精量与精子密度呈强负相关（$r = -0.303\ 7$，$p < 0.05$）。利用精液的光电特性，建立了利用分光光度计快速测定沙子岭猪

公猪精子密度的幂函数曲线方程：$W = 5.803\ 6t^{-0.551\ 5}$（$W$——精子密度、$t$——透光度）和幂函数曲线方程计测精子密度查数表（表 3-25）。

表 3-25　幂函数曲线方程计测精子密度查数表

计测精子密度（亿个/mL）	分光光度计百分透光度	计测精子密度（亿个/mL）	分光光度计百分透光度	计测精子密度（亿个/mL）	分光光度计百分透光度	计测精子密度（亿个/mL）	分光光度计百分透光度
8.506	0.5	1.144	12.5	5.084	1	1.410	13
4.640	1.5	1.381	13.5	3.969	2	1.354	14
3.501	2.5	1.328	14.5	3.166	3	1.303	15
2.908	3.5	1.280	15.5	2.702	4	1.258	16
2.532	4.5	1.237	16.5	2.389	5	1.216	17
2.267	5.5	1.197	17.5	2.160	6	1.179	18
2.067	6.5	1.161	18.5	1.984	7	1.144	19
1.910	7.5	1.128	19.5	1.844	8	1.112	20
1.783	8.5	1.097	20.5	1.728	9	1.083	21
1.677	9.5	1.069	21.5	1.630	10	1.055	22
1.587	10.5	1.042	22.5	1.547	11	1.029	23
1.509	11.5	1.018	23.5	1.474	12	1.006	24

十一、遗传参数

杨岸奇等（2015）利用 MTDFREML 软件对沙子岭猪的繁殖性状和生长发育性状进行了遗传参数估计。其中繁殖性状包括产活仔数、出生窝重、21日龄活仔数、21日龄窝重、35日龄窝重和35日龄活仔数，各性状遗传力和遗传相关范围为 0.15～0.28 与 0.31～0.51；生长发育性状包括达 50kg 体重日龄，达 50kg 体重活体背膘厚、6月龄体长、体高、胸围、胸深、胸宽，各性状遗传力范围为 0.33～0.44，遗传相关除达 50kg 体重活体背膘厚与其他各性状为负相关（-0.3～-0.1）外，其余性状均为正相关（0.19～0.83）。繁殖性状属低遗传力性状不适用于个体表型选择，而生长发育性状属于中等遗传力性状，生长发育性能较为优秀的个体可以根据表型选择进行留种。

试验资料为湘潭市沙子岭猪资源场 2012—2014 年的保种工作记录，包括繁殖记录与生长发育性状测定记录。其中繁殖记录包括产活仔数（NBA）、出生窝重（LWB），21日龄活仔数（NL21），21日龄窝重（LW21），35日龄窝重（LW35）和35日龄活仔数（NL35）；后备猪生长发育性能达50kg体重日龄（AGE50），50kg体重活体背膘厚（BF50），6月龄体长（BL）、体高（BH）、胸围（CM）、胸深（CD）、胸宽（CW）。沙子岭猪仔猪断奶日龄为35d，由于仔猪数目相对较少且出生时间并不集中，因此，所测出生窝重、21日龄窝重、35日龄窝重均为实际数值而未进行校正，此阶段的体重测定工具为电子秤。后备猪体重称量工具为高级电子笼秤，活体背膘厚测定工具为A超（测肩胛后缘距背中线约4cm处、最后一根肋骨距背中线约4cm处和腰荐接合处距背中线4cm处三点取平均值），胸围、胸宽等性状的测量工具为皮尺和直尺。

（一）沙子岭后备母猪的繁殖性状、生长发育性状的表型值与有效记录数（表3-26、表3-27）

表3-26　沙子岭猪繁殖性状表型值

性状	2012年	2013年	2014年
繁殖记录（条）	146	46	16
产活仔数（头）	8.97±2.18	9.00±2.29	9.56±3.14
出生窝重（kg）	7.49±2.00	10.49±5.97	7.34±3.05
21日龄活仔数（头）	8.71±2.08	8.95±2.08	9.00±3.20
21日龄窝重（kg）	26.83±6.04	26.99±6.10	27.77±7.69
35日龄活仔数（头）	7.70±2.07	8.35±2.07	8.94±3.23
35日龄窝重（kg）	40.52±9.34	37.31±11.12	33.56±10.43

表3-27　沙子岭猪生长发育性状表型值

性状	2013年	2014年
个体测定记录（条）	78	69
达50kg体重日龄（d）	211.45±10.04	192.88±13.85
50kg体重活体背膘厚（mm）	26.49±3.38	22.81±2.64
体长（cm）	88.37±11.95	99.74±12.07
体高（cm）	47.35±5.08	50.21±4.94
胸围（cm）	79.28±11.78	90.90±6.85
胸深（cm）	25.53±5.65	31.91±4.03
胸宽（cm）	19.26±3.13	24.25±1.77

（二）沙子岭猪繁殖性状各效应的方差组分（表 3-28）

表 3-28　沙子岭猪繁殖性状各效应方差组分

性状	产活仔数	出生窝重	21 日龄活仔数	21 日龄窝重	35 日龄活仔数	35 日龄窝重
加性效应方差	0.87	2.33	0.73	2.95	1.35	5.76
母体效应方差	0.92	1.94	0.54	1.04	0.48	1.20
加性效应与母体效应互作方差	−0.27	−1.42	−0.35	−1.39	−0.37	−0.97
永久环境效应方差	0.87	1.55	0.93	2.60	0.77	0.72
窝效应方差	0.70	2.72	1.17	4.85	1.30	12.47
残差方差	2.33	5.82	1.85	7.28	1.30	4.80
表型方差	5.42	12.94	4.87	17.33	4.83	23.98

（三）沙子岭猪繁殖性状的遗传力及其他效应的效应率大小（表 3-29）

表 3-29　沙子岭猪繁殖性状遗传力及其他效应的效应率

性状	遗传力（h^2）	母体效应率	永久环境效应率	窝效应率	加性效应与母体效应相关系数
产活仔数	0.16	0.17	0.16	0.13	−0.30
出生窝重	0.18	0.15	0.12	0.21	−0.67
21 日龄活仔数	0.15	0.11	0.19	0.33	−0.56
21 日龄窝重	0.17	0.06	0.15	0.28	−0.79
35 日龄活仔数	0.28	0.10	0.16	0.27	−0.46
35 日龄窝重	0.24	0.05	0.03	0.52	−0.37

（四）沙子岭猪繁殖性状间的协方差及相关系数（表 3-30）

表 3-30　沙子岭猪繁殖性状间的协方差及相关系数

性状	遗传协方差	永久环境协方差	残差协方差	表型协方差	遗传相关	永久环境相关	残差相关	表型相关
产活仔数/出生窝重	0.73	1.08	2.87	6.78	0.51	0.93	0.78	0.81
产活仔数/21 日龄活仔数	0.34	0.74	1.33	2.88	0.43	0.82	0.64	0.56
产活仔数/21 日龄窝重	0.66	0.85	2.22	5.52	0.41	0.94	0.54	0.57

（续）

性状	遗传协方差	永久环境协方差	残差协方差	表型协方差	遗传相关	永久环境相关	残差相关	表型相关
产活仔数/35日龄活仔数	0.40	0.30	0.64	1.89	0.37	0.87	0.51	0.44
产活仔数/35日龄窝重	0.83	0.26	1.10	3.76	0.33	0.83	0.48	0.47
出生窝重/21日龄活仔数	0.63	0.58	1.58	3.81	0.48	0.83	0.67	0.53
出生窝重/21日龄窝重	1.15	0.88	2.86	6.59	0.44	0.89	0.61	0.41
出生窝重/35日龄活仔数	0.57	0.35	0.88	2.53	0.32	0.92	0.58	0.30
出生窝重/35日龄窝重	1.14	0.33	1.64	5.46	0.31	0.91	0.51	0.36
21日龄活仔数/21日龄窝重	0.69	0.73	1.72	4.32	0.47	0.84	0.70	0.35
21日龄活仔数/35日龄活仔数	0.39	0.33	0.60	1.89	0.39	0.83	0.67	0.29
21日龄活仔数/35日龄窝重	0.70	0.28	1.01	3.67	0.34	0.87	0.59	0.41
21日龄窝重/35日龄活仔数	0.86	0.60	1.32	3.93	0.43	0.90	0.64	0.32
21日龄窝重/35日龄窝重	1.44	0.48	2.07	7.13	0.35	0.91	0.55	0.29
35日龄活仔数/35日龄窝重	1.23	0.33	1.10	4.73	0.44	0.88	0.54	0.39

（五）沙子岭猪生长发育性状各效应的方差组分（表3-31）

表3-31　沙子岭猪生长发育性状方差组分

性状	加性效应方差	窝效应方差	残差方差	表型方差
达50kg体重日龄	34.74	1.69	47.94	84.37
50kg体重活体背膘厚	1.26	0.70	1.91	3.87
体长	13.59	3.31	19.83	36.73
体高	5.97	1.36	6.24	13.57
胸围	6.90	2.19	7.73	16.82
胸深	3.42	0.61	4.73	8.76
胸宽	0.99	0.27	1.42	2.68

（六）沙子岭猪生长发育性状的遗传力及各性状的窝效应率（表3-32）

表 3-32 沙子岭猪遗传力与窝效应率

性状	遗传力（h^2）	窝效应率
达50kg体重日龄	0.41	0.02
50kg体重活体背膘厚	0.33	0.18
体长	0.37	0.09
体高	0.44	0.10
胸围	0.41	0.13
胸深	0.39	0.07
胸宽	0.37	0.09

（七）沙子岭猪生长发育性状的遗传相关与表型相关系数（表3-33）

表 3-33 沙子岭猪遗传相关与表型相关系数

性状	遗传协方差	表型协方差	遗传相关	表型相关
达50kg体重日龄/50kg体重活体背膘厚	−1.72	−9.76	−0.16	−0.54
达50kg体重日龄/体长	5.00	26.72	0.23	0.48
达50kg体重日龄/体高	4.75	13.87	0.33	0.41
达50kg体重日龄/胸围	5.73	16.20	0.37	0.43
达50kg体重日龄/胸深	2.83	13.5	0.26	0.50
达50kg体重日龄/胸宽	1.11	5.86	0.19	0.39
50kg体重活体背膘厚/体长	−1.24	−3.58	−0.30	−0.47
50kg体重活体背膘厚/体高	−0.63	−1.67	−0.23	−0.38
50kg体重活体背膘厚/胸围	−0.09	−0.24	−0.03	−0.09
50kg体重活体背膘厚/胸深	−0.21	−0.58	−0.10	−0.14
50kg体重活体背膘厚/胸宽	−0.23	−1.32	−0.21	−0.41
体长/体高	7.03	17.64	0.78	0.79
体长/胸围	7.84	20.88	0.81	0.84
体长/胸深	4.84	15.43	0.71	0.86
体长/胸宽	2.49	7.43	0.68	0.74
体高/胸围	3.92	9.22	0.61	0.73

（续）

性状	遗传协方差	表型协方差	遗传相关	表型相关
体高/胸深	3.75	9.49	0.83	0.87
体高/胸宽	1.56	4.16	0.64	0.69
胸围/胸深	2.48	8.50	0.51	0.70
胸围/胸宽	1.54	4.50	0.59	0.67
胸深/胸宽	1.23	3.92	0.67	0.81

应用 MTDFREML 计算生产性能数据的方差以及协方差组分会受主观和客观因素的影响，主观因素包括决策者对数学模型和先验值的选择，迭代计算终止的时间点，性状的选择和对该性状测定的熟练程度及对生产资料整理的数学手段；客观因素包括整个群体的生产水平，整个育种群体的大小，养殖场原有的生产和育种计划等。根据统计学理论，只有样本容量趋近于无穷大时，其参数估算结果才是无偏的，因此，一般称最大似然估计所得的结果为渐近无偏的。因此，随着沙子岭猪资源场的规模扩大以及育种年限的增长，遗传参数的计算结果会更加逼近无偏估计值。

十二、营养需要

沙子岭猪是在长期以青饲料为主、适当搭配精料的低营养水平条件下培育的，从而形成了耐粗和耐低营养水平的饲养特性。在农村饲养条件下 6～7 月龄的肥猪，活重为 65kg 以上，高的可达 90kg；8 月龄肥猪活重为 75kg，高的可达 100kg。据华中农业科学研究所 1957 年至 1958 年用沙子岭猪进行利用青粗饲料的育肥试验，混合料为米糠、麦麸，另加两倍青粗饲料。6 头育肥猪从 2 月龄开始至 14 月龄结束，平均日增重为 360g。在加 8 倍青粗饲料的情况下，4 头育肥猪从 2 月龄到 12 月龄，平均日增重为 280g。

据湖南省畜牧兽医研究所 1980 年至 1981 年两次（第一次每组 6 头，第二次每组 7 头）沙子岭猪经产母猪营养水平试验，结果表明：沙子岭猪母猪消化能和可消化粗蛋白质比南方标准低 10％左右的低营养水平下（表 3-34），繁殖效果比在相当全国试行标准的高营养水平下，或者比在相当南方标准（草案）的中营养水平下，无显著差别（$p > 0.05$）（表 3-35）。初生窝重为（10.6±0.4）kg，育成仔猪（10.8±1.01）头，哺育率 98.7±5.3％。60 日龄断奶窝重为（146.79±8.67）kg。这些指标均达到了南方猪的饲养标准（草案）要求，即年产两胎，经产母猪初生窝重8kg，育成仔猪10头，哺育率90%，60日龄断奶窝重110 kg。将母猪饲料消耗加上仔猪补料，低组母猪所产仔猪的每千克增重饲料消耗少，消化能只要35.01MJ，比高组（50.91MJ）低31.23%，比中组（43.72MJ）低19.92%；可消化粗蛋白质只要376g，比高组（416g）低9.62%，比中组（400g）低6.00%。

表 3-34　沙子岭母猪营养水平

| 组别 | 高组 | | | 中组 | | | 低组 | | |
阶段	妊娠前期	妊娠后期	哺乳期	妊娠前期	妊娠后期	哺乳期	妊娠前期	妊娠后期	哺乳期
日采食量（风干）（kg）	3.12	3.12	5.51	2.89	3.12	4.68	2.89	3.12	4.68
每千克饲粮内含有　消化能（MJ）	6.69	8.98	10.04	5.92	8.18	9.62	5.32	7.32	8.56
可消化粗蛋白质（g）	41.0	60.0	82.0	43.8	68.0	80.0	38.0	59.0	72.0
粗纤维（%）	23.0	12.5	13.0	24.0	18.7	14.0	26.0	20.0	17.0
钙（%）	0.66	0.81	1.10	0.68	0.88	1.10	0.69	0.87	1.10
磷（%）	0.32	0.55	0.71	0.46	0.55	0.63	0.43	0.54	0.63

表 3-35　不同营养水平母猪繁殖性能

组别	高	中	低
窝数	6	6	6
产仔数	11.5±1.17	12.0±0.47	12.0±1.39
活仔数	10.7±1.9	12.0±1.2	11.0±1.06
初生窝重（kg）	11.0±2.14	10.5±0.52	10.6±0.40
20d窝重（kg）	42.2±4.90	39.1±0.24	42.5±1.50
60d窝重（kg）	145.3±18.9	145.3±7.58	146.79±8.67
哺育率（%）	94.4±3.9	82.57±8.28	98.70±5.30
仔猪总重量（kg）	926.25	956.75	957.25
仔猪每千克增重消耗　消化能（MJ）	50.91	43.72	35.01
可消化粗蛋白质（g）	416	400	376

注：仔猪每千克增重耗的消化能、可消化粗蛋白，包括母猪的饲料消耗和仔猪的补料消耗。

目前，配合饲料广泛推广，为适应沙子岭猪标准化规模养殖发展的需要，我们综合多年来研究沙子岭猪的成果，制定了《沙子岭猪饲养管理技术规范》

（DB 43/T 625—2011），对沙子岭猪营养需要进行了规定（表 3-36）。

表 3-36　沙子岭猪营养需要

	阶段（kg）	消化能（MJ/kg）	粗蛋白（%）	钙（%）	磷（%）	食盐（%）
后备种猪	30～50	11.70	13	0.60	0.50	0.30
妊娠母猪	前期	11.29	11	0.61	0.50	0.32
	后期	11.70	13	0.61	0.50	0.32
哺乳母猪		12.54	15	0.64	0.50	0.44
种公猪		12.54	15	0.66	0.50	0.35
仔猪	5～10	13.38	20	0.70	0.60	0.25
	10～15	13.38	18	0.65	0.55	0.25
	15～30	12.54	16	0.55	0.45	0.30
生长肥育猪	30～50	12.12	14	0.55	0.45	0.30
	50 以上	12.70	12	0.50	0.4	0.30

第四章
杂交利用与配套系选育

第一节 杂交与育种概述

一、杂交利用情况

利用中国地方猪种与国外猪种之间的遗传差异，通过杂交来获取杂种优势，使杂种猪既保持中国地方猪种繁殖力高、肉质好、耐粗饲的优良特点，又兼具国外猪种生长快、耗料省、瘦肉率高的优点，从而达到高产、优质、高效、低耗的养猪生产目标，这是地方猪种开发利用的主要技术途径。沙子岭猪的杂交利用实际上从20世纪50年代就开始了，但直到70年代末期，都是进行两品种简单杂交，而且数量少、面很窄，农村主要还是养沙子岭猪等地方品种猪，养猪效益较低。20世纪80年代初期，国家启动瘦肉型猪攻关课题，湖南成为全国瘦肉型猪基地省之一，湘乡成为全省第一个瘦肉型猪基地试点县（市）。1982年，省畜牧水产局、省畜牧研究所、湖南农学院以及湘潭市、湘乡县（后改成湘乡市）畜牧部门联合组成瘦肉型猪攻关课题组，承担省科委下达的"筛选最佳杂交组合提高瘦肉率的研究"课题，利用沙子岭猪开展了有计划、有步骤的杂交优势利用工作，一系列以沙子岭猪为母本、国外猪种为父本的瘦肉型猪杂交组合试验，包括小试、中试、面试全面展开。通过试验对比与分析，最终筛选出"杜×长×沙""大×长×沙"等优势杂交组合，使沙子岭猪的繁殖性、抗逆性、肉质好的优点得到发挥，生长速度、饲料转化率和瘦肉率等经济性状得到很大提高，同时建立和推广"三群一网"杂交繁育体系。使基地商品猪由脂肪型向瘦肉型过渡，由小体型向大体型过渡。1984年湘乡市出栏商品瘦肉型猪（瘦肉率55%以上）达10.75万头；湘乡试点成功，为全省瘦肉型猪基地建设和湖南养猪业的发展提供了成功的样板和模式，也为地方猪种杂交优势利用起到了很好的示范和带头作用，沙子岭猪的杂交利用工作由湘潭走向全省。每年从湘潭调种引种者络绎不绝，据湘潭县云湖桥一地统计，1984—1989 年共调出沙子岭猪种猪 1 453 头。继湘乡之后，湘潭县 1986 年批准为瘦肉型猪基地建设县，同期"湘潭市杂交商品瘦肉型猪生产综合技术开发"项目全面启动，沙子岭猪杂交利用工作进入一个新的阶段。经过几年的项目建设，1989 年，湘潭县、湘乡市双双进入全国产肉百强县，其中湘潭县排全国第 5 名。

进入 90 年代，湘潭市实施科技兴市战略，市委、市人大、市政府、市政协高度重视生猪品种改良，1997 年，市人大做出《关于加速生猪品改，推进生猪产业化的决定》，市政府下发了《关于加快实现生猪产业化的意见》等文件。畜牧部门积极行动，在开展面上品种改良的同时，着力扶持建立良繁体系。1997 年，中国农业大学（原北京农业大学）在湘潭投资建立湘潭北农大原种猪场，引进加系双肌臀大约克猪进行扩繁推广，为研究该猪种的杂交改良效果，1999 年省科委下达了"加系双肌臀大约克杂交猪产业化开发"项目，根据项目要求，课题组开展了以沙子岭猪为母本，加系大约克、美系杜洛克、丹系长白为父本的杂交组合筛选试验；2006 年以来，在省市科技等部门的重视下，开展了以沙子岭猪为母本、巴克夏、汉普夏、大约克、长白、杜洛克等为父本的二元、三元杂交试验，筛选出二元杂交组合"巴×沙"和三元杂交组合"大×巴×沙""杜×巴×沙"等优势杂交组合。下面将加以详述。

二、新品种（新品系）培育

随着经济的发展，市场的需要和科学技术的进步，世界养猪业从品种培育和杂交方式上，已从培育新的品种转向培育新的专门化品系，从品种间的二元杂交转向三元杂交，进而转向品系间的配套杂交，生产杂优猪，以期获得生产性能高、整齐度高度一致的生猪产品。在省畜牧兽医研究所的主持下，组织了对沙子岭猪资源开发利用的进一步研究，1985 年将湘乡试点期间所筛选的"大×长×沙"组合作为育种基础群，通过 5 个世代的选育，于 1991 年育成湘白Ⅲ系猪。该品系初产母猪产仔 10 头以上，经产母猪产仔 12.58 头，肥育猪日增重 600g 以上，料重比 3.5∶1，瘦肉率 57% 以上，肉质优良；以湘白Ⅲ系猪作母本，与杜洛克公猪配套的杂交后代，160日龄可达到90kg，肥育期日增重700g以上，料重比（3.0～3.4）：1，胴体瘦肉率59％以上；与长白公猪配套杂交的后代，176日龄达90kg，肥育期日增重640g，料重比（3.2～3.5）：1，胴体瘦肉率60％以上。湘白Ⅲ系猪在农村的示范推广，显示出适应性好和较优的生产性能，受到养猪户的欢迎。同时沙子岭猪还以18.75％［大×（大×长×沙）］和9.375％［大×（杜×野×沙）］的血液参与育成了湘白Ⅱ系猪与湘白Ⅳ系猪。沙子岭猪为湘白猪的育成做出了重要贡献（湘白猪选育获得国家科技进步二等奖）。2008年以来，在湘潭市科技局的支持下，湘潭市畜牧兽医水产局组织湘潭家畜育种站、伟鸿食品有限公司，联合湖南省畜牧兽医研究所、湖南农业大学等科研院所，引进美系巴克夏、长白猪、大约克、杜洛克猪等高产猪种，利用沙子岭猪种质资源，开展优质猪配套系的选育研究。以配套系的形式把沙子岭猪纳入固定杂交繁育体系，规范杂交利用方式，目的是为了持续保护好沙子岭猪品种资源，同时推进沙子岭猪开发利用步伐。

第二节 杂交组合筛选与配套系选育研究

一、杂交研究

（一）1981—1984年杂交组合筛选

1981—1982年湖南省畜牧兽医研究所进行了长白猪、大约克、沙子岭猪为父、母本的二元、三元及级进杂交育肥试验，结果三元杂交效果优于二元杂交。三元杂交中以"大×长×沙"的杂交效果最优，增重快、饲料报酬高，饲养期109d（生后188d），平均日增重639g，增重1kg耗消化能38.43MJ，可消化粗蛋白232g。胴体瘦肉率达57.52％；1984年对422头"大×长×沙"杂交猪进行中试（表4-1、表4-2、表4-3），平均饲养期127d，生后199d达90kg，日增重556g，瘦肉率56.11％，料重比3.61：1，各项指标达到当时瘦肉猪攻关指标要求，肉色、大理石纹为3级，pH$_1$6.33，失水率8.13％，熟肉率68.17％，肌肉中粗蛋白质含量为22.67％，粗脂肪2.26％，没有出现PSE和DFD劣质肉。说明"大×长×沙"三元杂交猪生产性能优良，可以在生猪生产中大力推广。1985年在湖南省畜牧兽医研究所主持下，将湘乡试点期间所筛选的"大×长×沙"组合作为育种基础群，通过5个世代的选育，于

1991年育成湘白Ⅲ系猪。

表4-1　中试猪（大×长×沙）增重和饲料消耗

中试地点	头数	日龄	饲养天数(d)	始重(kg)	终重(kg)	日增重(g)	每千克增重消耗	
							混合料(kg)	消化能(千焦)
溪　口	305	200	128	18.27	90.10	546	3.61	145 367
畜牧场	75	199	127	17.09	90.00	579	3.56	44 664
品种改良站	42	195	124	16.19	90.01	581	3.70	46 551
平均		199	127	17.81	90.06	556	3.61	45 527

表4-2　中试猪（大×长×沙）屠宰测定结果

性别	头数	宰前重(kg)	胴体重(kg)	屠宰率(%)	6～7肋膘厚(cm)	三处平均膘厚(cm)	皮厚(cm)	胴体长(cm)	眼肌面积(cm²)	后腿比(%)	瘦肉率(%)
公	40	89.29	65.00	72.73	4.13	3.70	0.27	80.05	25.43	27.91	56.01
母	40	86.55	62.73	72.30	3.62	3.25	0.29	79.40	25.10	28.09	56.20
平均		87.92	63.87	72.52	3.87	3.47	0.28	79.73	25.27	28.00	56.11

表4-3　中试猪（大×长×沙）肉质评定结果

项目	肉色评分	大理石纹评分	pH	失水率(%)	熟肉率(%)	背膘脂肪		背最长肌（鲜样）				
						评级	水分(%)	水分(%)	干物质(%)	蛋白质(%)	脂肪(%)	总能(MJ/kg)
平均值	3	3	6.33	8.13	68.17	1	5.79	73.50	26.48	21.67	2.26	6.11

（二）1999—2001年杂交组合筛选

1999—2001年，经湖南省科技厅立项，湘潭市家畜育种站和湘潭北农大动物科技有限公司合作，开展了以沙子岭猪为母本，美系杜洛克、丹系长白、加系双肌臀大约克三个外来品种为父本的二元、三元杂交组合试验，筛选出"双×沙""双×长×沙"两个优势杂交组合。其中"双×沙"组合日增重563.58 g，料重比3.67∶1，瘦肉率54.54%。"双×长×沙"组合日增重640g，料重比3.20∶1，瘦肉率61.70%。试验结果分别见表4-4、表4-5、表4-6（吴买生等，2002）。

表 4-4　沙子岭猪二元杂交组合繁殖性能

项　　目	双×沙	杜×沙	长×沙
试验头数	7	8	6
产仔数（头）	14.00±0.90	13.25±0.75	11.17±0.48
产活仔数（头）	11.57±0.97	12.75±0.09	10.17±0.40
60d 成活数（头）	10.20±0.49	10.60±0.19	9.00±0.33
初生个体重（kg）	0.90±0.07	0.83±0.06	0.89±0.07
初生窝重（kg）	10.19±0.98	11.46±0.71	8.79±0.44
20d 个体重（kg）	4.84±0.43	4.15±0.64	4.63±1.02
20d 窝重（kg）	47.92±1.98	49.1±3.47	45.07±2.30
60d 个体重（kg）	15.93±0.74	15.02±0.73	15.11±0.81
60d 窝重（kg）	161.63±6.66	159.22±5.05	136.19±7.47

表 4-5　沙子岭猪为母本的杂种猪生长肥育性能

杂交组合	双沙	杜沙	长沙	平均	双杜沙	长双沙	双长沙	平均
试验头数	8	8	8		11	11	11	
始重（kg）	26.37±0.78	26.03±1.36	26.09±1.36	26.16±1.17	31.27±1.64	31.59±1.53	31.27±1.12	31.38±1.43
中重（kg）	56.38±2.10	54.63±1.48	55.69±2.91	55.57±2.16	64.68±2.45	68.68±2.89	67.95±1.93	67.10±2.43
终重（kg）	91.69±4.06	88.69±1.87	89.00±3.37	89.79±3.10	88.68±2.36	95.50±3.94	95.27±1.66	93.15±2.66
前期日增重（g）	501.04±34.6	476.25±20.47	493.13±41.60	490.13±32.23	578.15±24.59	660.72±29.68	643.54±19.08	627.47±24.45

（续）

杂交组合	双沙	杜沙	长沙	平均	双杜沙	长双沙	双长沙	平均
后期日增重（g）	630.58± 41.01	608.26± 19.49	594.87± 35.19	611.24± 25.51	568.71± 22.91	623.68± 41.55	636.31± 22.19	609.57± 28.88
全期日增重（g）	563.58± 34.99	539.98± 14.69	542.24± 26.04	548.6± 25.24	574.09± 9.90	639.09± 26.97	640.00± 8.70	617.72± 16.20
前期料重比	3.02	3.12	3.06	3.07	3.24	2.85	2.91	3.0
后期料重比	4.23	4.21	4.37	4.27	4.08	3.67	3.20	3.65
全期料重比	3.67	3.71	3.75	3.71	3.57	3.21	3.20	3.32

表 4-6 沙子岭猪为母本的杂种猪屠宰测定结果

杂交组合	二元				三元			
	双沙	杜沙	长沙	平均	双杜沙	长双沙	双长沙	平均
试验头数	2	2	2		3	3	3	
宰前活重（kg）	89.75± 3.68	89.50± 2.13	85.00± 1.54	88.08± 2.45	96.5± 3.02	97.17± 2.03	97.83± 3.91	97.17± 3.27
胴体重（kg）	66.5± 1.75	66.9± 2.02	62.8± 1.38	65.4± 1.71	71.54± 1.67	73.13± 1.80	72.30± 1.13	72.32± 1.53
屠宰率（%）	74.09± 1.17	74.77± 1.34	75.88± 0.87	74.91± 1.15	74.07± 1.22	75.34± 1.66	73.82± 1.16	74.41± 1.35
后腿比（%）	30.16± 1.40	30.18± 0.72	31.63± 0.97	30.07± 0.99	27.66± 2.21	28.77± 1.10	29.46± 1.07	28.63± 1.15
胴体斜长（cm）					92.00± 1.74	90.67± 1.61	93.83± 1.48	92.17± 1.61
胴体直长（cm）					77.33± 1.71	73.00± 1.16	78.83± 1.14	76.39± 1.34
6～7 肋间膘厚（cm）					3.57± 0.57	2.89± 0.46	2.94± 0.57	3.13± 0.53
6～7 肋间皮厚（cm）					0.26± 0.07	0.25± 0.11	0.29± 0.12	0.27± 0.10
眼肌面积（cm²）	20.19± 1.38	19.97± 1.27	19.39± 1.20	19.85± 1.20	24.91± 0.80	34.72± 1.01	32.28± 0.95	30.63± 0.92

（续）

杂交组合	二元				三元			
	双沙	杜沙	长沙	平均	双杜沙	长双沙	双长沙	平均
瘦肉率（%）	54.54± 1.44	55.27± 0.70	53.65± 1.44	54.49± 1.19	57.89± 1.24	60.23± 1.20	61.70± 1.14	59.94± 1.20
肥肉率（%）	25.67± 1.52	26.63± 0.77	25.30± 0.72	25.87± 1.22	23.01± 1.35	21.70± 1.56	16.48± 1.41	20.39± 1.44
皮率（%）	10.47± 1.36	8.45± 1.17	11.01± 1.34	9.98± 0.91	10.30± 0.86	9.65± 0.94	12.18± 1.03	10.71± 0.54
骨率（%）	9.33± 0.72	9.66± 1.23	10.04± 0.43	9.68± 0.85	9.55± 0.63	8.42± 0.73	9.64± 0.62	9.20± 0.66

（三）2008—2015 年杂交组合筛选

2008 年以来，根据当今猪肉市场的发展变化，湘潭市家畜育种站开展了以沙子岭猪为母本，引进巴克夏、汉普夏为父本的二元杂交试验，并以纯种沙子岭猪做对照，探讨利用沙子岭猪优良种质资源，与引进品种杂交生产优质猪的可行性。

1. 二元杂交猪肥育性能与胴体品质　2009 年，在前期 DE 13.23MJ、CP 14.37%，后期 DE 13.30MJ、CP 13.55% 的营养水平条件下，测定了沙子岭猪及汉×沙、巴×沙二元杂种猪的肥育性能（表 4-7、表 4-8），结果表明：以巴×沙、汉×沙组合较好，日增重达 598.44～615.77g，料重比为（3.54～3.67）∶1，而沙子岭猪相对较差；从胴体品质看，瘦肉率汉×沙组合 48.13%，巴×沙组合 47.22%，相差不大，但分别比沙子岭猪高 7.02、6.11 个百分点。说明用巴克夏、汉普夏作为沙子岭猪开展二元杂交时的配套父本品种是合适的。巴克夏是当前国际上公认的生产优质肉的瘦肉型猪品种，而且巴×沙猪全身被毛大部分为黑色；汉普夏猪肉质较差，但与沙子岭猪杂交后肉质改善了很多，而且汉×沙猪毛色类似沙子岭猪。这两种毛色类似土猪的商品猪作为优质猪开发，市场前景看好（吴买生等，2011）。

表 4-7　沙子岭猪与巴×沙、汉×沙杂交猪肥育性能比较

组合	始重 (kg)	中重 (kg)	终重 (kg)	日增重			料重比			每增重 1kg 饲料成本 (元)
				前期 (g)	后期 (g)	全期 (g)	前期	后期	全期	
巴×沙	27.75±2.93	54.95±4.69	118.88±6.30	477.19±31.33ᵃ	702.56±30.56ᴬ	615.77±26.99ᴬ	2.92	3.67	3.44	8.22
汉×沙	28.55±2.09	53.00±4.38	117.12±6.72	428.95±45.54ᵃ	704.62±29.26ᴬ	598.44±33.64ᴬ	3.20	3.54	3.45	8.24
沙子岭猪	29.45±1.94	49.29±1.93	94.25±0.98	348.07±15.74ᵇ	494.51±17.26ᴮ	437.84±10.44ᴮ	3.89	4.35	4.23	10.10

注：同行数字肩标不同大写字母表示差异极显著（$p<0.01$），不同小写字母表示差异显著（$p<0.05$），相同字母表示差异不显著（$p>0.05$）。

表 4-8　沙子岭猪与巴×沙、汉×沙杂交猪胴体品质比较

组合	宰前活重 (kg)	胴体重 (kg)	屠宰率 (%)	后腿比 (%)	胴体斜长 (cm)	胴体直长 (cm)	三点均膘厚 (cm)	三点均皮厚 (cm)	眼肌面积 (cm²)	胴体组成				肉色评分	大理石纹评分
										肉 (%)	脂 (%)	皮 (%)	骨 (%)		
巴×沙	123.33±8.33	91.46±5.90	75.65±0.41	26.37±0.24	83.25±1.50	95.00±1.96	5.05±0.38	0.40±0.02	33.24±2.06ᴬ	47.22±0.81ᴬ	32.00±1.19ᴬ	11.64±0.50	9.15±0.50	3.00±0.00	3.13±0.24
汉×沙	130.55±7.64	98.83±6.54	77.19±0.78	27.63±0.56	82.00±2.35	93.25±1.98	5.39±0.15	0.44±0.03	36.51±2.52ᴬ	48.13±0.10ᴬ	33.75±0.60ᴬ	9.76±0.40	8.37±0.18	2.75±0.25	2.63±0.13
沙子岭猪	90.53±2.08	66.59±1.70	75.12±0.52	24.18±1.88	70.63±0.47	81.50±0.87	5.92±0.34	0.40±0.02	21.43±0.78ᴮ	41.11±1.52ᴮ	38.74±1.74ᴮ	12.21±0.36	7.18±0.21	3.00±0.00	3.25±0.15

2. 二元杂交猪肉质性能 对沙子岭猪、巴×沙猪和汉×沙猪进行屠宰测定及肉品质分析，共测定失水率、水分、蛋白质、氨基酸、脂肪酸等多项指标。结果表明：所测的指标中只有失水率、贮存损失、肌内脂肪、油酸、亚油酸、亚麻酸等9项指标达到了差异显著或极显著水平。沙子岭猪在失水率、熟肉率、贮存损失和肌内脂肪含量等指标上优于巴沙猪，更优于汉沙猪。沙子岭猪、巴沙猪、汉沙猪肌肉中总氨基酸含量、鲜味氨基酸和必需氨基酸含量均较高，所测背最长肌、饱和脂肪酸与不饱和脂肪酸含量，沙子岭猪与巴沙猪、汉沙猪基本一致。综合分析，沙子岭猪与巴克夏杂交产生的巴沙猪，各项肉质指标与亲本沙子岭猪相类似，而沙子岭猪与汉普夏杂交产生的汉沙猪，失水率、熟肉率、贮存损失和肌内脂肪含量等指标不如亲本沙子岭猪（详见表4-9至表4-12）。

表4-9 沙子岭猪与巴沙、汉沙猪肉质比较

组别	肉色评分	大理石纹评分	pH 头半棘肌	pH 背最长肌	失水率（%）	熟肉率（%）	贮存损失（%）
沙子岭猪	3.00±0.00	3.25±0.29	6.33±0.08	6.20±0.04	14.42±1.30a	69.43±1.13	0.92±0.46A
巴沙猪	3.00±0.00	3.13±0.48	6.30±0.08	6.12±0.09	17.10±3.07b	66.22±3.55	1.41±0.21B
汉沙猪	2.75±0.50	2.63±0.25	6.25±0.08	6.10±0.12	19.22±2.42b	65.55±1.74	1.41±0.26B

注：同一列肩标小写字母不同者，差异显著（$p<0.05$）；同一列肩标大写字母不同者，差异极显著（$p<0.01$）。

表4-10 沙子岭猪与巴沙、汉沙猪背最长肌化学成分的比较

组 别	水分（%）	粗蛋白（%）	粗脂肪（%）	粗灰分（%）
沙子岭猪	70.29±2.79	21.45±1.24	7.72±1.30A	1.12±0.06
巴沙猪	71.63±2.43	22.01±0.54	6.88±2.20A	1.24±0.24
汉沙猪	70.98±1.88	21.85±0.59	4.54±1.24B	1.18±0.13

注：同一列肩标大写字母不同者，差异极显著（$p<0.01$）。

表4-11 沙子岭猪与巴沙猪、汉沙猪背最长肌氨基酸含量的比较

	沙子岭猪	巴沙猪	汉沙猪
天冬氨酸（Asp，mg/g）	24.91±1.68	24.93±1.63	25.35±1.71
苏氨酸（Thr，mg/g）	10.37±0.69	10.41±0.63	10.63±0.67
丝氨酸（Ser，mg/g）	11.42±0.82	11.31±0.25	11.61±0.65
谷氨酸（Glu，mg/g）	39.41±2.44	39.77±2.60	40.32±3.02
甘氨酸（Gly，mg/g）	10.50±0.07	9.67±0.56	9.99±0.64

（续）

	沙子岭猪	巴沙猪	汉沙猪
丙氨酸（Ala，mg/g）	14.25±1.11	14.13±0.85	14.39±0.899
胱氨酸（Cys，mg/g）	2.24±0.17	2.10±0.15	2.14±0.21
缬氨酸（Val，mg/g）	13.16±0.89	13.26±1.01	13.34±1.04
蛋氨酸（Met，mg/g）	4.65±0.74	5.10±0.28	5.01±0.38
异亮氨酸（Ile，mg/g）	10.77±0.61	11.00±0.85	11.05±0.91
亮氨酸（Leu，mg/g）	19.21±1.29	19.42±1.23	19.74±1.38
酪氨酸（Tyr，mg/g）	6.21±0.36	6.13±0.42	6.29±0.48
苯丙氨酸（Phe，mg/g）	9.04±0.56	9.07±0.60	9.25±0.74
组氨酸（His，mg/g）	10.23±0.64	10.49±0.71	10.55±0.84
赖氨酸（Lys，mg/g）	10.01±0.64	10.12±0.67	10.40±0.91
精氨酸（Arg，mg/g）	13.68±0.83	13.67±0.89	14.04±1.14
脯氨酸（Pro，mg/g）	8.65±0.91	8.06±0.38	8.45±0.48
氨基酸总和（TAA，mg/g）	218.71	218.64	222.55
鲜味氨基酸（DAA，mg/g）	175.97	175.34	178.68
必需氨基酸（EAA，mg/g）	77.21	78.38	79.42

表 4-12　沙子岭猪与巴沙猪、汉沙猪背最长肌脂肪酸含量的比较

组别	沙子岭猪	巴沙猪	汉沙猪
肉豆蔻酸（%）	1.43±0.19	1.32±0.28	1.46±0.16
棕榈酸（%）	25.69±0.93	26.42±0.86	25.61±1.11
棕榈油酸（%）	3.52±0.24	3.74±0.51	3.77±0.22
硬脂酸（%）	11.88±0.99	12.56±1.20	12.67±1.21
反油酸（%）	48.48±1.56	46.57±1.41	45.82±2.62
油酸（%）	5.96[a]±1.14	6.23[a]±0.50	8.14[b]±1.56
亚油酸（%）	0.39[A]±0.17	0.52[A]±0.45	0.23[B]±0.04
二十烯酸（%）	0.76[A]±0.47	0.62[A]±0.64	0.17[B]±0.03
γ-亚麻酸（%）	1.51[a]±0.05	1.59[a]±0.34	1.10[b]±0.05
亚麻酸（%）	0.39[a]±0.30	0.44[a]±0.40	0.28[b]±0.15
脂肪酸总含量（%）	100.01	100.01	99.25
饱和脂肪酸含量（%）	39	40.3	39.74

注：同一列肩标小写字母不同者，差异显著（$p<0.05$）；同一列肩标大写字母不同者，差异极显著（$p<0.01$）。

3. 二元杂交母猪繁殖性能　2011 年，测定统计了沙子岭猪及汉×沙、巴×沙、杜×沙二元杂交母猪的繁殖性能。结果表明：杂交母猪的繁殖力高于纯种沙子岭猪母猪；杂交母猪繁殖力之间比较：以汉×沙最好，主要表现为初产活仔数多（9.41 头），初生窝重（10.46kg）、21 日龄窝重（44.96kg）、35 日龄窝重（68.50kg）大，其次是巴×沙，再次是杜×沙。说明从繁殖性能看，在沙子岭猪优质猪生产中应重点推广汉×沙、巴×沙二元杂交母猪（表 4-13、表 4-14）。

表 4-13　沙子岭猪母猪及二元杂交母猪繁殖性能比较（一）

母本	头数	产活仔数（头）	21d 成活数（头）	35d 成活数（头）	35d 成活率（%）
沙子岭	41	9.20±2.51[a]	8.05±2.10[ac]	7.66±2.02[b]	83.28
巴×沙	24	8.04±1.97[b]	7.46±1.82[bc]	7.33±1.76[b]	91.19
杜×沙	18	8.13±2.59[b]	7.50±2.56[bc]	7.50±2.56[b]	92.31
汉×沙	32	9.41±2.27[a]	8.56±2.49[a]	8.53±2.31[a]	90.70

注：同一列肩标小写字母不同者，差异显著（$p<0.05$）。

表 4-14　沙子岭猪母猪及二元杂交母猪繁殖性能比较（二）

母本	头数	初生个体重（kg）	初生窝重（kg）	21d 个体重（kg）	21d 窝重（kg）	35d 个体重（kg）	35d 窝重（kg）
沙子岭	41	0.87±0.12[b]	7.95±2.35[b]	3.86±0.68[b]	31.09±9.47[B]	6.58±1.19[b]	50.49±15.86[B]
巴×沙	24	1.08±0.15[a]	8.57±2.07[b]	4.82±0.77[a]	36.02±10.17[A]	7.73±1.41[a]	56.65±15.68[b]
杜×沙	18	1.03±0.15[a]	8.57±3.62[b]	4.30±0.90[ab]	33.46±15.34[B]	6.73±1.42[b]	52.36±23.79[B]
汉×沙	32	1.11±0.18[a]	10.46±2.92[a]	4.96±0.89[a]	44.96±13.26[A]	8.03±1.31[a]	68.50±21.39[aA]

注：同一列肩标小写字母不同者，差异显著（$p<0.05$）；同一列肩标大写字母不同者，差异极显著（$p<0.01$）。

4. 三元杂交猪肥育性能及肉质特性　2013 年，我们在利用沙子岭猪种质资源开发生产优质猪过程中，筛选出了巴沙二元杂交优势组合。同时利用巴沙、汉沙、杜沙二元杂交母猪完成了巴杜沙、杜杜沙、杜汉沙、巴巴沙、巴汉沙、杜巴沙 6 个杂交组合的育肥和胴体品质测定试验及肉质分析。根据其肥育性能、胴体品质与肉质指标进行综合评价，杜巴沙组合优于其他杂交组合，但杜巴沙组合毛色一致性差，分离出了黑色、黑白花、棕色等毛色。为了得到体型外貌一致、生产性能优秀的杂优组合，我们又以汉沙、巴沙二元杂交母猪为母本，用大约克、长白猪为父本，组成大汉沙、长汉沙和大巴沙三个杂交组合进行饲养试验和屠宰测定。结果表明，大巴沙组合全期日增重为612.88g（中等），全期料重比最低为3.15，屠宰率最高为73.17%，瘦肉率达58.73%（适度），贮存损失和失水率较低，肉色（3.10）和大理石纹（3.30）等主要指标较理想，初步表明大巴沙是培育湘沙猪配套系的一个较理想的配套杂交组合，同时大巴沙组合被毛为白色，适合于工厂化生产优质猪肉（表4-15至表4-24）。

表4-15　不同杂交组合肥育性能比较

组合	始重 (kg)	中重 (kg)	终重 (kg)	日增重（g）			料重比		
				前期	后期	全期	前期	后期	全期
大汉沙	24.60± 4.37	73.00± 11.37	104.26± 13.34	576.19± 89.63	762.44± 121.86	637.28± 84.03	2.73	3.41	3.37
长汉沙	26.94± 3.54	71.74± 3.54	102.34± 14.45	533.33± 90.97	746.34± 118.60	603.20± 89.09	2.69	3.32	3.26
大巴沙	25.05± 5.12	71.91± 6.08	101.66± 8.14	557.86± 48.91	725.61± 145.65	612.88± 56.12	2.52	3.38	3.15

表4-16　不同杂交组合胴体品质比较

项　目		大汉沙	大巴沙	长汉沙
头　数		4	4	4
宰前重（kg）		100.20±3.36	104.53±9.19	107.98±9.32
胴体重（kg）		70.98±4.00	75.3±8.55	77.85±7.65
屠宰率（%）		71.84±1.93	73.17±1.81	73.10±1.04
胴体斜长（cm）		81.38±1.49[b]	86.25±7.31[a]	83.50±1.91[b]
胴体直长（cm）		93.25±1.50	97.75±5.25	94.25±2.75
三点均膘厚（cm）		2.86±0.53	2.99±0.30	2.55±0.63
三点均皮厚（cm）		028±0.06[b]	0.36±0.04[a]	0.29±0.02[b]
后腿比（%）		32.40±3.26	30.63±1.39	30.47±1.99
眼肌面积（cm²）		48.13±3.42[a]	47.72±8.03[a]	55.25±9.09[b]
胴体组成（%）	肉	61.20±2.75	58.73±4.93	63.79±4.64
	脂	21.75±4.24	22.11±5.84	19.61±5.65
	皮	6.01±0.60	7.16±2.18	5.75±0.36
	骨	11.04±1.28	12.01±1.13	10.85±1.40
肉色评分		2.90±0.30	3.10±0.30	2.75±0.50
大理石纹评分		2.80±0.30	3.30±0.30	2.63±0.48

表 4-17　大汉沙、长汉沙、大巴沙肉质比较

组合	24h 嫩度（N）	失水率（%）	熟肉率（%）	贮存损失（%）
大汉沙	21.77±1.86	15.73±3.25[a]	66.93±3.16	1.67±0.35
长汉沙	22.65±2.35	16.13±2.05[a]	64.95±3.47	1.55±0.16
大巴沙	23.24±3.33	12.87±1.46[b]	65.44±0.96	1.50±0.34

注：同列肩标不同小写字母表示差异显著（$p < 0.05$）。

表 4-18　大汉沙、长汉沙、大巴沙组合的肉色比较（宰后 1h）

组合	L	a	b
大汉沙	42.58±1.92	4.88±0.91	2.42±0.75
长汉沙	41.62±0.69	4.73±1.07	1.85±0.28
大巴沙	41.53±2.20	5.71±1.60	2.31±0.24

注：测定结果中 L 表示肉的亮度，正常肉的 L 值为 36~50；a 表示肉的红度，数值越高表示肉的颜色越红；b 表示肉的黄度。

表 4-19　大汉沙、长汉沙、大巴沙组合的肉色比较（宰后 24h）

组合	L	a	b
大汉沙	53.40±0.93	6.17±1.42	3.81±0.85
长汉沙	52.60±2.21	5.70±2.07	3.54±1.00
大巴沙	51.61±1.62	5.74±1.09	3.49±0.28

注：测定结果中 L 表示肉的亮度，正常肉的 L 值为 36~50；a 表示肉的红度，数值越高表示肉的颜色越红；b 表示肉的黄度。

表 4-20　大汉沙、长汉沙、大巴沙组合 pH 的比较

组合	宰后 1h		宰后 24h	
	头半棘肌	背最长肌	头半棘肌	背最长肌
大汉沙	6.28±0.21	6.33±0.34	5.88±0.18	5.51±0.08
长汉沙	6.25±0.04	6.21±0.07	5.99±0.10	5.51±0.04
大巴沙	6.27±0.06	6.32±0.06	5.99±0.34	5.57±0.06

表 4-21　大汉沙、长汉沙、大巴沙组合背最长肌化学成分的比较

组合	水分（%）	粗蛋白（%）	粗脂肪（%）	粗灰分（%）
大汉沙	71.09±1.54	22.14±0.78	6.66±3.01	1.16±0.13
长汉沙	72.34±0.70	23.32±0.38	5.84±2.75	1.21±0.11
大巴沙	72.62±1.38	22.72±0.61	7.29±2.67	1.18±0.15

表 4-22 大汉沙、长汉沙、大巴沙组合背最长肌氨基酸含量的比较

项目	大汉沙	长汉沙	大巴沙
[1]天冬氨酸 Asp（%）	2.28±0.03	2.32±0.05	2.24±0.07
[1,2]苏氨酸 Thr（%）	0.91±0.02	0.92±0.02	0.86±0.03
[1]丝氨酸 Ser（%）	0.91±0.01	0.90±0.01	0.91±0.03
[1]谷氨酸 Glu（%）	3.85±0.09	3.89±0.04	3.77±0.13
[1]甘氨酸 Gly（%）	0.85±0.02	0.86±0.01	0.81±0.03
[1]丙氨酸 Ala（%）	0.62±0.02[a]	0.65±0.01[a]	0.54±0.04[b]
[1]半胱氨酸 Cys（%）	0.06±0.01[A]	0.07±0.01[A]	0.04±0.01[B]
[1,2]缬氨酸 Val（%）	0.85±0.02	0.85±0.05	0.76±0.04
[2]蛋氨酸 Met（%）	0.53±0.02	0.54±0.01	0.50±0.02
[1,2]异亮氨酸 Ile（%）	0.83±0.02	0.83±0.04	0.75±0.05
[1,2]亮氨酸 Leu（%）	1.78±0.51	1.78±0.04	1.71±0.08
[1]酪氨酸 Tyr（%）	0.78±0.01	0.80±0.02	0.74±0.04
[2]苯丙氨酸 Phe（%）	0.72±0.08[a]	0.72±0.03[a]	0.62±0.04[b]
[2]组氨酸 His（%）	0.91±0.04	0.98±0.02	0.91±0.84
[2]赖氨酸 Lys（%）	1.58±0.11	1.62±0.03	1.48±0.09
[1]精氨酸 Arg（%）	2.38±0.03	2.40±0.03	2.33±0.11
[1]脯氨酸 Pro（%）	0.78±0.10	0.78±0.06[a]	0.61±0.08[b]
总氨基酸 TAA（%）	20.60±0.53	20.90±0.28	19.57±0.09
鲜味氨基酸 DAA（%）	16.33±0.39	16.60±0.22	15.67±0.66
必需氨基酸 EAA（%）	8.17±0.26	8.24±0.18	7.60±0.41

注：氨基酸指标项左上肩标 1 为必需氨基酸，左上肩标 2 为风味氨基酸。

同一列肩标小写字母不同者，差异显著（$p<0.05$）；同一列肩标大写字母不同者，差异极显著（$p<0.01$）。

表 4-23 大汉沙、长汉沙、大巴沙组合背最长肌脂肪酸组成及含量比较

脂肪酸	大汉沙	长汉沙	大巴沙
月桂酸（C12：0）（%）	0.14±0.04	0.16±0.04	0.17±0.05
硬脂酸（C18：0）（%）	14.90±1.56	13.96±2.00	15.05±0.61
亚油酸（C18：2n-6）（%）	4.16±0.73	4.39±0.73	5.17±1.00
油酸（C18：1n-9）（%）	46.83±1.10	47.49±3.05	43.81±2.85
肉豆蔻酸（C14：0）（%）	1.42±0.07	1.34±0.07	1.39±0.10

（续）

脂肪酸	大汉沙	长汉沙	大巴沙
肉豆蔻脑酸（C14：1）（%）	0.17±0.15	0.20±0.11	0.28±0.18
十五烷酸（C15：0）（%）	0.10±0.08	0.12±0.05	0.15±0.08
棕榈酸（C16：0）（%）	25.93±1.34	25.58±1.18	27.24±1.70
棕榈烯酸（C16：1）（%）	2.98±0.55	3.10±0.64	3.13±0.38
花生酸（C20：0）（%）	0.38±0.04	0.40±0.10	0.39±0.07
十七烷酸（C17：0）（%）	0.25±0.06	0.30±0.09	0.33±0.06
银杏酸（C17：1）（%）	0.25±0.04	0.28±0.08	0.33±0.07
α-亚麻酸（C18：$3n$-3）（%）	0.15±0.04	0.19±0.03	0.19±0.02
顺-11，14-二十碳二烯酸（C20：2）（%）	0.25±0.06	0.30±0.05	0.26±0.03
顺-11-二十碳烯酸（C20：1）（%）	0.98±0.04[A]	1.04±0.06[A]	0.77±0.09[B]
榆树酸（C22：0）（%）	0.11±0.03		0.16±0.06
二十一烷酸（C21：0）（%）	0.07±0.02	0.08±0.02	0.07±0.01
神经酸（C24：1）（%）	0.04±0.00	0.07±0.03	0.10±0.06
二十碳三烯酸（C20：$3n$-3）（%）	0.06±0.02	0.07±0.03	0.07±0.03
二高-γ-亚麻酸（C20：$3n$-6）（%）	0.17±0.03	0.17±0.03	0.15±0.03
花生四烯酸（C20：$4n$-6）（%）	0.52±0.18	0.43±0.11	0.59±0.19
γ-亚麻酸（C18：$3n$-6）（%）	0.17±0.03	0.16±0.08	0.16±0.06
二十二碳二烯酸（C22：2）（%）	0.03±0.01[a]	0.03±0.01[a]	0.06±0.02[b]
二十二碳六烯酸（C22：$6n$-3）（%）	0.03±0.02	0.04±0.03	0.05±0.03
饱和脂肪酸（%）	43.28±1.84	42.06±2.83	44.95±2.43
单不饱和脂肪酸（%）	51.25±1.09	52.18±3.45	48.42±2.69
多不饱和脂肪酸（%）	5.48±1.02	5.78±0.097	6.67±0.98
总不饱和脂肪酸（%）	56.72±1.84	57.96±2.91	55.08±2.43

注：同一列肩标小写字母不同者，差异显著（$p < 0.05$）；同一列肩标大写字母不同者，差异极显著（$p < 0.01$）。

表 4-24　大汉沙、长汉沙、大巴沙组合背最长肌微量元素含量的比较

组合	大汉沙	长汉沙	大巴沙
钾（%）	0.46±0.02	0.49±0.01	0.47±0.02
钠（mg/kg）	384.00±31.10	372.50±28.11	335.00±40.22
钙（mg/kg）	37.23±3.98	39.18±7.38	33.28±2.58
铜（mg/kg）	0.32±0.04[a]	0.40±0.07[b]	0.36±0.02[a b]
镁（mg/kg）	273.25±36.89	296.00±7.44	260.00±12.03
锌（mg/kg）	13.90±1.52	15.83±3.79	13.55±0.86

注：同一列肩标小写字母不同者，差异显著（$p < 0.05$）。

二、湘沙猪配套系选育

杂交可以利用基因之间的上位效应和互作效应产生杂种优势，利用杂种优势能提高畜禽生产性能和经济效益。20 世纪 60 年代以来，美国开始探索品种间杂交培育猪配套系的方法，并成功培育出迪卡猪配套系，继美国之后英国培育出了 PIC 猪配套系。我国从 20 世纪 70 年代开始进行猪配套系育种工作，至 90 年代有 12 个猪配套系通过审定。育种实践证明，培育推广配套系猪能获得最佳生产性能和经济效益。利用中国地方猪种资源，采用生物技术结合常规育种技术培育优质猪配套系是今后我国猪育种工作的一个重要研究方向。

湘沙猪配套系是利用沙子岭猪与巴克夏猪等引进猪种资源经杂交组合筛选和多年持续选育形成的优质猪配套系。沙子岭猪是湖南省生猪生产中的优良母本，既具有一般地方品种的优良性能，更具独特的遗传特性，它是培育优质猪很好的材料。《全国生猪遗传改良计划（2009—2020）》指出："开展地方猪种保护、选育和杂交利用，满足国内日益增长的优质猪肉市场需求；充分利用优质地方猪种资源，在有效保护的基础上开展有针对性的杂交利用和新品种（配套系）培育"。

根据《湘潭市生猪产业化发展规划》（2009—2020）中关于"加大引进品种和地方品种沙子岭猪的保种选育力度，面向未来多元化市场需要，利用 5～7 年的时间，培育具有自主知识产权的湘沙优质猪配套系"的要求，2009 年湘潭市科技局对"以沙子岭猪作母本的优质瘦肉猪配套系选育研究"项目（项目编号：NY20091009）正式立项。2010—2011 年湘潭市科技局将"湘沙优质瘦肉猪配套系选育"列入重点项目支持。2011 年，沙子岭猪研究与开发项目列入《湘潭市战略性新兴产业科技支撑行动方案（2011—2015）》中；2011 年、2016 年，湖南省科技厅分别对"沙子岭猪资源保护与配套系选育"和"优质湘沙猪配套系选育研究"项目立项支持；近年来，在湘潭市畜牧兽医水产局的主持下，湘潭市家畜育种站与伟鸿食品有限公司、湖南省畜牧兽医研究所、湖南农业大学等单位合作，利用沙子岭猪和引进品种汉普夏、巴克夏、杜洛克、大约克、长白等父本品种，开展了杂交组合筛选、配套系亲本选育、中试和示范推广等一系列工作。湘沙猪配套系母系母本由沙子岭猪选育而成，母系父本由巴克夏选育而成，终端父本由大约克选育而成。目前，湘沙猪配套系选育已经取得重大进展，湖南省畜牧水产局以湘牧渔函〔2016〕37 号同意湘沙猪配套系在全省进行中试，2019 年 7 月通过了农业农村部组织的专家对湘沙猪配套系的现场审定。将沙子岭猪以配套系的方式纳入固定杂交繁育体系中，有利于遗传资源的保护和企业进行产业化开发。

（一）选育目标

湘沙猪配套系由三个专门化品系组成。要求各专门化品系特征明显，遗传性能稳定。配套系商品猪应具有体型中等、全身被毛白色、生长速度快、饲料报酬高、肌肉品质好、抗病力强、适应性广等特点。具体选育目标如下：

湘沙猪配套系母系父本：以近年引进的巴克夏猪为育种素材。通过选育，被毛黑色，四肢、嘴、尾末端为白色。初产母猪平均窝产仔数 8 头，经产母猪平均窝产仔数 9.5 头；达 100kg 体重日龄为 168d，料重比 2.68：1；胴体瘦肉率 60%，屠宰率为 73%。

湘沙猪配套系终端父本：以近年引进的大约克为育种素材。通过选育，毛色白色。初产母猪平均产仔数 10 头，经产母猪平均产仔数 11 头；达 100kg 体重日龄为 158d，料重比 2.54：1；胴体瘦肉率 66%，屠宰率为 74%。

湘沙猪配套系母系母本：以地方品种沙子岭猪为育种素材。通过选育，被毛为两头黑、中间白。初产母猪平均产仔数 10 头，经产母猪平均产仔数 11.6 头，25～85kg 期间平均日增重 450g，料重比 4.5：1；胴体瘦肉率 42%，屠宰率为 72%，肌内脂肪 3.5%，肉质优良。

三系配套生产的湘沙猪配套系商品猪被毛为白色。在 30～100kg 肥育阶段，前期（30～60kg）DE 13.1MJ/kg、CP 16.5%，后期（61～100kg）DE 13.1MJ/kg、CP 14.5% 的营养水平条件下达 100kg 体重日龄为 190 日龄，平均日增重 832g，料重比 3.16：1。屠宰率为 73%，胴体瘦肉率 58.20%，肌内脂肪 2.90%，肉质优良。

（二）选育措施

1. 组建育种基础群　一是湘沙猪配套系母系父本核心群。以伟鸿食品有限公司 2012 年 3 月从美国引进的巴克夏种猪（其中有 6 个家系的公猪 11 头）组成育种基础群。开展纯种选育，重点选育提高生长速度和瘦肉率，保持肉质优良。二是湘沙猪配套系终端父本核心群。以伟鸿食品有限公司 2012 年 3 月从美国引进的大约克种猪（其中有 8 个家系的公猪 20 头）组成育种基础群。开展纯种选育，主要选育提高生长速度和瘦肉率，保持肉质优良。三是湘沙猪配套系母系母本核心群。从 2011 年组建的沙子岭猪保种群中选择优质后备猪（其中有 8 个家系的公猪 10 头）组成育种基础群。开展纯种选育，重点选育提高日增重和产仔数，保持优良的肉质。

2. 种猪性能测定 湘沙猪配套系终端父本和母系父本主要测定产仔数及达 100kg 体重的日龄和背膘厚；湘沙猪配套系母系母本主要测定产仔数、21 日龄窝重、35 日龄断奶窝重、6 月龄体重体尺与背膘厚。每年（每世代）对三个专门化品系进行肥育性能测定和屠宰测定，检测胴体性状、肉质性状和肌肉化学成分。同时与中国农业大学、湖南农业大学等单位合作开展分子遗传学研究，采用分子标记辅助选择技术进行选种。

3. 后备猪精准选种 一是坚持多留精选。总原则是断奶多留，保育阶段初选，6 月龄精选，配种前复选。通过多次选择确定优秀的公、母猪参加继代配种。二是根据个体本身生长发育测定结果进行选种。三是对每个世代选留的后备公、母猪进行体型外貌鉴定并作为留种的依据之一。四是采用群体继代选育法，实施头胎留种，确保一年一个世代。允许引进外血。五是淘汰后代中出现隐性有害基因的个体，也可视情况全窝淘汰。六是采用综合选择指数选留后备公、母猪。

4. 杂交组合筛选 2012—2014 年，开展了两次共 9 个杂交组合筛选试验。第一次（2013 年 2 月 1 日至 5 月 28 日）开展了 6 个组合（杜巴沙、巴巴沙、杜杜沙、巴杜沙、杜汉沙、巴汉沙）的筛选试验。第二次（2013 年 11 月 29 日开始至 2014 年 4 月 3 日）开展了 3 个杂交组合（长汉沙、大汉沙、大巴沙）的筛选试验。试验筛选出两个优势组合杜巴沙和大巴沙，经综合分析确定大巴沙为湘沙猪配套系最佳组合（从肥育性能、胴体品质、肉质特性及体型外貌四方面综合考虑）。该组合小试日增重 613g、料重比 3.15：1、瘦肉率 58.73%，肉质优良。

5. 配套系猪中试 2015 年 10 月开始至 2016 年 1 月，选择体重 30kg 左右生长发育正常的配套系组合大巴沙杂优猪 104 头，分前期（30～60kg）和后期（60～100kg）进行了为期 76d 的中试试验。对 101 头大巴沙杂优猪的育肥性能和 31 头猪的屠宰性能进行统计表明：33～95kg 期间，日增重 809g，料重比 3.16：1，屠宰率 72.8%，瘦肉率 58.79%，肉质优良。各项育种指标达到预期效果，得到现场验收专家的高度肯定。

6. 扩群繁殖和示范推广　2016 年 4 月 25 日，湖南省畜牧水产局关于同意开展湘沙猪配套系中试的批复（湘牧渔函〔2016〕37 号）：同意在全省范围开展湘沙猪配套系中试。目前在雨湖区姜畲镇石安村建设了万头湘沙猪配套系繁殖场，在湘潭县、雨湖区、湘乡、韶山等地建立了 10 个配套系商品猪示范基地，年生产配套系商品猪可达 5 万头。同时配套系猪已远销株洲、常德、娄底、怀化及江西等地，用户反映很好。

三、湘沙猪配套系亲本及生产模式

（一）湘沙猪配套系母系猪母本（图 4-1 和图 4-2 ）

图 4-1　母系猪母本 XSⅢ系公猪　　　图 4-2　母系猪母本 XSⅢ系母猪

（二）湘沙猪配套系母系猪父本（图 4-3 和图 4-4）

图 4-3　母系猪父本 XSⅡ系公猪　　　图 4-4　母系猪父本 XSⅡ系母猪

（三）湘沙猪配套系父系猪（图4-5和图4-6）

图 4-5　父系猪 XS I 系公猪

图 4-6　父系猪 XS I 系母猪

（四）湘沙猪配套系商品猪生产模式（图4-7）

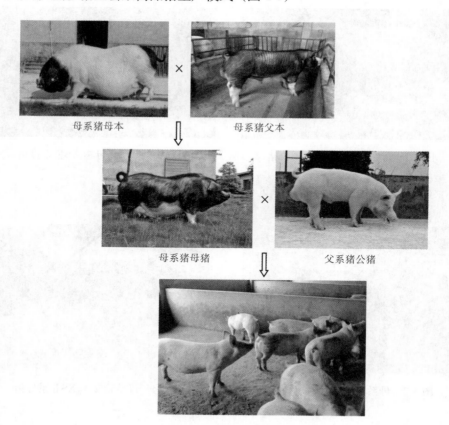

图 4-7　湘沙猪配套系商品猪

四、湘沙猪配套系选育研究

（一）湘沙猪配套系父本（以巴克夏选育母系父本，以大约克选育终端父本）性能测定

2015 年，湘沙猪配套系选育到第三世代时，选取健康、体重 30kg 左右、系谱档案完整的新美系长白、大白、杜洛克和巴克夏母猪各 12 头，饲喂相同日粮，试验期 83d。试验结束时用 B 超测定活体背膘厚。结果表明：①试验全期，大白猪日增重最高，巴克夏最低，长白猪和大白猪日增重显著高于巴克夏猪（$p<0.05$）；大白猪的料重比最低，巴克夏猪最高。②达 100kg 体重日龄由小到大的顺序是大白猪＜长白猪＜杜洛克猪＜巴克夏猪；达 100kg 体重背膘厚以杜洛克猪最低，巴克夏猪最高，各组之间无显著性差异（$p>0.05$）（表 4-25、表 4-26）。

表 4-25 长白、大白、杜洛克和巴克夏猪肥育性能比较

项目		长白	大白	杜洛克	巴克夏
始重（kg）		33.20 ± 3.46	34.37 ± 2.34	32.22 ± 4.61	35.28 ± 4.74
中重（kg）		66.11 ± 5.19	65.10 ± 7.32	63.37 ± 7.48	64.11 ± 6.01
终重（kg）		94.22 ± 7.68	99.16 ± 3.56	92.61 ± 6.25	95.04 ± 5.78
日增重（g）	前期	$712.13^b\pm54.69$	$701.14^b\pm40.29$	$679.16^{ab}\pm70.30$	$642.36^a\pm59.73$
	后期	$882.01^{ab}\pm94.53$	$912.38^b\pm55.73$	$856.29^{ab}\pm71.66$	$804.90^a\pm84.82$
	全期	$768.52^b\pm50.48$	$780.12^b\pm24.29$	$740.81^{ab}\pm37.67$	$702.93^a\pm46.61$
料重比(F/G)	前期	2.32：1	2.26：1	2.46：1	2.64：1
	后期	3.05：1	2.88：1	2.89：1	3.40：1
	全期	2.64：1	2.54：1	2.65：1	2.96：1

注：同一列肩标小写字母不同者，差异显著（$p<0.05$）。

表 4-26 长白、大白、杜洛克和巴克夏猪的生长性能比较

项目	长白	大白	杜洛克	巴克夏
终测日龄（d）	158.90 ± 3.28	163.13 ± 2.53	158.78 ± 3.73	162.83 ± 3.25
终重（kg）	94.22 ± 7.68	99.16 ± 3.56	92.61 ± 6.25	95.04 ± 5.78
终测背膘厚（mm）	11.63 ± 1.94	11.13 ± 0.51	10.53 ± 0.64	12.25 ± 1.70

（续）

项目	长白	大白	杜洛克	巴克夏
校正 100kg 体重日龄（d）	165.07±5.89	164.02±3.59	166.42±3.26	168.05±3.81
校正 100kg 体重背膘厚（mm）	11.53±1.72	11.04±0.48	10.72±0.70	12.44±1.44

（二）湘沙猪配套系母系母本（以沙子岭猪选育母系母本）、父母代、商品代性能测定

2016 年，湘沙猪配套系选育到第四世代时，选择体重 28kg 左右、生长发育正常的配套系母系母本、父母代猪及商品猪各 30 头，在日粮营养水平相同的条件下（前后期消化能、粗蛋白分别为 12.66MJ、15.04%，12.66MJ、13.03%），饲养 107d 进行屠宰测定。结果表明：湘沙猪配套系商品猪全期日增重 726.45g，分别高于父母代猪和母系母本 21.34%（$p<0.05$）、47.16%（$p<0.05$）；料重比 3.32：1，低于父母代猪和母系母本 9.78%、27.19%；屠宰率 71.2%，分别高于父母代猪和母系母本 2.3%、4.4%；瘦肉率 59.6%，分别高于父母代猪和母系母本 13.96%（$p<0.05$）、47.16%（$p<0.05$）。

测定了湘沙猪配套系母系母本、父母代猪及商品猪的肌肉品质、氨基酸、脂肪酸、微量元素等多项指标。结果表明：肌肉中粗蛋白、粗脂肪、肉色评分、大理石纹评分、肌肉色值（包括 L、a、b、Y）、pH_1、pH_{24}、熟肉率、贮存损失、滴水损失、失水率、系水力、肌内脂肪、嫩度、不饱和脂肪酸、饱和脂肪酸等多项指标差异不显著（$p>0.05$）；在测定的 16 种氨基酸中，母系母本、父母代猪、商品猪均含有 7 种人体必需氨基酸和 11 种风味氨基酸；均含有钠、钙、铜、镁、锌等多种对人体有益的微量元素。但肌肉中氨基酸总含量、铜和锌含量，母系母本分别高于父母代猪（$p<0.05$）和商品猪（$p<0.05$）；钙含量，母系母本和商品猪高于父母代猪（$p<0.05$）。

说明选育的湘沙猪配套系综合了各杂交亲本的优点，具有生长速度快、饲料转化效率高，瘦肉率高、胴体品质和肉质优良等特点（表 4-27 至表 4-33）。

表 4-27 湘沙猪配套系母系母本、父母代猪及商品猪肥育性能测定结果

项目	母系母本	父母代猪	商品猪
试验猪数（头）	30	30	30
初始体重（kg）	30.81±4.11[a]	28.31±4.01[ab]	26.62±3.34[b]

（续）

项　目	母系母本	父母代猪	商品猪
前期末体重（kg）	57.47±8.58[a]	63.54±7.39[b]	69.27±9.34[c]
后期末体重（kg）	83.63±9.13[a]	92.37±11.90[b]	104.35±13.37[c]
前期日增重（g）	403.93±14.07[a]	533.78±87.43[b]	646.21±120.62[c]
后期日增重（g）	638.04±100.46[a]	703.17±212.07[b]	856.34±198.35[c]
全期日增重（g）	493.64±84.67[a]	598.69±108.74[b]	726.45±123.63[c]
前期料重比	4.06：1	3.44：1	3.05：1
后期料重比	5.07：1	3.97：1	3.64：1
全期料重比	4.56：1	3.68：1	3.32：1

注：表中同行肩标相同字母表示差异不显著（$p > 0.05$），字母不同表示差异显著（$p < 0.05$）。

表 4-28　湘沙猪配套系母系母本、父母代猪及商品猪胴体品质测定结果

项　目	母系母本	父母代猪	商品猪
屠宰头数（头）	6	6	12
宰前活重（kg）	79.6±7.9[a]	92.9±3.7[b]	99.1±5.7[b]
胴体重（kg）	53.2±5.8[a]	64.6±2.4[b]	70.6±5.5[c]
屠宰率（%）	66.8±2.5[a]	68.9±1.2[ab]	71.2±2.2[b]
胴体长（cm）	81.8±4.5[a]	90.5±2.2[b]	91.2±2.5[b]
平均背膘厚（mm）	34.7±9.4[a]	29.5±3.1[ab]	25.8±3.6[b]
皮厚（mm）	5.1±1.3[a]	4.0±0.2[b]	2.8±0.3[c]
肋骨对数（对）	13.8±0.4[a]	14.2±0.4[a]	15.1±0.5[b]
眼肌面积（cm²）	16.0±1.0[a]	28.7±4.1[b]	38.6±5.9[c]
腿臀比例（%）	27.3±2.4[a]	31.3±1.0[b]	32.1±1.0[b]
皮率（%）	14.6±2.7[a]	11.0±0.9[b]	6.7±0.5[c]
肥肉率（%）	35.0±6.1[a]	25.7±1.3[b]	22.7±2.4[b]
瘦肉率（%）	40.5±2.9[a]	52.3±1.7[b]	59.6±1.8[c]
骨率（%）	9.9±1.8[a]	11.0±0.7[a]	11.0±1.2[a]

注：表中同行肩标相同字母表示差异不显著（$p > 0.05$），字母不同表示差异显著（$p < 0.05$）。

表 4-29　湘沙猪配套系母系母本、父母代猪及商品猪肌肉品质测定结果

项　目	母系母本	父母代猪	商品猪
屠宰头数（头）	6	6	12

（续）

项　目		母系母本	父母代猪	商品猪
肉色评分		3.2±0.2ª	3.0±0.0ª	3.1±0.4ª
大理石纹评分		3.6±1.1ª	3.3±0.8ª	2.7±0.8ª
肌肉色值	L	40.8±2.6ª	42.2±2.2ª	40.2±2.6ª
	a	4.5±1.8ª	5.8±2.2ª	4.0±2.0ª
	b	12.4±0.8ᵃᵇ	13.1±0.6ª	11.4±1.1ᵇ
	Y	11.8±1.6ª	12.7±1.5ª	11.4±1.6ª
pH_1		6.5±0.0ª	6.5±0.1ª	6.3±0.1ª
pH_{24}		5.9±0.1ª	5.9±0.1ª	5.8±0.1ª
熟肉率（%）		63.59±3.08ª	64.56±1.17ª	67.68±4.92ª
贮存损失（%）		1.64±0.26ª	1.84±0.23ª	2.20±0.67ª
滴水损失（48h）（%）		2.5±0.2ª	2.4±0.1ª	2.3±0.6ª
失水率（%）		4.4±0.9ª	5.2±0.7ª	5.3±0.7ª
系水力（%）		93.9±1.3ª	92.9±0.9ª	92.9±0.9ª
水分（%）		72.9±0.8ª	73.7±0.3ᵇ	73.6±2.4ᵇ
肌内脂肪（%）		3.4±1.1ª	3.1±0.9ª	2.4±0.9ª
嫩度（N）		60.7±15.5ª	63.9±13.4ª	70.4±15.1ª

注：测定结果中 L 表示肉的亮度；a 表示肉的红度；b 表示肉的黄度；Y 表示反射值。
表中同行肩标相同字母表示差异不显著（$p>0.05$），字母不同表示差异显著（$p<0.05$）。

表 4-30　湘沙猪配套系母系母本、父母代猪及商品猪营养成分测定结果

项　目	母系母本	父母代猪	商品猪
测定头数	6	6	12
水分（%）	70.54±3.95ª	72.71±0.53ª	72.80±0.70ª
粗蛋白（%）	23.46±0.33ª	23.87±1.17ª	23.52±0.79ª
粗脂肪（%）	12.73±2.50ª	11.25±4.41ª	10.87±3.53ª
粗灰分（%）	0.97±0.11ª	0.94±0.18ª	1.05±0.20ª

注：表中同行肩标相同字母表示差异不显著（$p>0.05$），字母不同表示差异显著（$p<0.05$）。

表 4-31　湘沙猪配套系母系母本、父母代猪及商品猪氨基酸含量测定结果

项　目	母系母本	父母代猪	商品猪
屠宰头数（头）	6	6	12
²天冬氨酸（%）	1.91±0.11ª	1.63±0.05ᵇ	1.70±0.06ᵇ

（续）

项　目	母系母本	父母代猪	商品猪
[1]苏氨酸（%）	0.89±0.05[a]	0.75±0.03[c]	0.79±0.03[b]
[2]丝氨酸（%）	0.82±0.05[a]	0.67±0.04[c]	0.73±0.03[b]
[2]谷氨酸（%）	3.13±0.17[a]	2.67±0.12[c]	2.84±0.10[b]
[2]甘氨酸（%）	0.83±0.53[a]	0.51±0.07[b]	0.52±0.02[b]
[2]丙氨酸（%）	0.96±0.17[a]	0.80±0.03[b]	0.82±0.03[b]
[1,2]缬氨酸（%）	1.02±0.06[a]	0.88±0.03[b]	0.92±0.03[b]
[1,2]甲硫氨酸（%）	0.60±0.04[a]	0.51±0.05[b]	0.56±0.03[b]
[1,2]异亮氨酸（%）	0.88±0.06[a]	0.75±0.03[c]	0.81±0.03[b]
[1,2]亮氨酸（%）	1.48±0.08[a]	1.32±0.06[b]	1.37±0.05[b]
[2]酪氨酸（%）	0.68±0.04[a]	0.56±0.03[c]	0.63±0.03[b]
[1]苯丙氨酸（%）	0.73±0.08[a]	0.63±0.03[b]	0.73±0.04[a]
组氨酸（%）	1.32±0.12[a]	1.06±0.07[b]	1.15±0.07[b]
[1]赖氨酸（%）	2.15±0.18[a]	1.77±0.07[b]	1.89±0.08[b]
[2]精氨酸（%）	1.18±0.14[a]	1.12±0.12[ab]	1.03±0.04[b]
[2]脯氨酸（%）	0.77±0.36[a]	0.51±0.07[b]	0.55±0.03[b]
合计（%）	19.38±1.36[a]	16.13±0.48[b]	17.02±0.58[b]
必需氨基酸（%）	7.77±0.41[a]	6.60±0.18[c]	7.06±0.25[b]
风味氨基酸（%）	14.28±1.29[a]	11.93±0.37[b]	12.46±0.42[b]

注：左上标 1 为必需氨基酸，左上标 2 为风味氨基酸。

表中同行肩标相同字母表示差异不显著（$p>0.05$），字母不同表示差异显著（$p<0.05$）。

表 4-32　湘沙猪配套系母系母本、父母代猪及商品猪长链脂肪酸测定结果

项　目	母系母本	父母代猪	商品猪
屠宰头数（头）	6	6	12
肉豆蔻酸（C14：0）%	1.26±0.16[a]	1.33±0.19[a]	1.16±0.15[a]
棕榈酸（C16：0）%	26.08±0.88[a]	25.99±1.45[a]	24.83±0.98[a]
棕榈烯酸（C16：1）%	4.01±1.08[a]	3.57±0.42[a]	3.39±0.47[a]
珍珠酸（C17：0）%	0.20±0.02[a]	0.23±0.01[b]	0.24±0.02[b]
硬脂酸（C18：0）%	13.05±1.29[a]	13.88±0.61[a]	13.81±0.88[a]
油酸（C18：1）%	40.92±3.29[a]	39.40±2.09[a]	41.41±2.33[a]
亚油酸（C18：2）%	9.90±2.93[a]	10.71±2.71[a]	10.01±2.04[a]

（续）

项　目	母系母本	父母代猪	商品猪
花生酸（C20：0）%	0.23±0.10[a]	0.20±0.04[a]	0.20±0.04[a]
亚麻酸（C18：3）%	0.33±0.07[a]	0.36±0.05[a]	0.34±0.03[a]
花生烯酸（C20：1）%	0.93±0.18[a]	0.69±0.12[b]	0.73±0.11[b]
花生三烯酸（C20：3）%	0.28±0.06[a]	0.40±0.13[b]	0.40±0.09[b]
花生四烯酸（C20：4）%	2.83±0.68[a]	3.26±1.27[a]	3.48±0.97[a]
饱和脂肪酸%	40.82±1.11[a]	41.62±2.03[a]	40.24±1.40[a]
不饱和脂肪酸%	59.18±1.11[a]	58.38±2.03[a]	59.76±1.38[a]

注：表中同行肩标相同字母表示差异不显著（$p > 0.05$），字母不同表示差异显著（$p < 0.05$）。

表 4-33　湘沙猪配套系母系母本、父母代猪及商品猪微量元素与重金属测定结果

项　目	母系母本	父母代猪	商品猪
屠宰头数（头）	6	6	12
钾（%）	0.41±0.01[a]	0.43±0.01[b]	0.42±0.01[ab]
钠（mg/kg）	390.00±19.10[a]	377.00±14.14[a]	364.33±31.05[a]
钙（mg/kg）	32.73±1.45[a]	25.35±1.47[b]	32.37±4.06[a]
铜（mg/kg）	0.41±0.05[a]	0.28±0.01[b]	0.30±0.03[b]
镁（mg/kg）	261.00±12.50[a]	257.17±10.37[a]	366.00±11.94[a]
锌（mg/kg）	16.23±1.51[a]	13.13±0.84[b]	11.98±0.70[b]
汞（μg/kg）	<10	<10	<10
砷（μg/kg）	<10	<10	<10
镉（μg/kg）	<10	<10	<10
铅（μg/kg）	<10	<10	<10

注：表中同行肩标相同字母表示差异不显著（$p > 0.05$），字母不同表示差异显著（$p < 0.05$）。

（三）湘沙猪配套系母系猪日粮蛋白质需要量测定

选择体重 35kg 左右的湘沙猪配套系母系猪 48 头，随机分成 4 组，每组 2 个重复，公母比例一致，分别饲喂四种不同蛋白水平的日粮（表 4-34），试验期 104d。结果表明（表 4-35、表 4-36）：日粮不同蛋白水平对湘沙猪配套系母系猪的日增重、料重比、胴体品质等育肥性能无明显影响。综合分析认为，湘沙猪配套系母系猪 35～60kg 和 65～100kg 阶段可采用低蛋白水平日粮，适宜蛋白质需要量为 14.03%、13.03%（表 4-34 至表 4-38）。

表 4-34　试验猪日粮组成与营养水平

项目	试验一组		试验二组		试验三组		试验四组	
	前期	后期	前期	后期	前期	后期	前期	后期
日粮组成								
玉米（%）	67.248	70.073	65.533	68.563	63.85	66.639	62.2	65.20
麦麸（%）	10	10.10	10.2	9.800	10	10.00	10.2	10.113
豆粕（%）	14.4	11.48	16	13.18	17.8	15.00	19.35	16.40
统糠（%）	4	4.000	4	4.200	4.18	4.200	4.16	4.200
预混料（%）	4	4.000	4	4.000	4	4.000	4	4.000
赖氨酸盐酸盐（%）	0.204	0.200	0.154	0.148	0.099	0.093	0.05	0.050
蛋氨酸（%）	0.056	0.056	0.043	0.041	0.027	0.026	0.013	0.014
苏氨酸（%）	0.092	0.091	0.07	0.068	0.044	0.042	0.022	0.023
合计（%）	100	100	100	100	100	100	100	100
营养水平								
猪消化能（MJ/kg）	12.18	12.18	12.18	12.18	12.18	12.18	12.18	12.18
粗蛋白（%）	14.03	13.03	14.53	13.53	15.03	14.03	15.53	14.53
钙（%）	0.74	0.72	0.74	0.72	0.74	0.72	0.74	0.72
总磷（%）	0.55	0.53	0.55	0.53	0.55	0.53	0.55	0.53
食盐（%）	0.38	0.40	0.38	0.40	0.38	0.40	0.38	0.40
赖氨酸（%）	0.77	0.69	0.77	0.69	0.77	0.69	0.76	0.69
蛋氨酸＋胱氨酸（%）	0.54	0.51	0.54	0.51	0.54	0.51	0.54	0.51
苏氨酸（%）	0.57	0.53	0.58	0.53	0.57	0.53	0.57	0.53

表 4-35　不同营养水平对湘沙猪配套系母系猪肥育性能的影响

项　目		试验一组	试验二组	试验三组	试验四组
头　数		12	12	12	12
体重（kg）	始重	34.84±6.55	35.28±6.34	35.92±6.45	35.27±6.94
	中重	66.93±12.91	66.46±6.68	66.71±11.57	65.74±10.22
	终重	103.73±19.82	102.39±13.48	101.91±22.06	102.12±17.76
日增重（g）	前期	641.83±71.51	623.56±67.50	615.85±77.55	609.40±52.71
	后期	681.51±79.15	665.33±85.20	651.81±96.68	673.66±73.57
	全期	662.4±69.1	645.29±77.99	634.49±70.00	642.79±52.79
料重比	前期	3.38∶1	3.32∶1	3.30∶1	3.07∶1
	后期	3.89∶1	3.71∶1	3.69∶1	3.56∶1
	全期	3.45∶1	3.41∶1	3.48∶1	3.34∶1

表 4-36　不同营养水平对湘沙猪母系育肥猪胴体品质的影响

项　目	试验一组	试验二组	试验三组	试验四组
头　数	3	3	3	3
宰前体重（kg）	107.6±18.17[a]	92.70±2.72[ab]	83.32±2.27[b]	96.43±5.26[ab]
胴体重（kg）	79.83±15.33[a]	69.33±1.53[ab]	61.33±0.76[b]	71.83±5.92[ab]
屠宰率（%）	74.02±2.12	74.80±0.56	73.64±1.24	74.43±2.96
胴体斜长（cm）	82.00±5.29[a]	74.33±2.52[b]	74.33±3.51[b]	77.00±3.00[ab]
胴体直长（cm）	97.33±5.51[a]	88.67±3.79[b]	87.33±3.51[b]	90.67±3.51[ab]
背膘厚（cm）	3.53±0.17	3.77±0.17	3.05±0.18	3.12±0.70
皮厚（cm）	0.40±0.06	0.41±0.03	0.39±0.03	0.38±0.03
眼肌面积（cm^2）	30.90±2.66	30.22±3.25	35.07±6.70	39.19±10.63
后腿比率（%）	27.55±2.78	26.34±0.84	27.71±3.19	29.47±2.12
瘦肉率（%）	52.48±4.91	50.81±1.19	56.06±4.42	58.36±4.29
脂率（%）	27.95±5.94	31.93±2.32	24.70±5.28	23.63±4.38
骨率（%）	10.35±1.77	8.27±0.21	10.77±0.67	10.07±1.68
皮率（%）	9.22±0.16	8.98±1.36	8.46±1.81	7.94±1.70
肉色评分	3.33±0.29	3.33±0.29	3.33±0.29	3.50±0.00
大理石纹评分	3.33±0.29	3.17±0.29	3.33±0.29	3.00±0.00

注：表中同行肩标相同字母表示差异不显著（$p > 0.05$），字母不同表示差异显著（$p < 0.05$）。

表 4-37　日粮不同粗蛋白水平对湘沙猪配套系母系猪肉品质的影响

项　目		试验 1 组	试验 2 组	试验 3 组	试验 4 组
pH_1	头半棘肌	6.61±0.06[a]	6.56±0.12[ab]	6.43±0.08[b]	6.67±0.05[a]
	背最长肌	6.63±0.23	6.37±0.23	6.20±0.28	6.38±0.27
pH_{24}	头半棘肌	5.98±0.12	5.91±0.15	5.90±0.11	5.95±0.24
	背最长肌	5.70±0.24	5.79±0.18	5.83±0.22	5.67±0.14
L_1		45.04±0.70	43.62±1.03	40.73±5.53	42.64±2.22
a_1		4.27±0.39	5.28±0.31	4.74±0.62	5.10±0.86
b_1		3.54±0.14	3.29±0.44	3.04±0.97	2.91±1.10
L_{24}		46.85±0.52	43.30±3.05	45.81±4.27	46.38±2.21
a_{24}		4.40±0.81	4.98±1.02	5.19±0.67	4.83±1.70
b_{24}		2.17±0.57	1.61±0.43	2.17±1.13	1.83±1.07

（续）

项　目	试验 1 组	试验 2 组	试验 3 组	试验 4 组
熟肉率（%）	65.64±0.68	67.29±1.20	66.49±1.53	66.55±2.73
贮存损失（%）	1.43±0.21	1.36±0.26	1.29±0.23	1.47±0.18
失水率（%）	13.91±1.68	14.64±2.95	15.98±0.97	13.48±2.60
肉色评分	3.33±0.29	3.33±0.29	3.33±0.29	3.50±0.00
大理石纹评分	3.33±0.29	3.17±0.29	3.33±0.29	3.00±0.00

注：同行数据英文字母相同表示差异不显著（$p>0.05$），小写英文字母不同表示差异显著（$p<0.05$）。表中 pH、L、a、b 值下标 1 和 24 分别表示宰后 1h 和 24h 的测定值。L 表示肉的亮度；a 表示肉的红度；b 表示肉的黄度。

表 4-38　不同蛋白水平对湘沙猪配套系母系猪背最长肌化学成分的影响

肌肉化学成分	试验 1 组	试验 2 组	试验 3 组	试验 4 组
干物质（%）	30.76±5.54	29.96±2.97	29.69±2.54	29.98±0.79
粗蛋白（%）	22.45±1.37	23.36±1.03	22.85±0.84	22.98±1.27
粗脂肪（%）	5.06±2.47	5.12±3.12	5.16±2.61	5.11±3.10
粗灰分（%）	1.11±0.10	1.13±0.12	1.13±0.11	1.20±0.07

（四）湘沙猪配套系母猪能量与蛋白质需要量的研究

湖南省畜牧兽医研究所胡湘明、杨仁柳曾对沙子岭猪母猪的营养需要做过研究，认为沙子岭猪在日粮低能低蛋白水平条件下能表现出良好的繁殖性能。湘沙猪配套系就是利用湖南省优良地方品种沙子岭猪与引进品种巴克夏猪等进行专门化品系选育，通过配合力测定后培育的三系配套猪。其母猪生产性能的高低直接关系到养猪生产效益，因此探明不同营养水平对湘沙猪配套系母猪繁殖性能的影响，筛选并确定妊娠期和哺乳期日粮适宜能量和蛋白质需要量对改善母猪繁殖性能有着重要意义。

2015 年 3 月至 2016 年 3 月，从湘潭市沙子岭猪原种场选择湘沙猪配套系经产母猪（3～4 胎）27 头，随机分成 9 组，每组 6 胎次。妊娠期和哺乳期分别饲喂 3 种不同营养水平（高、中、低）的日粮，试验为期 1 年。结果表明：妊娠期和哺乳期饲喂不同能量蛋白水平饲粮对试验猪总产仔数、产活仔数和初生窝重均无显著影响（$p>0.05$）；高低组和高高组初生个体重显著高于中低组（$p<0.05$）；中中组的 21 日龄窝重（52.88kg）显著高于低中组、中低组、中高组及高高组（$p<0.05$），低高组的 21 日龄窝重

（50.21kg）显著高于低中组、中高组及高高组（$p<0.05$）；21日龄个体重高低组最高达5.35 kg；中中组35日龄断奶窝重最高达78.48kg，显著高于低中组、中低组、中高组和高高组（$p<0.05$）；35日龄个体重高高组最高达8.24kg，显著高于低低组和中低组（$p<0.05$）。中中组每窝仔猪纯收入为4 774.47元，分别比其他8组提高了1 004.70元、1 372.47元、522.30元、1 457.67元、1 778.88元、788.07元、1 110.33元和1 442.37元。若从经济效益考虑，湘沙猪配套系母猪妊娠期和哺乳期均应采用中能中蛋白饲粮，即消化能分别为11.70MJ/kg和12.92MJ/kg、粗蛋白分别为13.00％和16.63％。详见表4-39至表4-43。

表4-39　试验分组

组别	营养水平	
	妊娠期	哺乳期
低低组	低营养水平（低能低蛋白）	低营养水平（低能低蛋白）
低中组	低营养水平（低能低蛋白）	中营养水平（中能中蛋白）
低高组	低营养水平（低能低蛋白）	高营养水平（高能高蛋白）
中低组	中营养水平（中能中蛋白）	低营养水平（低能低蛋白）
中中组	中营养水平（中能中蛋白）	中营养水平（中能中蛋白）
中高组	中营养水平（中能中蛋白）	高营养水平（高能高蛋白）
高低组	高营养水平（高能高蛋白）	低营养水平（低能低蛋白）
高中组	高营养水平（高能高蛋白）	中营养水平（中能中蛋白）
高高组	高营养水平（高能高蛋白）	高营养水平（高能高蛋白）

表4-40　妊娠期试验日粮组成与营养水平（风干基础）

项目	低营养水平组	中营养水平组	高营养水平组
日粮组成			
玉米（%）	16.404	35.92	50.58
豆粕（%）	10.20	11.00	12.00
麦麸（%）	20.30	22.00	22.34
稻谷（%）	41.00	24.00	12.00
统糠（%）	9.00	4.00	—
石粉（%）	1.13	1.17	1.18
磷酸氢钙（%）	0.64	0.60	0.60
食盐（%）	0.30	0.30	0.30

（续）

项目	低营养水平组	中营养水平组	高营养水平组
怀孕母猪预混料	1.00	1.00	1.00
赖氨酸（%）	0.026	0.01	—
合计（%）	100	100	100
营养水平			
消化能（MJ/kg）	11.12	11.70	12.29
粗蛋白（%）	12.35	13.00	13.65
钙（%）	0.65	0.65	0.65
磷（%）	0.56	0.56	0.56
盐（%）	0.3	0.3	0.3
赖氨酸（%）	0.59	0.59	0.59

表 4-41　哺乳期试验日粮组成与营养水平（风干基础）

项目	低营养水平组	中营养水平组	高营养水平组
日粮组成			
玉米（%）	44.83	55.74	57.20
豆粕（%）	18.16	22.82	25.86
麦麸（%）	21.60	12.00	11.59
稻谷（%）	10.00	6.00	—
统糠（%）	2.00	—	—
石粉（%）	1.28	1.10	1.08
磷酸氢钙（%）	0.655	0.96	0.97
食盐（%）	0.30	0.30	0.30
哺乳母猪预混料（%）	1.00	1.00	1.00
赖氨酸（%）	0.175	0.08	—
豆油（%）	—	—	2.00
合计（%）	100	100	100
营养水平			
消化能（MJ/kg）	12.24	12.92	13.60
粗蛋白（%）	15.75	16.63	17.5
钙（%）	0.72	0.72	0.72
磷（%）	0.58	0.58	0.58

（续）

项目	低营养水平组	中营养水平组	高营养水平组
盐（%）	0.4	0.4	0.4
赖氨酸（%）	0.876	0.876	0.876

注：哺乳母猪预混料由课题组研制，泰高集团湘潭公司生产。

表 4-42　妊娠和哺乳期不同能量与蛋白水平对母猪繁殖性能的影响

项目	总产仔数（头）	产活仔数（头）	初生窝重（kg）	初生个体重（kg）	21日龄窝重（kg）	21日龄个体重（kg）	35日龄窝重（kg）	35日龄个体重（kg）
低低组	13±2.16	12±1.41	12.78±2.12	1.08±0.24[ab]	43.91±6.23[abcd]	4.39±0.31[ab]	64.18±8.13[abc]	6.4±0.29[b]
低中组	9.8±0.84	9.8±0.84	10.98±5.44	1.1±0.47[ab]	37.96±7.73[cd]	4.43±0.98[ab]	58.48±8.61[bc]	6.84±1.23[ab]
低高组	12.25±4.03	11.25±4.19	13.39±4.98	1.2±0.31[ab]	50.21±11.10[ab]	5.02±0.29[ab]	71.23±19.49[ab]	7.04±0.62[ab]
中低组	11±2.37	11±2.37	10.27±0.93	0.97±0.21[b]	39.58±6.54[bcd]	4.44±1.04[ab]	57.35±9.97[bc]	6.4±1.45[b]
中中组	12.6±0.89	11.8±1.48	13.77±1.92	1.17±0.07[ab]	52.88±6.45[a]	4.56±0.30[ab]	78.48±12.62[a]	6.89±0.75[ab]
中高组	12.5±1.38	10.67±2.25	11.81±3.71	1.1±0.13[ab]	33.98±3.10[d]	4.09±0.25[b]	53.83±3.97[c]	6.53±0.95[ab]
高低组	11±2.45	10±2.09	13.97±2.28	1.41±0.10[a]	47.57±12.33[abc]	5.35±0.84[a]	66.33±16.16[abc]	6.98±1.36[ab]
高中组	12.17±3.13	10.17±1.47	11.98±3.02	1.18±0.28[ab]	42.11±7.13[abcd]	4.5±0.78[ab]	63.07±11.16[abc]	6.93±1.61[ab]
高高组	11±1.10	9.83±2.92	12.67±3.06	1.34±0.26[a]	33.45±7.84[d]	4.83±1.19[ab]	57.72±11.78[bc]	8.24±1.41[a]

注：同列数据无字母或数据肩标字母相同表示差异不显著（$p>0.05$），不同小写字母表示差异显著（$p<0.05$）。

表 4-43　不同能量和蛋白水平对母猪饲料成本及饲养效益的影响

项目	怀孕期耗料（kg）	怀孕期耗料费用（元）	哺乳期耗料（kg）	哺乳期耗料费用（元）	饲料费用合计（元）	35日龄平均窝重（kg）	每窝仔猪收入（元）	每窝仔猪纯收入（元）
低低组	206.00	432.60	123.50	290.23	722.83	64.18	4 492.60	3 769.77
低中组	197.60	414.96	112.00	276.64	691.60	58.48	4 093.60	3 402.00
低高组	210.28	441.59	113.75	292.34	733.93	71.23	4 981.10	4 252.17
中低组	195.00	423.15	116.83	274.55	697.70	57.35	4 014.50	3 316.80

（续）

项目	怀孕期耗料（kg）	怀孕期耗料费用（元）	哺乳期耗料（kg）	哺乳期耗料费用（元）	饲料费用合计（元）	35日龄平均窝重（kg）	每窝仔猪收入（元）	每窝仔猪纯收入（元）
中中组	196.40	426.19	118.60	292.94	719.13	78.48	5 493.60	4 774.47
中高组	207.75	450.82	125.17	321.68	772.50	53.83	3 768.10	2 995.59
高低组	177.83	400.12	109.17	256.55	656.67	66.33	4 643.10	3 986.40
高中组	198.92	447.57	122.75	303.19	750.76	63.07	4 414.90	3 664.14
高高组	192.67	433.51	106.92	274.78	708.29	57.72	4 040.40	3 332.10

注：仔猪价格按70元/kg计算。表中只计算了母猪饲料费用，其他人工、防疫药费、水电、折旧等成本未计入，但不影响结果比较。

（五）湘沙猪配套系后备母猪初情期行为观察

本试验从沙子岭猪资源场挑选 10 头 126 日龄湘沙猪配套系后备母猪进行观测，观测时间为 70d。后备母猪分别于 126、147、168、189 日龄空腹称重。后备母猪 147 日龄后，每天分三个时间段（8：30—9：00，13：30—14：00，16：30—17：00）观察母猪初情期发生的时间以及发情时母猪的行为表现。试验表明，湘沙猪配套系后备母猪 126 日龄体重达到 46.34kg，189 日龄时达到 89.32kg。平均初情期为 182.65 日龄，初次发情时平均体重为 85.89kg。发情持续时间平均为 3.9d，发情行为主要是采食量减少、阴户红肿、阴户流出黏液、互相爬跨、用手压背呆立不动。

影响母猪初情期的因素很多，主要与品种、日龄、体重、营养、群体环境以及饲养方式等因素有关。地方品种初情期较早，如梅山猪在 56 日龄首次出现发情，二花脸猪在 64 日龄首次出现发情；而外来瘦肉型猪品种初情期较晚，一般为 200～245 日龄；含地方品种血统的杂交母猪（包括培育品种）初情期一般介于外种母猪与地方品种之间。

湘沙猪配套系后备母猪初情期体重为 85.89kg；初情期为 182.65 日龄，这与文献报道的二元杂母猪初情期 183 日龄基本一致。结果见表 4-44 至表 4-46。

表 4-44　湘沙猪配套系后备母猪体重增长变化

后备母猪耳号	126 日龄（kg）	147 日龄（kg）	168 日龄（kg）	189 日龄（kg）
1	47.5	61.2	78.5	95.8
2	45.6	57.6	67.4	74.5

（续）

后备母猪耳号	126 日龄（kg）	147 日龄（kg）	168 日龄（kg）	189 日龄（kg）
3	48.4	59.1	77.9	96.3
4	46	60.6	72.9	87.9
5	41.8	53.6	68.5	86
6	42.3	54.3	70	89.2
7	45.5	62.2	73.7	96.6
8	40.8	54.2	62.8	78.9
9	54.8	68.5	84.5	98.8
10	50.7	58.5	73.5	89.2
平均体重（kg）	46.34±4.28	58.98±4.53	72.97±6.35	89.32±7.99

表 4-45　湘沙猪配套系后备母猪初次发情日龄及发情表现

后备母猪耳号	初次发情日龄	头数	发情持续时间（d）	发情行为表现
8号	161	1	5	爬跨，呆立
7号	168	1	4	阴户红肿，流黏液
2号、5号	175~178（176.5）	2	3.5	呆立，阴户红肿
4号	182	1	3	爬跨，阴户红肿
1号、3号、6号、9号、10号	189~196（192.5）	5	4	爬跨，阴户红肿
平均数±标准差	182.65±11.76	10	3.9±0.52	

表 4-46　湘沙猪配套系母猪初次发情时体重

耳号	8	2	7	5	4	6	9	1	3	10	平均
初情时体重（kg）	62	77.9	75	82	84	91	105	95	96	91	85.89±12.35

（六）湘沙猪配套系中试

2015 年，在前、后期消化能分别为 13.33 MJ/kg、13.53 MJ/kg，粗蛋白分别为 16.54%、15.14% 的条件下，测定了湘沙猪配套系商品猪肥育性能、胴体品质及肉质。结果表明，3 个体重级别（始重 10~25kg 组、25~35kg 组和 35~50kg 组）的猪日增重分别为 644.6g、821.0g 和 842.9g，加权平均值达 794.0g，全群料重比为 3.22∶1。屠宰 31 头平均体重 101.27kg 试验猪，屠宰率 72.12%，胴体瘦肉率 58.66%，平均背膘厚 30.3mm，肉色评分 2.90，大理石纹评分 3.90，肌肉 pH_1 为 6.58，pH_{24} 为 5.71，肌内脂肪 3.25%。这一中试结果说明，含沙子岭猪 25% 血统、巴克夏 25% 血统、大约克 50% 血统的湘沙猪配套系商品猪，具有生长快，料重比低，胴体瘦肉率高，肉质优良等特点，推广应用前景广阔。详见表 4-47 至表 4-50。

表 4-47　25～60kg 阶段基础日粮配方及营养水平

日粮组成		营养水平	
玉米（%）	66	消化能（MJ/kg）	13.33
豆粕（%）	24	粗蛋白（%）	16.54
麦麸（%）	6	粗纤维（%）	3.01
预混料（%）	4	钙（%）	0.72
合计（%）	100	总磷（%）	0.50

注：预混料采用场内使用的 4% 生长前期预混料。

表 4-48　60～100kg 阶段基础日粮配方及营养水平

日粮组成		营养水平	
玉米（%）	70	消化能（MJ/kg）	13.53
豆粕（%）	20	粗蛋白（%）	15.14
麦麸（%）	6	粗纤维（%）	2.83
预混料（%）	4	钙（%）	0.68
合计（%）	100	总磷（%）	0.46

注：预混料采用场内使用的 4% 育肥后期预混料。

表 4-49　湘沙猪配套系肥育性能

组别		10～25kg 组	25～35kg 组	35～50kg 组	加权平均值
试验猪头数（头）		23	23	55	—
前期	试验天数（d）			46	
	始重（kg）	16.7±5.0	31.1±2.9	41.2±4.2	33.5
	中重（kg）	42.3±11.2	68.3±5.8	78.6±5.4	68.2
	日增重（g）	555.4±146.6	809.4±98.1	813.5±89.7	755.5
	料重比			3.06：1	
后期	试验天数（d）			31	
	终重（kg）	66.4±12.2	94.3±9.3	106.1±6.6	94.6

（续）

组别		10～25kg组	25～35kg组	35～50kg组	加权平均值
	日增重（g）	777.0±119.5	838.2±184.6	886.4±128.9	851.1
	料重比		3.86：1		
全期	试验天数（d）		77		
	日增重（g）	644.6±104.6	821.0±104.6	842.9±68.2	794.0
	料重比		3.22：1		

注：由于试验前期有3头试验猪意外死亡，故只剩101头试验猪。

表4-50　湘沙猪配套系商品猪胴体品质与肉质性状

性状	数值	性状	数值
屠宰数（头）	31	pH_1	6.58±0.20
宰前体重（kg）	101.27±7.66	pH_{24}	5.71±0.19
胴体直长（cm）	91.95±3.03	肉色评分	2.90±0.50
屠宰率（%）	72.12±1.77	大理石纹评分	3.90±0.87
平均背膘厚（mm）	30.3±5.20	滴水损失48h（%）	2.88±1.07
平均皮厚（mm）	2.82±0.36	失水率（%）	5.00±0.96
眼肌面积（cm²）	37.42±4.38	系水力（%）	93.10±1.32
后腿比率（%）	31.81±1.43	水分（%）	73.23±0.53
瘦肉率（%）	58.66±2.95	贮存损失（%）	1.78±0.40
脂率（%）	24.44±3.20	肌内脂肪（%）	3.25±1.06
骨率（%）	9.93±0.81	熟肉率（%）	65.67±1.90
皮率（%）	6.97±0.88	嫩度（N）	46.20±10.25

注：数据由农业部武汉种猪测定中心测定。

第五章
品 种 繁 育

第一节　生殖生理

　　沙子岭猪公猪 30 日龄即有爬跨行为，55～60 日龄能伸出阴茎，100 日龄已有配种能力，5 月龄可正式配种；沙子岭公猪精液具有精子密度较大、活力较强、畸形精子比例少、pH 近中性等特点。

　　沙子岭猪母猪第 1 次发情：平均为 106 日龄，最早 71 日龄。组织学观察，60 日龄时沙子龄母猪有早期成熟卵泡，90 日龄有成熟卵泡，初产母猪平均排卵数 10.25 个，经产母猪平均排卵数 19 个。沙子岭猪母猪最早有 123 日龄配种受胎的。沙子岭猪母猪第 3 次发情即可配种，体重约 25kg。

　　沙子岭母猪发情周期大致可分为 4 个时期，即发情前期、发情期、发情后期和间情期。在发情前期，母猪举动不安，外阴红肿，阴道有黏液分泌，此时的母猪不允许公猪爬跨；在发情期，母猪外阴肿胀且红色开始消退，阴道分泌物变浓稠，黏度增加，此时按压母猪背部和臀部会有呆立反应，母猪双耳竖起向后且后肢紧绷，是配种的最佳时机；在发情后期，母猪外阴逐步恢复正常，对公猪失去兴趣不再允许公猪爬跨；间情期，母猪完全恢复正常状态。

　　沙子岭猪传统养殖中常用的配种方式为自然交配，但在规模养殖或公母猪体型差异较大时，也可用人工授精的方式进行配种。

第二节　种猪选择与培育

一、选择内容与标准

　　沙子岭猪的选种主要从品种特征、体型外貌、生产性能和抗病力等方面考虑。

沙子岭猪体型外貌鉴定时间分两个阶段进行，第一阶段为 6 月龄，第二阶段为成年（公猪在 24 月龄，母猪在第三胎怀孕 30d 左右）。体型外貌按 100 分制评分，具体评分标准见本书第三章表 3-1。

所选种猪外形应具有典型的品种特征，如毛色、头型、耳型、体型外貌等。因为公猪对整个群体的影响更大，因此选择公猪时更应注意品种特征。

所选后备母猪身体不能过于前倾或后仰，否则导致足垫受力不均，造成足垫磨损、关节发炎或肿胀而导致瘸腿。对行动不便、走路时背部大幅度摇摆、两腿间距较小、站立异常的不能选作后备母猪。应选留行走自如，走路时两腿间距足够宽，背腰部较平直，后躯轻微倾斜的后备猪。

生长速度应作为选留后备母猪的重要指标之一，要选留那些在同窝内生长速度处于前 75％、被毛光亮、精神状态好的母猪，研究表明生长速度在窝间处于后 25％ 的猪更容易出现初次发情日龄偏大、配种困难和生产性能偏低等问题。

外观为八字腿、蹄裂、鸽趾和鹅步的猪不能留作后备母猪，要选足垫着地面积大且有弹性的猪，这样的猪容易起卧，走路灵便。趾要大且同等高，两趾要很好地往两边分开，以便更好地承担体重。

所选母猪每侧至少有 7 个以上有效乳头。乳头分布要均匀，间距匀称，发育良好，没有瞎乳头、凹陷乳头或内翻乳头，乳头所在位置没有过多的脂肪沉积，而且至少要有 2～3 对乳头分布在脐部以前且发育良好，因为前 2～3 对乳头的发育状况很大程度上决定了母猪的哺乳能力。

所选母猪阴户应发育好且不上翘。小阴户、上翘阴户、受伤阴户或幼稚阴户不能留作后备母猪，因为小阴户可能会给配种尤其是自然交配带来困难，或者在产房造成难产，上翘阴户可能会增加母猪感染发生子宫炎的概率，而受伤阴户即使伤口能愈合仍可能会在配种或分娩过程中造成伤疤撕裂，给生产带来困难，幼稚阴户多数是体内激素分泌不正常所致，这样的母猪多数不能繁殖或繁殖性能很差。

所选公猪的头颈、前躯、中躯和后躯结合自然、良好。头大而宽，颈短而粗，眼睛有神，胸部宽而深，背平直，身腰长，腹部大小适中，臀部宽而大，尾根粗，尾尖卷曲，摇摆自如而不下垂，四肢强壮，姿势端正，蹄趾粗壮、对称，无跛蹄。

所选公猪两个睾丸应发育良好、对称，包皮不积尿且不过长。在选择公猪时还要注意公猪的奶头数，因为公猪可以遗传瞎乳头、翻乳头，所以对公猪乳头的选择要像选母猪那样挑选，要求 7 对以上。单睾猪、隐睾猪、两个睾丸大小差异太大的猪、腰背有明显凹凸特征的猪、两性体猪、疝气猪等不能留作种用。

所选留的公猪性欲要旺盛，挑选时会爬跨的优先选择，眼神要凶亮，阴茎时常伸出，遇见母猪和其他公猪时，会发出哼哼声，频频嚼口，口中流出大量白色泡沫唾液，唾液越多表明该公猪性欲越强。

二、选择时间

后备种猪选择应在以下几个时间点进行：

（1）出生时　根据选种选配计划确定每窝留种的公母猪头数，同时剔除有遗传缺陷及有遗传疾病史的整窝小猪和出生重偏低的小猪。

（2）断奶时　剔除有遗传缺陷的整窝小猪和断奶重偏低的小猪。

（3）2 月龄和 4 月龄　剔除生长发育差、有瞎奶头和严重肢蹄病的后备猪。

（4）6 月龄　首先应淘汰不具备品种特征、体型有严重缺陷、有瞎奶头、平乳头和严重肢蹄病的后备猪，其余选留的公猪和母猪均应进行体重体尺与场内背膘测定，再按综合育种值的高低排序进行选择。

（5）母猪分娩第一胎后　将其繁殖成绩输入计算机，计算母系指数，进行繁殖性能的选择。

三、注意事项

选留后备种猪，应注意选公、母猪的比例，断奶时一般每窝至少选留 2 公 3 母，保育结束时一般每窝至少选留 1 公 2 母；另外，需要注意各个家系或血缘结构上的平衡，一般应保持每个家系选配及留种数量相同，但表现特别优异的公母猪可以适当多选配及留种。

后备种猪的培育操作要求：

（1）按照后备猪的日龄，分批次做好免疫、限饲、优饲、驱虫计划并严格实施。后备母猪配种前驱除体内外寄生虫一次，进行乙脑、细小病毒病、猪瘟、口蹄疫等疫苗的注射。

（2）由于后备猪处于生长发育的关键时期，为充分保证后备猪的营养需求，后备猪的饲养可采取自由采食方式。配种后可适当限制，在分娩前一个月进行优饲或自由采食。

（3）做好后备猪发情记录，并将该记录移交配种舍工作人员。母猪发情记录从 3 月龄时开始。仔细观察初次发情期，以便在第二、三次发情时及时配种，并做好记录。

（4）后备公猪单栏饲养，圈舍不够时可 2～3 头一栏，但在配种前一个月应单栏饲养。后备母猪小群饲养，可以 5～8 头一栏。

（5）进入配种区的后备母猪每天应放到运动场运动 1～2h 并用公猪进行试情检查。沙子岭猪母猪一般能正常发情，对极个别不发情的后备母猪，可用适当的方法刺激母猪发情，比如调圈、和不同的公猪接触、尽量放在靠近发情的母猪、进行适当的运动、限饲与优饲、应用激素等。凡进入配种区后超过 60d 不发情的小母猪应淘汰。

（6）对患有气喘病、胃肠炎、肢蹄病或出现脱肛现象的后备母猪，应隔离单独饲养在一栏内；此栏应位于猪舍的最后。观察治疗两个疗程仍未见有好转的猪，及时淘汰。

第三节　种猪性能测定

一、测定猪的选择

沙子岭猪一般采用场内测定方式。在正式进行性能测定之前，应对测定猪按以下要求进行选择：

（1）受测猪个体编号清楚，品种特征明显，并有三代以上系谱记录。

（2）受测猪必须健康、生长发育正常、无外形损征和遗传疾患。受测前应由兽医进行检验、免疫注射、驱虫和对部分公猪去势。

（3）受测猪应来源于主要家系（品系），从每头公猪与配的母猪中随机抽取 3 窝，每窝选 1 公猪、1 阉公猪和 2 母猪进行生长肥育测定，其中 1 阉公猪和 1 母猪于体重 80kg 时进行屠宰测定。

（4）受测猪应选择 20kg 左右的中等个体。测定前应接受负责测定工作的专职人员检查。

二、始测与终测技术

（1）预试　受测猪应于 80 日龄左右转入测定舍，进入正式测定前应进行 7～10d 的预试，饲喂测定前期料，以适应测定期饲料与环境条件。并观察测定猪健康状况，若有发病应立即治疗，经多次治疗无效，应予以淘汰；若发生传染性疾病，应按有关规定进行无害化处理。

（2）入试前称重　受测猪体重达 20kg 左右时，用电子笼秤逐头称量个体重，客观真实地记录个体重后入试。测定猪群的系谱等资料随测定猪群转交给专职测定技术员保存。

（3）测定猪的饲养管理　测定栏舍应配备环境温湿度调控设施，以保障测定舍环境条件的相对一致。测定猪群宜采用自由采食、自由饮水、小群饲养，一般每栏 6～8 头。而且，要将公猪、阉公猪和母猪分群饲养。测定期间的饲养管理应特别重视，并认真做好一些细小环节的日常工作，如饲料原料的品质与加工方式、日粮配方与营养水平、栏舍卫生、温湿度调控、猪群健康与疾病防治、设备管理与维护以及相关记录材料等。因为，细节往往是决定测定数据是否准确可靠的核心与关键。

（4）结束测定时的称重　当测定猪达 180 日龄时应及时结束测定。一般是前一天晚上开始空腹，次日早晨空腹进行个体称重。由专人负责，采用单体电子秤进行称量。

（5）活体超声测定背膘厚　在称量体重结束时，测定活体背膘厚。采用 B 型超声波测定仪测定倒数第 3～4 肋间距背中线 5cm 处的背膘厚。测定背膘时，应在猪只自然站立的状态下进行，要求背腰平直，在测定点涂上超声耦合剂，将探头与背中线平行，置于测定位点处，用力均匀且松紧适度，并注意观察显示屏上超声影像的变化。当显示屏上显示的图像能清晰地区分背膘和眼肌且能看清楚肋骨数时，即可定格图像。然后，按照设备使用说明书操作程序，进行背膘测量，记录测量结果，在设备配套的电脑中保存测定结果。

（6）体尺测定　在背膘厚测定结束时进行猪的体尺测量。测定时，首先校正测量工具，并熟悉测量工具的使用方法。选择平坦干净的场地，适当保定种猪后进行测定。测定指标及测定方法如下：

体长：枕骨脊至尾根的距离，用软尺沿背线紧贴体表量取。

体高：自鬐甲最高点到地平面的垂直距离，用测杖量取。

胸围：切于肩胛后角的胸部垂直周径。用软尺紧贴体表量取。

胸深：切于肩胛后角的背至胸部下缘的垂直距离，用测杖量取。

胸宽：切于肩胛后角胸部左右两侧之间的水平距离，用测杖量取。

腹围：腹部最粗壮处的垂直周径，用软尺紧贴体表量取。

管围：左前肢管部最细处的周径，用软尺紧贴体表量取。

腿臀围：自左侧膝关节前缘，经肛门绕至右侧膝关节前缘的距离，用软尺紧贴体表量取。

第四节　选配方法

一、同质选配

同质选配是指选用性状相同、性能表现一致，或育种值相似的优秀公母猪交配，以期获得与亲代品质相似的优秀后代。在生产实践中，为了保持种猪有价值的性状，增加群体中纯合基因型的频率，就可以采用同质选配。当杂交育种到了一定阶段，出现了理想类型，也可以采用同质选配，使理想类型在群体中得到巩固和扩大。实行同质选配时，要加强选择，严格淘汰不良个体和有遗传缺陷的个体，并注意改善饲养管理，以提高同质选配的效果。为提高沙子岭猪群体体型、头型、毛色的一致性，我们在这些性状上采用同质选配。

二、异质选配

异质选配是指选用具有不同品质的公母猪交配。其可分为两种情况：一种是选择具有不同优良性状的公母猪交配，以结合不同的优点，从而获得兼有双亲不同优点的后代；另一种是选择同一性状但优劣程度不同的公母猪交配，以优改劣，以期后代能取得较大的改进和提高。异质选配的作用主要在于能综合双亲的优良性状，丰富后代的遗传基础，创造新的类型，并提高后代的适应性和生活力。

在育种实践中，同质选配和异质选配往往是结合进行的。在育种初期，多采用异质选配，当杂种后代中出现理想类型后，常转为同质选配，以使获得的优良性状得以稳定。有时，在具体选配时，对某些性状是同质选配，而对另一性状则是异质选配。

第五节　提高生产性能的途径与技术措施

一、提高繁殖性能的途径与技术措施

提高母猪繁殖性能途径与技术措施有很多，通常包括选留高产猪、种猪营养调控、加强饲养管理、适时配种和猪群更新等。

高产母猪就是指产仔数多、哺育能力强、断奶窝重大等繁殖力高的母猪。高产母猪与遗传因素有很大的关系。在承担育种任务的地方品种猪场，只有制订合理的育种方案，经过长时间的多代选育，才能把具有高产基因的母猪选留出来。

而高产性能需要高水平的营养来维持，只有根据母猪的不同胎次和不同的繁殖阶段提供合理的营养水平日粮，才能充分发挥高产母猪的高产性能。

母猪饲养管理的好坏，直接影响繁殖力的高低，决定着猪场的经济效益。欲提高母猪的繁殖性能，必须加强饲养管理。如调控好环境温度，控制好通风，定期做好驱虫、保健、消毒和免疫工作等。

所谓适时配种，就是正确掌握母猪的发情和排卵规律，及时配种或输精，使精子与卵子在活力最旺盛的时候相遇，达到受胎的目的。是否适时配种直接影响母猪能否配上种以及产仔数的高低，是影响母猪繁殖性能的关键因素。母猪排卵一般发生在发情开始后 24～48h，排卵高峰在发情后 36h 左右，母猪排卵持续 10～15h 或稍长时间。卵子在生殖道内保持受精能力的时间是 8～10h，而精子在母猪生殖道内一般能保持 10～20h 有受精能力。因此，配种要选择在母猪排卵前 2～3h 进行。生产实践中，只要发情母猪接受公猪爬跨或用手按压母猪背腰部呆立不动，就可以进行第一次配种，再过 8～12h 进行第二次配种，效果较好。观察到母猪的阴门肿胀开始消退，阴门开始裂缝，颜色由潮红变为淡红，便是适宜的配种时间。

种猪是猪群增殖的基础，是整个养猪生产的核心。由于种猪的使用是有年限的，自然交配时公猪一般不超过 2 年，母猪不超过 8 胎。人工授精公猪使用 3～4 年，母猪不超过 8 胎，而且种猪个体间生产性能差异很大。对高产沙子岭猪母猪，只要产仔数在 10 头以上，8 胎以上的母猪也可保留一定的比例。因此，只有实行科学、合理的种猪淘汰与更新制度，才能实现稳定或提高种猪的生产水平，达到提高猪场经济效益的目的。

二、提高生长性能的途径与技术措施

提高生长性能的途径与技术措施通常包括选留生长快的仔猪和母猪、适宜的营养水平和适宜的饲养环境等。

生长速度的遗传力较高，也容易度量。因此，选留生长快的仔猪，可直接提高猪群的整体生长速度。并且，选留生长快的母猪还可得到生长快的后代。

俗话说："小猪长骨，中猪长肉，大猪长膘"。猪在不同的生长阶段所需要的营养物质是不同的，实际生产中，应根据猪只所处的生长阶段，调整饲料日粮中各种成分的配比，提供猪只适宜的营养水平，只有这样才能最大限度地发挥猪只的生长潜力。

提供猪只适宜的温度，如生长阶段为 20～30℃，育肥阶段为 16～20℃。夏季做好防暑降温工作，保持良好的通风，冲洗圈舍或沐浴，饲喂青绿多汁饲料等。冬季做好防寒保暖工作，如加强建筑的保温性能，保持圈舍干燥，关好门窗，铺设垫草，安装地热或空调等设备。

猪舍适宜的相对湿度以 40%～70% 为好，湿度过大，增加患皮肤病、关节病、寄生虫病的概率，影响生长发育猪的生长。

另外还需要供给充足清洁的饮水，做好必要的疾病防疫工作，经常消毒圈舍及用具，减少噪声对猪只休息和采食的影响。总之，要提高沙子岭猪的生长性能，需要采取综合的技术管理措施，才能收到满意的效果。

三、提高胴体瘦肉率的途径与技术措施

（一）纯种选育和杂交利用

研究表明，胴体瘦肉率是一个高遗传力的性状，它与体长、腿臀围呈正相关，而与背膘厚呈负相关。在沙子岭猪的选育中，应加强对体长、腿臀围和背膘厚的选择。把体躯长、腿臀围大和背膘薄的个体留作种用，通过几个世代的选育，群体胴体瘦肉率可得到提高。杂交是提高地方品种瘦肉率的重要技术措施，生产中可将沙子岭猪作为母本，与长白猪、大约克、杜洛克猪等杂交父本进行二元、三元杂交，提高后代的胴体瘦肉率。杂交父本胴体瘦肉率越高，越有利于提高杂种后代的胴体瘦肉率。一般两品种杂交，后代的胴体瘦肉率大致

为父母本的平均数。

（二）优化饲料配方

在能量水平一定的条件下，提高日粮蛋白质水平，可以提高胴体瘦肉率。生产中要优化饲料配方，依据沙子岭猪生长发育的不同阶段调配日粮中最佳蛋白质含量。沙子岭猪各生长阶段日粮中蛋白质水平为：10～20kg 时为 16％～17％；20～50kg 时为 14％～15％；50～85kg 时为 12％～13％。同时，注意必需氨基酸平衡并补喂充足的新鲜青绿饲料。通过调整和优化各阶段的日粮配方，能有效提高生长前期的生长速度，抑制育肥后期脂肪的增长，降低饲料成本，提高胴体瘦肉率。

（三）提高饲养水平

在饲养方式上，应采用"前放后限"的方法，即 60kg 前放开饲喂，让其能吃多少喂多少；60kg 后则限制饲喂，一般以限喂 10％～15％为宜。人为控制营养水平和采食量，以利瘦肉的生长积累。前期应让猪吃饱，充分发育骨、脂、肉；后期适当控制喂量（吃到八成饱），可减少脂肪沉积。环境温度对蛋白质沉积有影响，猪舍温度在 18～20℃时有利于蛋白质沉积，因此必须采取措施，创造提高瘦肉率的环境温度。同时，要建立规范完善的防疫和免疫程序，做好驱虫、卫生及消毒工作，提高猪群健康水平。

（四）适时出栏屠宰

适时出栏屠宰，既可提高胴体瘦肉率，又能提高养猪经济效益。屠宰体重的确定，要兼顾瘦肉率、屠宰率、增重速度和饲料效率。沙子岭猪的适宜屠宰体重为 75～80kg；沙子岭猪的二元杂交猪适宜屠宰体重为 80～90kg；沙子岭猪的三元杂交猪适宜屠宰体重为 90～100kg。按照这种出栏体重，在提高瘦肉率、屠宰率的同时，能满足消费者对沙子岭猪及杂交猪"肥中有瘦、瘦中有肥"的肉质要求。

第六章
营养需要与日粮配制

第一节　营养需要

一、种公猪

要根据体重大小、配种强度、圈舍、环境条件等进行适当的调整。饲养种公猪，只要保持其生长和中等体况即可，不能过肥。过于肥胖的体况会使公猪性欲下降，还会产生肢蹄病。体重 50kg 以下的沙子岭猪后备公猪饲养管理与生长猪相同；体重 50kg 以上的后备公猪逐步改喂公猪料。沙子岭猪种公猪的营养需要与妊娠母猪相近（表 6-1、表 6-2）。

表 6-1　种公猪营养需要

项　　目	需要量
消化能（MJ/kg）	12.54
粗蛋白（%）	15
钙（%）	0.66
磷（%）	0.50
食盐（%）	0.35

表 6-2　种公猪参考饲料配方

原　　料	配比（%）
玉米	56
麦麸	15

（续）

原　　料	配比（%）
豆粕	20
米糠	5
预混料	4
合计	100

二、种母猪

（一）营养对母猪生产力的影响

1. 优质日粮的重要性　在营养上，妊娠与泌乳期是沙子岭猪生产周期中的关键时期。只有给予高质量的日粮，提供全面均衡的养分，才能满足胎儿生长、子宫生长、乳房发育、身体生长、奶的生产和哺乳期体况的补充。

2. 营养缺乏或过剩的影响　明显的养分不足或过剩都会影响沙子岭猪母猪的繁殖性能。饲料中能量和蛋白质的不足很难鉴别，它们常与其他养分不足相伴，一起作用。如：母猪哺乳期间的能量摄入受到限制，背膘的储存就会减少，加剧体重的下降，影响了母猪的受胎率，延长了再配的时间。维生素和矿物质的明显不足或过剩，也会降低繁殖性能。

（二）不同阶段母猪的营养需要

1. 妊娠母猪　①能量标准参考。妊娠前期 11.29MJ/kg；妊娠后期 11.70MJ/kg。②蛋白质及其他营养物质。沙子岭猪母猪妊娠期日粮中的粗蛋白质最低可降至 11%。蛋白质需要与能量的需要是平行发展的。钙、磷、锰、碘等矿物质和维生素 A、维生素 D、维生素 E 也都是妊娠期不可缺少的。妊娠母猪的饲粮中应搭配适量的粗饲料，最好搭配品质优良的青绿饲料或粗饲料，使母猪有饱腹感，防止异癖行为和便秘，还可降低饲养成本。沙子岭猪妊娠前后期营养需要及饲料配方见表 6-3、表 6-4。

表 6-3　妊娠母猪营养需要

项　目	需要量	
	前期	后期
消化能（MJ/kg）	11.29	11.70
粗蛋白（%）	11.00	13.00
钙（%）	0.61	0.61
磷（%）	0.50	0.50
食盐（%）	0.32	0.32

表 6-4　妊娠母猪参考饲料配方

原　料	配比（%）
玉米	50
麦麸	24
豆粕	10
米糠	12
预混料	4
合计	100

2. 哺乳母猪　①营养需要特点。除维持需要外，每天还要产奶，若供给的营养物质不足，就会导致母猪的失重超出正常范围，影响泌乳、断奶后再发情和连续利用。②"低妊娠高哺乳"的营养观点。妊娠期营养水平过高，母猪体脂肪贮存较多，是一种很不经济的饲养方式。因为母猪将饲粮蛋白合成体蛋白，又利用饲料中的淀粉合成体脂肪，需消耗大量的能量，到了哺乳期再把体蛋白、体脂肪转化为猪乳成分，又要消耗能量。因此，沙子岭猪应采取"低妊娠高哺乳"的饲养方式。沙子岭猪哺乳母猪营养需要及饲料配方见表 6-5、表 6-6。

表 6-5　哺乳母猪营养需要

项　目	需要量
消化能（MJ/kg）	12.54
粗蛋白（%）	15.00
钙（%）	0.64
磷（%）	0.50
食盐（%）	0.44

表 6-6　哺乳母猪参考饲料配方

原　　料	配比（%）
玉米	56
麦麸	20
豆粕	16
米糠	4
预混料	4
合计	100

三、仔猪

沙子岭猪仔猪的营养需要变幅较大，主要受仔猪体重、断奶日龄、饲粮原料组成、健康、环境等影响。哺乳仔猪的能量需要能从母乳和补料中得到满足，补料中能量浓度一般在 13.38MJ/kg 左右。能量与蛋白质沉积间有一定比例关系，只有合理的能蛋比才能保证饲料的最佳效率。由于仔猪胃肠道尚未发育成熟，应供给易消化、生物学价值高的蛋白质，且还要考虑氨基酸含量及比例。特别要注重赖氨酸、蛋氨酸、色氨酸、苏氨酸的添加。

饲养标准中的维生素推荐量大多是防止维生素临床缺乏症，由于维生素本身的不稳定性和饲料中维生素状况的变异性，生产实践中，添加量大都要超量。在玉米-豆粕型日粮中，最易缺乏或不足的维生素主要有维生素 A、维生素 D、维生素 E、核黄素、烟酸、泛酸和维生素 B_{12}，有时还会出现维生素 K 和胆碱不足，生产上可添加维生素 B_6 和生物素防其缺乏。沙子岭猪仔猪营养需要及饲料配方见表 6-7、表 6-8。

表 6-7　仔猪营养需要

项　　目	需要量
消化能（MJ/kg）	13.38
粗蛋白（%）	20.00
钙（%）	0.70
磷（%）	0.60
食盐（%）	0.25

表 6-8　仔猪参考饲料配方

原　　料	配比（%）
玉米	56
麦麸	20
豆粕	20
米糠	—
预混料	4
合计	100

四、生长育肥猪

此阶段猪的机体各组织、器官的生长发育功能不很完善，尤其是 10～20kg 体重的猪，其消化系统功能较弱，消化液中某些有效成分不能满足猪的需要，影响了营养物质的吸收和利用，并且，此时猪只胃容积较小，神经系统和机体对外界环境的抵抗力也正处于逐步完善阶段。这个阶段主要是骨骼和肌肉的生长，而脂肪的增长比较缓慢，为满足肌肉和骨骼的快速增长，要求能量、蛋白质、钙和磷的水平较高。沙子岭猪生长育肥猪营养需要及饲料配方见表 6-9、表 6-10。

表 6-9　生长育肥猪营养需要

项　　目	需要量
消化能（MJ/kg）	12.12
粗蛋白（%）	14.00
钙（%）	0.55
磷（%）	0.45
食盐（%）	0.30

表 6-10　生长育肥猪参考饲料配方

原　　料	配比（%）
玉米	56
麦麸	16

（续）

原　　料	配比（%）
豆粕	15
米糠	9
预混料	4
合计	100

第二节　常用饲料

一、能量饲料

1. 玉米　玉米又被称为"饲料之王"，其营养特点主要有：

（1）能量高，代谢能（猪）14.27MJ/kg。非蛋白氮含量高（74%～80%），粗纤维少（仅2.0%），消化率高。

（2）粗蛋白含量低，7.2%～8.9%，且品质差，赖氨酸、色氨酸、蛋氨酸含量低。

（3）含有较高脂肪（3.5%～4.5%），亚油酸含量在2%左右，是谷物类饲料中最高的，若玉米占日粮50%，可完全满足亚油酸的需要量。

（4）黄玉米含有胡萝卜素和叶黄素，也是维生素E的良好来源，B族维生素中除硫胺素含量丰富外，其他维生素含量很低，不含维生素D。

（5）钙含量低，磷含量虽然高，但大部分以植酸磷的形式存在，猪利用率低。

使用注意事项：①饲喂前要粉碎，但不易久贮，1周内喂完为好。②禁止饲喂霉变玉米，注意去毒（黄曲霉毒素和赤霉烯酮）。黄曲霉毒素具有致癌作用，赤霉烯酮可使卵巢病变，抑制发情，减少产仔数，初产母猪流产，公猪性欲降低。现常在配合料中加脱霉剂。③不宜过量使用，否则会导致过肥，出现软脂。一般用量在50%～60%。

2. 小麦麸　又称麸皮，是小麦加工的副产品，主要由种皮、糊粉层、少量胚和胚乳组成。小麦麸的营养价值主要取决于面粉质量，生产上等面粉时，有相当一部分胚乳与胚、种皮等组成麦麸，这种麦麸的营养价值高。如果对面粉质量要求不高，不仅胚乳在面粉中保留较多，甚至糊粉层也进入面粉，这样的麦麸营养价值低。因此，麦麸的营养价值差别较大，粗纤维为8.5%～

12％，粗蛋白质 12.5％～17％，氨基酸组成好于小麦。由于麦粒中 B 族维生素多集中在糊粉层和胚中，故麦麸中 B 族维生素含量高，麸皮中钙少磷多，钙与磷比例极不平衡。由于粗纤维含量较高，因此，能量较低（代谢能为10.5～12.6MJ/kg），常用来调节日粮能量浓度。

通常沙子岭猪生长肥育期日粮麸皮占 15％～25％，断奶仔猪日粮用量大会引起腹泻，一般不超过 10％，占妊娠母猪日粮的 20％～30％。由于含适量粗纤维和硫酸盐类，具有轻泻作用，产后母猪喂给适量的麸皮粥可以调节消化道机能。

3. 米糠　米糠是糙米加工成白米时分离出的种皮、糊粉层、胚三种物质的混合物。与麸皮一样，其营养价值与白米加工程度有关，加工米越白，胚乳中物质进入米糠越多，米糠能量越高。米糠粗蛋白质 12.8％，粗脂肪含量16.5％，粗灰分 7.5％。因米糠粗脂肪中含不饱和脂肪酸多，贮存时间长脂肪会酸败；肥育猪日粮中米糠比例过高会使猪体脂肪松软；饲喂幼龄仔猪易发生腹泻。一般生长猪日粮中米糠含量在 10％以下。米糠榨油后所得米糠饼，含油量下降，能值也降低，其他养分基本与米糠相似，贮存期可比米糠时间长久。稻壳粉和少量米糠混合称统糠，常见的有"二八糠"和"三七糠"，属于粗饲料。

二、蛋白质饲料

蛋白质饲料主要是指粗纤维含量在 18％以下，干物质中粗蛋白含量达到20％及以上的饲料，特点是蛋白质含量高，钙磷丰富且易于吸收。

1. 豆饼（粕）　大豆饼粕是所有饼粕类蛋白质饲料中公认质量最好的。蛋白质含量 40％～50％，赖氨酸含量 2.45％～2.70％，赖氨酸含量是所有饼、粕类饲料中最高者，但蛋氨酸含量少，适口性好；粗纤维 5％左右，能值较高；富含烟酸与核黄素，胡萝卜素与维生素 D 含量少；钙不足。大豆和生豆饼、生豆粕中含有胰蛋白酶抑制因子、凝集素、致甲状腺肿物、皂角素等抗营养因子。大豆饼粕在日粮中用量一般在 20％左右。

2. 菜籽饼（粕）　菜籽饼蛋白质 34％～38％，蛋氨酸含量（0.58％）仅次于芝麻饼（0.81％），名列第二，精氨酸含量（1.75％）在饼粕类饲料中最低，然而硒的含量在植物性饲料中最高。

油菜籽、甘蓝、白菜和芥菜等十字花科的种子含有硫葡萄糖苷，种子破碎后在一定水分和温度的条件下，经芥子酶（存在于菜籽和肠道某些细菌）作用，被水解成有害物质硫氰酸盐和异硫氰酸盐，部分异硫氰酸盐形成噁唑烷硫酮。

沙子岭猪饲养过程中，一般妊娠母猪、哺乳母猪日粮尽量不用菜籽饼，即使要用也不要超过3%，生长肥育猪不超过8%；若是白菜型品种菜籽饼，在日粮中可适当提高用量，生长肥育猪可提高到15%。

3. 花生饼（粕）　脱壳后的花生仁饼代谢能水平是饼粕类饲料中最高者，蛋白质达50%左右，适口性好，精氨酸含量5.2%，在目前广泛应用的动、植性饲料中最高；赖氨酸和蛋氨酸很低，分别为1.35%、0.39%。容易变质，不宜久贮，易发霉，产生黄曲霉毒素，对幼猪毒害最甚。用量：生长肥育猪不超过10%，哺乳仔猪最好不用，其他阶段猪不超过4%。

4. 鱼粉　鱼粉是以全鱼或鱼类食品加工后所剩的下脚料为原料，经过干燥、脱脂、粉碎或者经蒸煮、压榨、干燥、粉碎而制成。因原料不同其营养价值有很大差别。秘鲁、智利进口鱼粉蛋白质62%～65%，且品质好，含硫氨基酸2.5%，赖氨酸4.9%；脂肪含量不超过8%；维生素A、维生素D和B族维生素多，特别是维生素B_{12}含量高；矿物质量多质优，钙4.0%，磷2.85%。食盐含量低于4%；还含有未知生长因子。

鱼粉使用的注意事项：①使用优质鱼粉：金黄色，鱼松状，芳香鱼腥味，不带霉变味、焦味。②用量：2%～8%，不超过10%。③避免食盐中毒。④为高不饱和脂肪酸，易酸败，引起幼猪腹泻；同时生长育肥猪后期不用或少用，会产生软脂，应在屠宰前1个月停喂，以防肉质出现异味。⑤注意鱼粉掺假。

三、矿物质饲料

矿物质饲料包括提供钙、磷等常量元素的矿物质饲料以及提供铁、铜、锰、锌、硒等微量元素的无机盐类等。常用的矿物质饲料有石灰石粉、贝壳粉、骨粉、磷酸氢钙等。

1. 食盐　补充钠与氯，提高适口性。用量0.2%～0.5%。

2. 石粉　钙的含量要求在35%以上，镁不得超过0.5%，砷不超过2mg/kg，铅不超过10mg/kg，汞不超过0.1mg/kg，镉不超过0.75mg/kg，氟不超过2 000mg/kg。

3. 磷酸氢钙　钙磷比例约为3∶2，接近动物需要平衡比例。其钙含量

23％以上，含磷 16％以上。

四、青绿饲料

1. 常见青绿饲料　青绿饲料通常是指可以用作饲料的植物新鲜茎叶。从古至今，湘潭农民饲养沙子岭猪都是以青鲜饲料为主，稻谷、玉米、麦麸等精料为辅养猪的。常见的青鲜饲料，比如萝卜、甜菜、牛皮菜、苦荬菜、苜蓿、薯芋类等，都是耐瘠薄、抗干旱、抗病虫害、富含淀粉纤维蛋白和多种维生素的优质农作物，还有如葛藤叶、覆盆叶、桑叶、杜仲叶、水草等，都可供采集利用。由于青绿饲料单位重量的营养价值不是很高，因此，不能用作主料，应该合理搭配使用，以求达到最佳的利用效果。沙子岭猪生长肥育期一般可替代精料的 10％～15％（以干物质计算），母猪饲喂效果较好，可替代精料 20％～25％，常用的有青菜、萝卜、甘薯藤、苜蓿等。营养特点是含水量高；蛋白质含量较高且品质较好；粗纤维含量低；维生素含量丰富；易消化，适口性好。

2. 饲喂注意事项

（1）正确选择　选择用来饲喂土猪的青绿饲料，品质一定要好、干净，严防霉烂、变质、结团，严防掺入其他杂物。贮存时，不要堆积，以免产生大量的亚硝酸盐引起猪中毒。

（2）清洁去毒　青绿饲料一般会被污水粪尿污染，直接饲喂易患细菌病和寄生虫病，为防止猪感染寄生虫，生饲料喂猪时要进行认真洗净消毒。消毒方法可用石灰水或高锰酸钾溶液浸泡，种植饲料作物的农田最好不施用未经堆积发酵的粪便，以防虫卵污染。含有某些毒素的鲜木薯、荞麦等，须经粉碎、浸水、发酵或青贮等方法，待毒素去掉后方可生喂，其喂食量应控制在不超过日粮干物质的 5％。

（3）精青分喂　为提高饲料利用率，精饲料和青绿饲料应分开添加饲喂。因精饲料营养全、粗纤维少，适口性好，易消化，故应先喂精料，再喂青绿饲料。如精青料混合喂，由于青绿料的体积大，水分多，会降低精料的消化率和利用率。

（4）用量适宜　饲喂青绿饲料时应根据不同生长阶段和生产性能确定喂量，饲喂量也要逐步过渡，由少到多，不可一步到位。否则，容易导致猪的食欲下降或暴食，会使猪肠胃产生疾病，影响生长发育。

（5）定期驱虫　青绿饲料中可能混有多种寄生虫卵，如肝片吸虫、蛔虫、线虫等，容易感染寄生虫，所以还要定期驱虫健胃，一般 3 个月左右驱虫 1 次，只要在饲料里定期拌上驱虫药物，一般就可防止感染寄生虫病。

五、粗饲料

凡干物质中粗纤维含量在 18％以上的饲料均属粗饲料，包括青干草、秸秆、秕壳等。

1. 粗饲料的特点　含粗纤维多，质地粗硬，适口性差，不易消化，可利用的营养较少。不同类型粗饲料的质量差别较大，一般豆科粗饲料优于禾本科，嫩的优于老的，绿色的优于枯黄的，叶片多的优于叶片少的。花生秧、黄豆叶、甘薯藤等，粗纤维含量低，一般在 18％～30％，木质化程度低，蛋白质、矿物质和维生素含量高，营养全面，适口性好，较易消化，在日粮中搭配具有良好效果。秕壳类如小麦秸、玉米秸、稻草、花生壳、稻壳、高粱壳等，粗纤维含量高，质地粗硬，不仅难以消化，而且还影响猪对其他饲料的消化，因此，在饲养中尽量不用。

在生产中的某些环节，日粮中添加适量的优质草粉，具有特殊的作用。例如，在繁殖母猪的饲料中加入 5％～10％的优质草粉，可防止母猪过肥；在育肥后期的饲料中加入 3％～4％的草粉，能控制猪对营养的摄入量，使猪体膘不至于过厚。幼猪饲料中加 2％的草粉，可防止拉稀。同时草粉还有利于肠道的蠕动，便于排便。

猪的胃内没有分解粗纤维素的微生物，几乎全靠大肠内微生物的分解作用，故猪对含有粗纤维多的饲料利用率差，而日粮中粗纤维含量较高，猪对日粮的消化率也就越低。因此，猪日粮中的粗纤维含量应适当。对于体重 20kg 生长猪，粗纤维饲料的含量最高为 5％～6％；到肥育后期可以适当高些，但不超过 8％。对于母猪，日粮中的粗纤维可达 10.0％～12％。要强调的是，传统养猪一种不恰当的说法："猪吃百样草"。因此，有些人把猪作为草食动物来养，每天花大力上山割草，特别是割禾本科的草来喂猪；还有些养猪户把麦秸、玉米秸秆粉碎后喂猪，而且在日粮中的比例还加得很大，这是不可取的。

2. 常见的粗饲料

（1）花生秧　花生秧含蛋白质 12％、粗脂肪 2.78％、无氮浸出物 43％左右、粗纤维 30％左右；消化能 8 380KJ/kg；钙 0.89％、磷 0.13％。微量元素除锌含量低于营养标准外，铁、铜、锰等元素含量均超过猪的营养标准，是一种营养比较全面的粗饲料。

可直接在田间将花生秧晒干（最好是阴干），然后进行粉碎，这样便可添加到日粮中喂猪；也可将鲜秧去除杂质后打浆，拌入饲料中喂猪；还可让猪自由采食鲜秧，缺点是浪费较多。花生秧经晒干粉碎后日粮的添加量为：仔猪 $5\%\sim10\%$、种猪 $10\%\sim15\%$、育肥猪 $15\%\sim20\%$。若将其进行发酵和降解处理，饲喂效果可与精饲料相媲美。

（2）黄豆叶　黄豆叶含水分 71.8%，粗蛋白质 6.1%（干物质则含粗蛋白质 18% 左右），无氮浸出物 14.8%，粗脂肪 1.8%，粗纤维 4.1%；每千克黄豆叶含钙 9.3g、磷 0.7g。3kg 黄豆叶中的粗蛋白含量就相当于 1kg 豆饼。

黄豆叶最好是在黄豆的成熟期采集。原因是此时豆叶营养价值高、品质好、粗纤维含量较少。

黄豆叶的饲喂方式有 3 种：一是将采集的鲜叶除去杂质异物，洗净切碎拌入猪日粮中；二是加工成豆叶粉，方法是将采集到的豆叶置于干燥通风处，阴干至含水量 30% 左右后，再迅速晒干到含水量 10% 以下，粉碎贮存备用；三是进行半干青贮，由于黄豆叶糖分含量较低、蛋白质含量较高，适于半干青贮。方法是先将豆叶风干至含水量 50% 左右，切碎后装入塑料袋进行青贮，优点是便于存放、运输、品质较好，养分含量与鲜叶相似，并带有果香味，能提高适口性。

黄豆叶（粉）可占猪日粮的 $20\%\sim30\%$，并能促进猪的生长发育，提高日增重。因其粗纤维含量高、无氮浸出物中非淀粉多糖比例高，若用发酵和降解的方法进行处理后饲喂，可显著提高其营养价值和消化吸收率。

（3）食用菌菌糠　因为食用菌具有较强的纤维分解能力，所以栽培食用菌的菌糠中粗纤维可降低 50%，木质素可降低 30%。另外，菌糠中含有大量菌体蛋白，使粗蛋白的含量增加；脂肪含量也较高。利用菌糠饲喂育肥猪，比喂米糠效果好，可达到玉米的饲用效果，可降低成本，提高经济效益。

据分析，菌糠中含粗蛋白 $6.15\%\sim10.92\%$、粗脂肪 $0.2\%\sim1.4\%$、粗纤维 $3.25\%\sim11.63\%$、粗蛋白含量略高于细米糠的水平，而粗纤维的含量则低得多，有利于锌、铁、钙、磷等元素的吸收，尤其是锌的吸收，可增强猪体的免疫功能，提高抗病力，改善猪对营养物质的消化、代谢，促进生长和发育。

用 1/3 菌糠与其他饲料配合饲养沙子岭猪,可节约粮食 40%,瘦肉率也有所提高。菌糠可放在青饲料打浆机中,再掺入其他饲料;也可不经加工直接与其他饲料混合。经过晒干的菌糠饲料,可整块存放,使用时再加以粉碎。剩余菌糠应挖去感染杂菌的部分,晒干后放阴凉干燥处保存,不要淋雨,以防发生霉变。

六、生物发酵饲料

生物发酵技术在饲料添加剂企业已经广泛应用,但在土猪养殖上的直接应用尚处于初级阶段。合理利用生物发酵饲料饲养沙子岭猪,在改善肠道功能、提高消化率、减少环境异味等方面有较好的作用。

1. 作用与效果

(1) 减少腹泻 由于发酵饲料中益生菌含量较高,大剂量添加后可迅速改善动物肠道菌群结构,提高饲料消化率,降低肠道营养物质浓度,增加后肠微生物多样性,减少或在一定程度上治疗营养性、细菌性腹泻,且效果明显。

(2) 改善母猪便秘 发酵饲料适口性好、富含有机酸,可提高母猪采食量,同时降低肠道 pH,刺激肠道蠕动,加快排便速度,通过调查数据发现,使用不烘干的发酵饲料可在 1 周内明显改善妊娠、哺乳期母猪的便秘情况。

(3) 改善环境 通过添加发酵类饲料可提高动物整体的消化吸收率,降低粪便中营养物质浓度,从而减少氨、硫的排放,一般添加 2～3d 可观察到养殖环境中异味减少。使用发酵垫料则可以节约养殖成本、节省人力物力、减少废弃物的排放。发酵垫料(即发酵床生产技术)的原理是利用微生物菌种,按一定比例混合秸秆、锯末屑、稻壳粉和粪便(或泥土)进行微生物发酵繁殖形成一个微生态发酵工厂,并以此作为养殖场的垫料。再利用动物的翻扒习性作为机器加工,使粪便和垫料充分混合,通过发酵垫料中微生物的分解发酵,使粪便中的有机物质得到充分地分解和转化,达到无臭、无味、无害化的目的。因此,发酵垫料养殖是一种无污染、无排放的、无臭气的新型环保生态养殖技术,具有成本低、耗料少、操作易、效益高、无污染等优点。同时,发酵的垫料又是一种腐熟的营养全面的有机肥。

2. 制作方法

(1) 基本配方 统糠或草粉 55%、麦麸 16%、玉米 15%、饼粕 10%、糖蜜或红糖 2%、微生物制剂 2%。

（2）制作步骤　①按照上述配方分别称取原料，粉碎后过筛（1mm 孔），然后搅拌均匀备用。②有益微生物制剂有固体型和液体型两种，若使用固体型有益微生物制剂，则可将其直接加入到上述原料中搅拌均匀即可；若使用液体型有益微生物制剂，则可先将其倒入无漂白粉的自来水或深井水中溶解后，再将红糖或糖蜜掺入，制成均一的含糖菌水。③将含糖菌水或糖水（指用固体型有益微生物制剂者）均匀喷洒在发酵料中，边拌边洒，使发酵料的含水量达到手捏成团、落地即散的程度，一般料、水重量比为 1∶0.4 左右为宜。④将拌好的发酵饲料装于塑料桶或陶瓷缸内，稍将料压实后，用直径 2～3cm 的木棒在发酵饲料中打孔，且将孔打到底，孔距为 5～10cm。然后用木板或薄膜盖好，让其自然发酵。一般气温在 25℃ 以下时，发酵时间为 4～5d，气温在 25℃ 以上时，则为 2～3d。⑤发酵后，pH 达到 4～5，并有浓郁的酒香味，即为发酵成功。

第三节　常用加工调制方法

为了便于消化、去除某些有毒、有害物质，饲料在饲喂前一般都要进行调制。常用的加工调制方法主要有粉碎、制粒、膨化、焙炒、蒸煮、发酵、打浆、青贮等。

一、粉碎

用于各类籽实饲料及块状饲料。其目的主要是减少咀嚼，增加与消化液的接触面，从而提高饲料养分的利用率。仔猪消化能力差，而限饲的母猪由于吃得很快，咀嚼不充分，饲料宜粉碎细。此外，粉碎的粗细因猪的生理阶段不同有一定差异。而且，粉碎的细度对饲料消化率的影响很大，细粉碎比粗粉碎可提高 10% 左右，比整粒饲喂可提高 20% 以上。对于早期断奶仔猪，特别是第一周，越细越好。玉米粉碎粒度从 1 000μm 提高至 300μm，每提高 100μm，增重效果可提高约 5.5%。

二、制粒

通过制粒，可改善饲料的适口性，提高养分的消化率，避免挑食，减少浪费。制粒后的饲料，可提高 5%～15% 的饲料采食量和利用率。

在制粒过程中，一般要经过蒸汽、热和压力的综合处理，这可使淀粉类物质糊化、熟化，改善饲料的适口性，使养分更容易消化、吸收，从而提高其利用率。

制粒并经冷却的颗粒料，水分低于14%，不易霉变，易于保存。制粒后，体积变小，便于贮存、运输；也不像粉料那样，在运输途中经抖动，易分层而破坏饲料组分的均匀度，降低适口性和饲料的营养价值。

为保证制粒的质量，通常需注意下面几个问题：

1. 原料成分的黏结性　制粒时，成粒性要好，应加入适量的淀粉。淀粉是影响颗粒黏结度最重要的饲料因素。制粒时，由于蒸汽和温、热作用使淀粉糊化而产生黏结性，有利于饲料成分黏结在一起。因此，饲料中含淀粉越多黏结越好。不同来源的淀粉其黏结性也不一样，小麦、大麦所含淀粉的黏结性比玉米强。豆粕类由于含脂肪少，黏结性较好。仔猪料制粒时，若含有奶粉、乳清粉、蔗糖或葡萄糖，也可提高饲料的黏结性，如成粒性差，可适当增加次粉或小麦粉的用量。

2. 原料粉碎粒度　原料越细，淀粉越易糊化，颗粒的成粒性越好。对于猪饲料一般要求筛孔直径在1mm以下，早期断奶仔猪则要求0.3mm。

3. 水分、温度和蒸汽压力　水分和温度是淀粉糊化和黏结的必要条件，也是影响糊化和黏结的重要因素。制粒时，水分含量超过8%，硬度增加。一般制粒时蒸汽的供给量按饲料供给量3%～6%通入，使总的水分含量在16%～17%。

温度太低，淀粉的糊化不充分，降低制粒效果；温度太高则使饲料中的某些养分损失，特别是维生素损失较严重。一般制粒温度要求不超过88℃，根据成粒性和冷却后水分的含量，可介于82～88℃范围内。

蒸汽压力与水分和温度直接相关，蒸汽压力合适，制粒效果好。蒸汽压力愈大，蒸汽通入量也愈大，温度也较高。

如果采用冷压，即没有蒸汽通入，直接从模孔中压出的粒料称生颗粒料。显然，此种生颗粒料没有熟化过程，成粒性较差，粉的比率较高，适口性和饲料的利用率略低于经蒸汽调制的颗粒料。

三、膨化

膨化是将饲料加温、加压和加蒸汽调制处理，并挤压出模孔或突然喷出容器，使之骤然降压而实现体积膨大的加工过程。饲料膨化处理有比制粒更好的效果，但成本较高。对于猪饲料，主要用于膨化大豆，膨化的优点主要有：

（1）饲料淀粉的糊化程度比粒料高，可破坏和软化纤维结构的细胞壁，使蛋白质变性，脂肪稳定，而且脂肪可从粒料内部渗透到表面，使饲料具有一种特殊的香味。因此，经膨化处理的饲料更容易消化吸收。

（2）膨化的高温处理几乎可杀死所有的微生物，从而减少饲料对消化道的感染。

（3）膨化大豆代替豆粕，可使早期断奶的仔猪饲喂全脂膨化大豆，也可取得较快的生长速度和较好的饲料转化率。

四、焙炒熟化

焙炒可使谷物等籽实饲料熟化，一部分淀粉转变为糊精而产生香味，也有利于消化。豆类焙炒可除去生味和有害物质，如大豆的抗胰蛋白酶因子。焙炒谷物籽实主要用于仔猪诱食料和开口料，气味香也利于消化。通常焙炒的温度130～150℃，加热过度的饲料可引起或加重猪消化道（胃）的溃疡。

烘烤加热较均匀，不像焙炒，一些籽实可能加热过度，降低其营养价值。

五、发酵

发酵是将饲料按0.5％～1％接种酵母菌，保持适当水分，一般以能捏成团、松开后能散裂开为准。发酵与温度关系很大，温度偏低，时间延长。发酵后如不需烘干，原料湿一点也不影响发酵的效果。

通过发酵可提高饲料的消化率，减少肠道疾病。

六、青贮

青贮是将饲料加工成一定细度（长度），在一定水分和厌氧条件下，经乳酸菌发酵而成。可长期保存、保鲜。发酵好的有一股酸香味，适口性也不错。一般用于处理青绿饲料。

七、打浆

打浆主要用于各种青绿饲料和各种块茎饲料。将新鲜干净的青绿或块茎饲料投入打浆机中，搅碎，使水分溢出，变成稀糊状，含纤维多的饲料，打成浆后，还可以用直径 2mm 的钢丝网过滤除去纤维等物质。打浆后的饲料应及时与其他饲料混合后饲喂，不宜长时间存放，特别是夏季，以免变质。

第四节　日粮配制

在现代沙子岭猪饲养过程中，尽管可继续采用传统饲养方式利用青粗饲料及各种农副产品。但应用配合饲料养猪是社会发展不可逆转的趋势。用配合饲料饲喂，既能够提高沙子岭猪的生长速度、瘦肉产量，又能降低生产单位肉脂产品的饲料消耗，增加经济收益。所以，饲喂配合饲料，是科学养猪的一项主要内容。配合饲料是根据饲料配合方案，把各种单一饲料和饲料添加剂混合在一起，以适应不同生理阶段猪对营养的需要，通常除水以外，不需加任何东西，即可维持猪的生命活动，并能达到预定的生产水平。

一、配合饲料的种类

按营养成分可分为添加剂预混料、浓缩饲料和全价配合饲料。

1. 添加剂预混料　简称预混料，是指用一种或多种微量添加剂如氨基酸、维生素、微量元素以及抗生素等，加上一定量的载体或稀释剂经混合而成的均匀混合物。按添加剂种类的多少，预混料又分为单一预混料（如某种或多种维生素预混料，微量元素预混料）和复合预混料（指由营养性添加剂和非营养性添加剂中两类或两类以上的成分组成）。由于添加剂在全价配合饲料中所占比例很小，很难配料准确与混合均匀，因此，专业厂家生产的预混料，作为中小型饲料厂或养猪场生产全价配合饲料的原料，有利于在全价配合饲料生产过程中准确配料与均匀混合。预混饲料在全价配合饲料中起到补充和平衡营养的作用，不能直接用来喂猪。预混料在全价饲料中用量较小，占 1%～6%。

2. 浓缩饲料　将添加剂预混料与蛋白质饲料按一定配比混合生产出的产品。浓缩饲料的特点是蛋白质含量高，一般为 30%～45%。浓缩饲料也不能直接喂猪，养猪场（户）只要再往浓缩饲料中加入一定比例的能量饲料，便成为全价配合饲料。浓缩饲料在全价饲料中所占比例较大，一般为 25%～40%。浓缩饲料的生产不仅可以减少运送大量配合饲料的费用，而且可以解决某些地区蛋白质饲料缺乏等问题。

3. 全价配合饲料　简称配合饲料，是指用预混料加入能量饲料和蛋白质

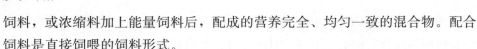

饲料，或浓缩料加上能量饲料后，配成的营养完全、均匀一致的混合物。配合饲料是直接饲喂的饲料形式。

按饲养对象分类，可分为仔猪料、幼猪料、育肥猪料、母猪料、哺乳料和公猪料。按饲料形状配合饲料可分为粉料和颗粒料。粉料是大多数配合饲料所采用的形式，生产工艺简单，适用于初级配合饲料。颗粒饲料是全价粉状料在蒸气压力作用生产出来的一种饲料，是近年来迅速发展和广泛应用的一种配合饲料形式。与粉料比较，颗粒料有许多优点：①可以避免挑食，减少饲喂损失。②改善了饲料的适口性。由于在压制过程中，使得淀粉糊化，酶的活性增强，纤维素和脂肪的结构形式有所变化，从而改善了适口性，提高了饲料的消化率。③便于贮运。在制粒过程中有杀菌作用，可以降低饲料霉变的可能性。同时还可增加饲料密度，方便运输，减少风吹等自然损失。④不会分级。容量大的组分如矿物质等，不会产生分级。

二、配方设计原则

日粮配方设计原则简单说来，就是利用最经济的饲料原料，来取得最好的养殖效果，从而得到最大的经济效益。

1. 符合饲养标准　猪的饲养标准也称营养需要量，是设计配合饲料的重要依据。目前，沙子岭猪饲养标准已经制订并颁布实施，养殖户在设计配方时可以参考。

2. 注意营养成分　设计配合饲料时，必须合理掌握饲料的营养成分及营养价值。饲料的营养成分值要尽可能具有代表性，不能过高过低。各种饲料的营养成分值也不是一成不变的，理想的做法是在设计配方之前，分析所用的每一种饲料的营养成分。但实际生产上往往不具备这样的条件，比较实用的方法是参考饲料成分及营养价值表，可查阅《中国饲料成分及营养价值表》一书，根据近似值来设计配方。

3. 注意安全性　选用饲料必须安全可靠，尽量选择新鲜、无发霉、无毒素、无酸败和污染的饲料，不合质量规定的饲料不能使用。若饲料含有黄曲霉毒素和金属铅、汞、砷等有毒、有害物质，则不能超过规定含量。有的饲料，如棉籽饼、菜籽饼因含有毒素，需控制用量。

4. 兼顾性价平衡　配合饲料占生产成本的70％以上。如果只追求生产性能高，过多使用优质饲料，使养猪成本提高，其经济效益不一定好。因此，既要考虑提高猪的生产性能，又要考虑价格适当，尽可能选用营养丰富、价格低廉、来源充足的饲料。要以最少的投入，换取最佳的经济效益。

5. 注意适口性　设计配方时，应选择适口性好的无异味的饲料。血粉、菜籽饼等，虽营养价值高，但适口性差，需限制其用量。此外，选择饲料种类时，要考虑控制粗纤维含量。

三、计算方法

一般通过 EXCEL 或配方软件进行设计计算，计算迅速，便于维护。试差法是最常用的一种方法，是根据经验粗略地拟出各种原料的比例，然后乘以每种原料的营养成分百分比，计算出配方中每种营养成分的含量再与饲养标准进行比较。若某一营养成分不足或超量时，通过调整相应的原料比例再计算，直至满足营养需要为止。如能量比饲养标准略低，而粗蛋白质高于饲养标准，则要调整粗蛋白质含量，增加能量，如减少豆粕、增加玉米配比量。

第七章
饲养管理技术

第一节　种猪的饲养管理

一、后备母猪的饲养管理

（一）后备母猪的选择

体型外貌符合该品种特征和种用要求，骨架结构好，四肢强壮，有效乳头7对以上，没有瞎乳头和副乳头且排列均匀整齐，外阴大小适中，后躯较丰满。

（二）后备母猪的选择时期

1. 2月龄选种　2月龄时从大窝中选留好个体，即在父本和母本都是优良个体的条件下，从产仔头数多、哺乳率高、断奶和育成窝重大的窝中选留发育良好的仔猪。

2. 4月龄选种　主要是淘汰生长发育不良或者有突出缺陷的个体。

3. 6月龄选种　沙子岭猪性成熟早，母猪达6月龄时各组织器官基本发育完成，优缺点更加突出明显，此时可根据体型外貌和生产性能等多方面的信息进行严格选择，淘汰不良个体。

4. 配种前选种　后备母猪在初配前要进行最后一次挑选，淘汰性器官发育不理想、发情周期不规律、发情症状不明显的后备母猪。

（三）后备母猪的饲养

（1）后备母猪按日龄应分批次做好免疫、驱虫和健胃。

（2）后备母猪每头占栏面积约 2m²。在大栏饲养的后备母猪要经常性地进行大小、强弱分群。

（3）后备母猪要建立发情记录，4～5 月龄应划分发情区和非发情区，以便 6 月龄时对非发情区的后备母猪进行系统处理。

（4）后备母猪每周运动 1～2 次，每次 1～2h；每天 6～8h 光照，可促进发情。后备母猪和发情母猪并栏饲养，可刺激发情。

（5）6～7 月龄的后备母猪要以周为单位进行分批，按发情日期归类管理，并根据膘情做好合理的限饲、优饲计划，配种前 10～14d 要安排喂催情料，比正常料量要多，到下个发情期发情再配种。

后备母猪培育的是优良种猪，不仅生存期长，而且还担负着周期性很强的几乎没有间歇的高强度的繁殖任务。因此，后备母猪不要求生长太快，主要使其在配种时有一个良好的种用体况以获得最佳的繁殖性能和使用年限。后备母猪在不同阶段其营养需求不同，在营养设置时应充分考虑钙、磷比例和微量元素的平衡。沙子岭猪后备母猪营养需要见表 7-1。

表 7-1　后备母猪营养需要

	阶段（kg）	消化能（MJ/kg）	粗蛋白（%）	钙（%）	磷（%）	食盐（%）
后备母猪	30～50	11.7	13	0.6	0.5	0.3

（6）建立后备母猪卡片，并悬挂于母猪所在栏舍的上方。做好发情配种记录（表 7-2）。

表 7-2　后备母猪发情、配种记录表

母猪号	发情时间		配种			预产时间
	第一次	第二次	时间	公猪耳号	配种方式	

二、公猪的饲养管理

（一）生产指标

饲养种公猪是为了得到质量好的精液。农谚说："母猪好，好一窝；公猪好，好一坡"。这充分说明了养好公猪的重要性。标准的成年公猪，应具备不

肥不瘦，肌肉结实，性欲旺盛，配种能力强的体质。因此，种公猪的饲养管理是一个猪场的核心。

（二）公猪的营养需要

公猪精液里蛋白质占 1.2%～2.0%，脂肪接近 0.2%，水分 90%～97%。沙子岭猪公猪一次射精量一般为 100～300mL。所以饲料中蛋白质的质和量对猪精液的质和量有很大影响，要使公猪体质健壮、性欲旺盛、精液品质好，就要从各方面保证公猪的营养需要。

在公猪的各种营养中，首先是蛋白质，其次是磷、钙和各种维生素，微量元素也发挥着不可替代的作用，铁、铜、锌、锰、碘和硒都不可缺少，硒缺乏时可引起睾丸退化，精液品质下降，长期缺乏维生素 A 可引起睾丸肿胀或萎缩，不能产生精子，失去繁殖能力。每千克饲料中维生素 A 应不少于3 500IU，维生素 E 能提高种公猪的繁殖能力，每千克饲料中维生素 E 应不少于 9mg。维生素 D 对钙磷代谢有影响，间接影响精液品质，每千克饲料中维生素 D 应不少于 200IU，如果公猪每天有 1～2h 日照也能满足其对维生素 D 的需要。营养水平不宜过高或过低，如果日粮中缺乏蛋白质，对精子品质有不良影响，如果长期饲喂蛋白质过高的日粮，同样会使精子活力降低，精子浓度下降，畸形精子增多。公猪过肥会造成配种能力下降，公猪过瘦则精液品质差，会造成母猪受胎率低，因此，应适时调整种猪的饲料配方。沙子岭猪不同阶段种公猪的营养需要见表 7-3。

表 7-3　种公猪营养需要

	阶段（kg）	消化能（MJ/kg）	粗蛋白（%）	钙（%）	磷（%）	食盐（%）
后备公猪	5～10	13.38	20	0.70	0.60	0.25
	11～15	13.38	18	0.65	0.55	0.25
	16～30	12.54	16	0.55	0.45	0.30
成年公猪		12.54	15	0.66	0.50	0.35

（三）公猪的饲料配制

公猪日粮应营养全面，适口性好，易消化，保持较高的能量和蛋白质，并且有充足的钙磷，同时满足维生素 A、维生素 D、维生素 E 及微量元素的需要。这样才能保证种公猪有旺盛的性欲和良好的精液品质。

日粮中蛋白质含量应为 14%～16%，而且要求动物性蛋白质和植物性蛋白质保持一定的比例，以保证饲料蛋白质具有较高生物效价。

日粮含消化能应适当，消化能过高易沉积脂肪、体质过肥，公猪性欲和精液品质下降。能量过低，公猪身体消瘦，精液量减少，精子浓度下降影响受胎率。沙子岭猪消化能水平以 12.5～13.5MJ/kg 为宜。

沙子岭猪耐粗饲，有条件的地区可适当喂些胡萝卜或优质青饲料，但不宜过多，因粗饲料体积大、营养价值低，如果日粮体积太大，就容易把肚子撑得太大，造成腹大下垂，影响配种。沙子岭猪种公猪不同阶段饲料配方见表7-4。

表 7-4　种公猪饲料配方

原料名称	饲料配方（%）		
	小公猪料	青年公猪料	成年公猪料
玉米	56	55	56
豆粕	20	17	15
麦麸	20	14	20
米糠		5	5
预混料	4	4	4
合计	100	100	100

（四）种公猪的饲养管理

1. 种公猪的配种管理

（1）种公猪的初配年龄　沙子岭猪具有性成熟早的特点，一般 6～7 月龄，体重达到其成年体重 50%～60% 时即可配种利用，过早使用，既影响其生长发育，缩短了使用年限，同时造成其后代头数减少且身体瘦弱，生长缓慢，也不利于育肥。因此，掌握种公猪的初配年龄，对提高其利用率非常重要。

（2）利用年限　沙子岭猪公猪的利用年限一般 3～5 年，优秀个体可适当延长。种公猪的最适宜年龄为 2～4 岁，这一时期是配种最佳时期，猪群应保持合理的公母比例。本交情况下公母比例为 1：（25～30），人工授精情况下公母比例为 1：（100～200），要及时淘汰老公猪并做好后备公猪的培育。

（3）使用频率　影响沙子岭猪公猪繁殖力的重要因素之一是配种频率。配种频率过高或过低都会降低公猪的繁殖力。公猪生产精子能力在其 10～12 月龄时，日产量迅速增多，并随年龄而增加，到 2 岁时达到顶峰水平，以后缓慢下降。配种过频会导致公猪精液精子减少和性欲减退。一般一岁以上成年公猪本交时建议配种频率为每周 3～5 次；人工授精公猪采精频率每周 2～3 次，连续配种 5～6d 后应休息 2～3d，这样不仅能够保证精液质量，还能延长种公猪的使用年限。

（4）配种地点和采精时间　设立专门的配种房和人工采精室，这样可以使沙子岭猪公猪形成条件反射很快进入角色，既利于配种又利于人工采精。采精和配种最好选在早晚凉爽时进行，采出的精液要及时稀释装瓶避免污染，并贮存在专用恒温箱。

（5）精液品质检查　沙子岭猪种公猪精液的检查要常态化，一般精液品质冬季最优，夏季最差。沙子岭猪公猪采精量 5 月开始下降，8 月最低，9 月后开始慢慢回升；精子密度 1 月最高，9—11 月最低，说明炎热比寒冷对公猪精液的影响更明显。因此，夏季种公猪精液的检查尤为重要，每 3～4d 要用显微镜检查一次精子活力与密度，作为调整饲料、运动时间和配种次数的依据，随时掌握精液的质量，以保证较高的受胎率。

（6）精液稀释及分装　取 1L 的蒸馏水加入 1 包稀释粉（稀释比例按说明书），充分搅拌并静置 0.5h 待用，使用前需放置于 37℃ 恒温水浴箱。原精储存不超过 30min，精液采集后应尽快稀释，检查稀释后精子的活力，若无明显下降，按照稀释后每 80mL 含有 40 亿个有效精子进行分装。

（7）精液的保存　精液稀释分装好后，应先置于 22～25℃ 的室温 1h 后再放置于 17℃ 冷藏箱中保存；保存过程中要注意每 12h 将精液混匀一次，防止精子因沉淀而死亡。

2. 种公猪日常管理

（1）合理运动　运动能使沙子岭猪公猪的四肢和全身肌肉受到锻炼，使沙子岭猪公猪体质健壮、精神活泼、食欲增加，提高性欲和精子活力。一般来说，每天运动 2h，上午和下午各 1h。夏天早晚进行，冬季中午运动。如遇酷热或严寒、刮风下雨恶劣天气时，应停止运动。运动不足，公猪贪睡、肥胖、性欲降低，四肢软弱，影响配种效果。在配种季节，应加强营养，适当减轻运动量。在非配种季节，可适当降低营养，增加运动量。对于肥胖的种公猪，应该在饲料中减少能量饲料的喂量，增加青饲料的喂量，并将公猪放到栏外适量增加运动以保持体形。

（2）环境调控　公猪舍要选择在地势高、地形宽敞和通风良好的地方，以避免阳光直射猪舍内。在猪舍周围多栽一些大树，场区种植牧草，改善场区小气候。公猪舍应该是清洁、干燥、舍内舒适、温度控制在 13～18℃。高温是对种公猪保持生精能力和性欲最为不利的因素，所以夏季应尽可能使公猪处于凉爽状态，经常喷水和通风降温，避免公猪受热应激或发热影响精子成活率。其次要保持圈舍和猪体的清洁卫生，每天清扫圈舍 2 次，猪体刷拭 1 次。饲养、采精人员对种公猪态度要和蔼，严禁恫吓，随时观察猪群健康状况。

（3）合理利用　公猪自淫是受到不正常的性刺激，引起性冲动而爬跨其他公猪、饲槽或围墙而自动射精，容易造成阴茎损伤，公猪形成自淫后体质瘦弱、性欲减退，严重时不能配种。

防止公猪自淫的措施是杜绝不正常的性刺激。首先，公猪要单栏饲养，同圈饲养易引起公猪爬跨，后备公猪和非配种期公猪应加大运动量或放牧时间，公猪整天关在圈内不活动容易发生自淫。其次，对于非配种期公猪每周应采精一次，也能避免自淫的发生。

3. 防疫管理　必须重视猪舍内外的清洁卫生和消毒工作，对猪舍墙壁、运动场要定期清洗消毒，同时对猪体表也要定期刷洗消毒，每年两次体内体外驱虫。猪场要认真做好猪瘟、口蹄疫、伪狂犬病、细小病毒病、乙型脑炎等的免疫注射，免疫程序参见表 7-5 和第八章表 8-4、表 8-7。

表 7-5　猪场免疫程序

类别	免疫时间	疫苗名称	用法与用量	备注
仔猪	20 日龄	仔猪副伤寒疫苗	口服 2 头份	
	30 日龄	猪瘟疫苗	肌内注射 2 头份	
	40 日龄	蓝耳病疫苗	见说明	
	60 日龄	口蹄疫疫苗	见说明	
后备种猪	3 月龄	细小病毒病疫苗	见说明	
	4 月龄	猪瘟、猪肺疫疫苗	各肌内注射 2 头份	
	6 月龄	蓝耳病疫苗	见说明	
	冬、春	猪 O 型口蹄疫疫苗	见说明	
成年种猪	产后 15d	猪瘟、猪肺疫疫苗	各肌内注射 2 头份	公猪每半年一次
	产后 20d	蓝耳病疫苗	见说明	
	冬、春	猪 O 型口蹄疫疫苗	见说明	

注：剂量换算与用法，详见标签说明；猪喘气病疫苗视情况进行免疫。

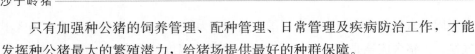

只有加强种公猪的饲养管理、配种管理、日常管理及疾病防治工作，才能发挥种公猪最大的繁殖潜力，给猪场提供最好的种群保障。

第二节　怀孕母猪的饲养管理

母猪配种后，从精卵结合到胎儿出生这一过程称为妊娠阶段。沙子岭猪母猪的妊娠期一般为112～116d，平均115.2d。在饲养管理上一般分为妊娠初期（20d前）、妊娠中期（20～80d）和妊娠后期（80d后），为便于管理，通常将妊娠初期和中期合并称为前期。妊娠母猪饲养管理的基本任务是保证受精，使胚胎与胎儿在母体内得到充分的生长发育，防止流产、死胎的发生，使妊娠母猪每窝都产出数量多、初生重大、体质健壮和均匀整齐的仔猪，为哺乳期的泌乳打下良好的基础，同时对初产母猪还要保证其正常生长发育。

一、营养需要

随着妊娠天数的增加，怀孕母猪对营养的需要增多，特别是产前20多天需要量最多，其中以蛋白质、钙、磷的需要量最多。为保障怀孕母猪自身营养需要和胎儿的生长发育，需根据母猪的不同怀孕阶段，提供不同营养水平的饲料，满足其营养需要。

1. 妊娠前期的营养需要　妊娠前期胚胎发育缓慢，需要的营养不多，精料喂得太多容易造成胚胎的早期死亡，同时产仔数也会减少。因此，营养供应严格执行空怀母猪的饲养标准。

2. 妊娠后期的营养需要　母猪妊娠后期营养控制做得不好，其一会影响仔猪的初生重，其二会影响母猪的基础营养储备。加料过早会影响母猪乳腺发育，加料太晚会使母猪过早的消耗基础营养储备，而且仔猪初生重小，沙子岭猪一般在85～90d开始加料。

3. 产前的营养需要　母猪临产前2～3d可将饲料喂量减少1/2左右，减料的意义是让母猪提前活化动员储备的能量，由于母猪日采食量的下降，胎儿还在快速生长，母猪不得不提前动员营养储备来补充胎儿快速生长需要的营养，这样母猪进入哺乳期后动员营养储备的能力就会提高。如果喂料高于标准，会使母猪失去自控能力，造成胎儿窒息，导致难产。

4. 怀孕母猪的营养需要（表 7-6）

表 7-6　怀孕母猪营养需要

阶段	消化能（MJ/kg）	粗蛋白（%）	钙（%）	磷（%）	食盐（%）
前期	11.29	11	0.61	0.5	0.32
后期	11.70	13	0.61	0.5	0.32

二、饲养方式

饲养过程中，怀孕母猪应有中等膘情，经产母猪产前应达到七八成膘情，初产母猪要有八成膘情，根据母猪的膘情和生理特点来确定喂料量。沙子岭猪母猪一般可采用以下三种方式：

1. 抓两头顾中间　这种方式适应于体况较差的经产母猪，即在配种前 20d 和配种后 10d 加喂精料，体况恢复后以青料为主，按饲养标准喂养，直到妊娠 80d 后，再喂精料，但后期的营养水平应高于前期。

2. 前粗后精　这种方式适合于配种前体况良好的经产母猪。即在妊娠前期多喂给青粗饲料，后期再喂精料。

3. 步步登高　这种方式主要适合于初产母猪。即在妊娠初期以青粗饲料为主，逐渐增加精料比例，相应增加饲料中的蛋白质和矿物质。但应注意在母猪产前 1 周，减少日粮 10%～20%。

三、日粮喂量

怀孕母猪每天的饲喂量可按标准的规定饲喂。也可根据怀孕母猪的体重大小，按百分比计算。一般来说，在怀孕前期喂给母猪体重的 1.5%～2.0%，怀孕后期可喂给母猪体重的 2.0%～2.3%。怀孕母猪饲喂青绿饲料，最好将青绿饲料打成浆。无打浆条件的，一定要切碎，然后与精料掺拌一起饲喂，精料与粗料的比例可根据母猪妊娠时间递减。饲喂怀孕母猪的饲料要含有较多的干物质，不能喂得过稀。

四、日常管理

（1）怀孕母猪在前期可以多头群养，但在后期最好单圈饲养，地面要平坦干燥清洁，舍内冬暖夏凉。

（2）在母猪妊娠后的第 1 个月内，应吃好、睡好、少运动，以便恢复体力和膘情，但在整个妊娠期应适当多运动，在后期应减少运动量，雨、雪天或过于寒冷的天气应停止运动，临产前 1 周应停止活动。

（3）严禁鞭打、粗暴驱赶妊娠母猪。

（4）如有流产预兆，应及时注射黄体酮。

五、产前准备

冬春季节天气寒冷，需做好怀孕母猪的防寒保暖工作，夏季要做好防暑降温工作。最好为母猪设置专门的产房，产房冬季备有保温箱、保暖板，夏季备有水帘、风扇，产房内要干净卫生，空气新鲜，舒适安静。温度保持在 22～23℃，湿度保持在 65％～75％，在母猪产前 3～5d 把其赶入产房，同时准备好分娩用具和充足的垫草。

第三节 哺乳母猪与哺乳仔猪的饲养管理

一、哺乳母猪的饲养管理

（一）生产指标

养好母猪就是要确保每窝都能生产尽可能多的、健壮的、生命力强的、初生重大的仔猪。对猪场而言就是要提高母猪年产胎次，降低非生产天数，达到效益最大化。沙子岭猪母猪生产指标见表 7-7。

表 7-7　沙子岭猪母猪的生产指标

项　　目	参数	项　　目	参数
妊娠期（d）	115	母猪情期受胎率（％）	90～95
哺乳期（d）	35	母猪分娩率（％）	90
断奶至受胎（d）	5～7	母猪年产胎次	2.2
每头母猪年出栏商品猪（头）	22	窝平均存活仔猪（头）	11.2

（二）营养需要

哺乳母猪的营养需要一般较高，哺乳母猪的物质代谢非常旺盛，所需要的营养物质较空怀时要高得多，对能量、蛋白质、矿物质和维生素的需要也要按哺乳仔猪头数的增加而增加，母猪在泌乳期的采食量往往很难满足这一需求，为此，母猪不得不动用自身的体能贮备，这是断奶母猪普遍失重的原因所在。因此，在哺乳期提供充足营养对于提高断奶窝重和促进断奶后母猪正常发情配种至关重要。沙子岭猪哺乳母猪日粮要求消化能 12.54MJ/kg、粗蛋白 15.5%、钙 0.65%、磷 0.5%、食盐 0.4%。

（三）饲料配制

沙子岭猪哺乳母猪的饲料配制应严格按照饲养标准执行，饲料原料和饲料添加剂应符合规定，严禁在饲料中添加镇静剂、激素类等禁用品，不得使用发霉、变质饲料。沙子岭猪哺乳母猪饲料参考配方：玉米 56%（50%~60%）、豆粕 16%（15%~20%）、麦麸 20%（15%~20%）、米糠 4%（4%~8%）、预混料 4%。

（四）饲养管理

1. 饲养管理要求　一是提高仔猪断奶头数及断奶窝重；二是保持泌乳期正常种用体况，即母猪 35d 断奶时，失重不超过 10kg。

2. 高泌乳饲养方式　母猪产前 5d 应给予稀料，2~3d 后喂量逐渐增多，5~7d 后改喂湿拌料，按正常量喂。一般在妊娠期给料基础上，每带一头仔猪，外加 0.3~0.4kg 料，一日最好喂三餐。仔猪断奶前 3~5d 逐渐减少饲料量，并注意乳房膨胀情况，防止母猪发生乳房炎。

3. 合理提高采食量　为使沙子岭猪哺乳母猪达到采食量最大化，可分别采取以下措施：第一种是实行自由采食，不限量饲喂。即从分娩 3d 后，逐渐增加采食量的办法，到 7d 后实现自由采食；第二种是做到少喂勤添，实行多餐制，每天喂 4~8 次；第三种是实行时段式饲喂，利用早、晚凉爽时段喂料，充分刺激母猪食欲，增加其采食量，不管是哪种饲喂方式都要注意确保饲料的新鲜卫生，切忌饲料发霉、变质。为了增加适口性可采取湿拌料的方法。

4. 供给充足清洁饮水　夏季哺乳母猪的饮水量很大。因此，母猪的饮水应保证敞开供应。如果是水槽式饮水则应一直装满清水，如果是自动饮水器则要勤观察检查，保证畅通无阻，而且要求水流速度、流量达到一定程度。饮水

应清洁，符合卫生标准。饮水不足或不洁可影响母猪采食量及消化泌乳功能。

二、哺乳仔猪的饲养管理

（一）接产前准备

做好仔猪接产是提高猪群成活率的关键技术之一。在母猪快要分娩时，接产员要时刻注意母猪的变化，一般情况下在产前20d左右，母猪的乳房会从后面向前膨胀并且下垂，在临产前，乳房膨胀有光泽，呈现"八"字向外分开。当母猪起卧不安，食欲减退，频频排尿同时有黏液流出，这就是产前征兆，尤其是当前部乳房可以挤出乳汁时，距分娩的时间不会超过1d。

母猪乳房和外阴部，在产前须用千分之一的高锰酸钾溶液清洗消毒，同时准备好接产用具，提前开启保温板和红外线灯，并做好登记记录。

（二）接产和产后护理

沙子岭猪母猪正常分娩的时间1~2h，产仔间隔时间为7~10min。产仔数越少，每头产仔的时间就会变长。反之，产仔数越多，每头产仔的时间会减少。接产人员在接产前应该将指甲剪短，用肥皂进行消毒。在整个接产过程中，必须保持安静，动作要迅速。一般母猪在破水后0.5h内就会产出第一头仔猪。在仔猪产出后，接产人员要立即用手指掏出其口腔内的液体，接着用较为柔软的毛巾将仔猪的口腔、鼻子和身体表面的液体擦干净，以免影响仔猪的呼吸和减少身体的水分蒸发。有些仔猪在出生后胎衣依旧完整，此时接产员应该立即用手撕开，防止仔猪窒息而死。随后一只手固定住脐带基部，另一只手捏住脐带，将脐带慢慢从产道内拉出，并把脐带向仔猪方向撸几下，最后在距离仔猪4cm处用线结扎，断面用5％的碘酒消毒。断开脐带后将仔猪放到红外线灯下面，将身体烤干，之后辅助仔猪吃上初乳。对于一些不能顺产的母猪，接产员可以采取人工助产或手术。人工助产时首先用力按摩母猪，然后按压母猪腹部，帮助分娩，假如多次反复没有效果，就可以采取注射催产素，用量按100kg体重2mL计算，一般经过0.5h后就可以产仔。倘若催产素不见效果，可以通过手术掏出，但是要切记手术后给母猪注射抗生素，以防止感染。

（三）适宜的温度

由于新生仔猪的体温调节机能不健全，被毛稀少并且从母体分娩出的一瞬间环境温度发生了剧烈变化。仔猪虽然不会冻僵或冻死，但是过低的温度很容易造成仔猪风寒感冒，这是引起初生仔猪死亡的重要因素。因此，应对哺乳仔猪保持适宜的温度。

（四）及时吃到初乳

初乳含有丰富的免疫球蛋白，是初生仔猪获得免疫的重要物质。初乳一般是指母猪产后 3d 内分泌的乳汁，初乳能够刺激仔猪肠道蠕动，加快胎便排出，增强仔猪的免疫力。初乳中的免疫抗体含量高，并且含有抗蛋白的分解酶，同时仔猪小肠有吸收大分子蛋白的能力，所以出生仔猪及时吃到初乳可以补充仔猪体内抗体的不足，提高仔猪的抵抗力。

（五）适时的保健

初生的沙子岭猪仔猪较小，一般体重只有 0.85kg 左右，体质较弱，行动迟缓。因此，要设置母猪和仔猪分离的卡栏，防止仔猪受到母猪的践踏、挤压。实验数据表明哺乳仔猪被母猪压死踩死，占死亡总数的 10％左右。为了保证仔猪发育整齐，在分娩结束后要尽快固定乳头。因为靠近前边胸部的几对乳头的泌乳量比后边的多，一般把强壮仔猪固定在后边，弱小仔猪放在前边位置的乳头吃奶。母乳虽然营养丰富但是母乳中含铁量很少，为了提高仔猪日增重，并有效降低腹泻发生率，一般仔猪出生后 3d 补铁。仔猪易患腹泻，并且出生一周内的仔猪发生腹泻时死亡率高。对仔猪腹泻的预防可采取产前 45d、15d 的母猪分别注射仔猪腹泻二联六价基因工程苗。同时为了预防细菌性病菌的早期感染，新生仔猪可在出生后的几天内注射抗生素。

（六）仔猪饮水开食

仔猪一出生就应该供给清洁、卫生的水，保证每头仔猪随时都能喝到。若不及时补水会导致仔猪食欲下降，消化作用减弱，损害仔猪的健康，甚至会造成仔猪死亡。随着仔猪日龄的增加，所需的营养物质与日俱增而母猪的日泌乳量在分娩后先是逐渐增加，到产后 21d 左右达泌乳高峰，以后逐渐下降。21d

前母乳基本上能满足仔猪生长发育所需的营养，但为了仔猪提前适应饲料采食，必须在出生后5~7d开食补料。及时补料可以使仔猪的消化器官机能得到加强，尽早适应植物性饲料。及时补料能为提前断奶打好基础。

（七）留种和去势

仔猪阶段留种采用窝选。在父母都优秀的情况下，从它们所产后代的大窝中选留优秀个体，即从产仔头数多、哺乳率高、断奶和育成窝质量好的窝中选留发育良好的仔猪。

对一些不需要留种或达不到留种要求的仔公猪，一般选择在15日龄时去势，去势后的仔猪适时转入保育舍，用于商品猪生产。

第四节　保育猪与生长育肥猪的饲养管理

一、保育猪的饲养管理

仔猪保育是哺乳仔猪从断奶过渡到补料的饲养阶段，是提高仔猪育成率和经济效益的关键环节，沙子岭猪一般在35日龄断奶，此后转入保育阶段。

（一）及时补料

仔猪生后7d，就可以开始诱饲，以激活胃里的消化酶，增加胃的容积。断奶仔猪转入保育舍后，进入旺食阶段，此时要采取少食多餐的方式饲养，随着仔猪的日龄增长，既要做到防止仔猪过食腹泻，又要防止饥饿性痢疾。

（二）同窝保育

仔猪35日龄断奶时，将母猪赶下产床，将仔猪在圈内留养2d，这样做能减少转圈时的不适应，同时将同一窝仔猪转入同一个保育圈中，以免出现大猪欺负小猪的现象。

（三）做好免疫

仔猪进入保育舍后，要适时给仔猪注射疫苗，一般情况下应做好猪瘟、口蹄疫、伪狂犬病疫苗注射，还可根据猪场自身特点调整免疫疫苗。

（四）清洁卫生

仔猪转入保育舍后，仔猪采食、睡卧和排便场地要明确，以免仔猪随地躺卧，感染疾病。猪舍要定期消毒，粪便要及时清理，猪舍每周应消毒 1～2 次；猪舍应定期打扫，保持干净整洁，给仔猪一个良好的生长环境。

（五）科学管理

仔猪进入保育舍后，首先要调教好仔猪，使其养成良好的习惯，通过科学的管理，促进仔猪健康生长。同时保育舍的温度要保持在 25℃以上，随着仔猪日龄增长，要不断调节温度。在夏季较为炎热时，要保持猪圈温度适宜、凉爽，同时注意防止蚊虫骚扰；冬季时，要做好保温工作。

二、生长育肥猪的饲养管理

饲养生长育肥猪，方法很多，大致可分"吊架子"育肥法和直线育肥法。直线育肥没有明显的阶段性，而吊架子育肥是先吊架子后催肥，有明显的阶段性。直线育肥以精饲料为主，整个育肥期饲料变化不大，始终保持合理的营养水平，而吊架子育肥在吊架子期以青、粗饲料为主，营养水平低，当猪的架子长成后，大量的喂给富含碳水化合物的谷物饲料。

两种方法各有优缺点，直线育肥增重快、育肥期短，饲料利用率高，但需精饲料较多。"吊架子"育肥增重慢，育肥期长，但可充分利用农村大量的青、粗饲料，节约精饲料。

（一）猪舍合适

猪舍最好是砖混（瓦）结构，水泥地面，能防寒又能防暑。生长育肥猪舍的大小应根据养猪的多少而定。一般养 10 头猪需 12～18m^2 的栏舍，30kg 以下平均每头猪占地面积 0.5～0.8m^2，31～50kg 平均每头猪占地面积 0.8～1.0m^2，51～85kg 平均每头猪占地面积 1.3～1.5m^2。

（二）科学饲喂

把传统的熟食稀喂改为科学的生食湿喂，这是猪饲养上的一项改革，也是养猪直线育肥的核心内容。熟改生可以使饲料中的营养物质（如维生素）免受高温破坏，可节省人工、节省燃料、减轻劳动强度、节约饲料，相反，稀汤灌大肚养猪，影响唾液分泌，冲淡胃液，对消化不利，同时大量水分需要排出体外，给猪造成生理上的额外负担。

（三）适时出栏

沙子岭猪育肥猪出栏日龄应根据育肥期日增重和料重比、屠宰后的屠宰率和瘦肉率、生产成本等指标综合考虑。因为饲料占养猪成本较大，所以在评估出栏体重时日增重和料重比是首要指标。测定表明，沙子岭猪育肥猪以 80～85kg 出栏为宜。

第八章
保健与疾病防治

第一节　猪群保健

　　沙子岭猪的预防保健是根据其不同生产阶段的营养需求或不同生长日龄、不同生产用途、不同季节、不同区域疫病流行的风险程度，从群体健康的角度采取的一系列预防性综合防控措施。

一、影响猪群健康的主要因素

　　1. 营养不平衡性疾病　仔猪铁、硒等微量元素缺失性疾病，母猪钙磷缺失性疾病。

　　2. 不同生产阶段常见疾病　仔猪大肠杆菌病、伪狂犬病、断奶仔猪多系统衰竭症，保育猪呼吸系统疾病，母猪繁殖障碍性疾病。

　　3. 季节性多发疾病　低温季节口蹄疫、流行性腹泻、传染性胃肠炎等病毒性疾病，高温季节高致病性猪蓝耳病、细菌性疾病，蚊虫滋生季节流行性乙型脑炎等。

　　4. 主要传染性疫病　口蹄疫、猪瘟、高致病性猪蓝耳病、伪狂犬病、圆环病毒病、支原体肺炎、增生性肠炎、副猪嗜血杆菌病等疫病。

　　5. 寄生虫疾病　猪蛔虫病、疥螨病、球虫病。

　　6. 管理性因素　动物防疫隔离、消毒、免疫注射、猪群日常巡查、疫病监测、诊断等综合防控措施贯彻执行情况。

二、猪群预防保健

　　猪群预防保健是根据影响猪群健康的不同风险因素或风险程度，在疫病风险到来前（或者一个潜伏期之前）采取加强饲养管理、提高饲料营养水平、投喂微生态制剂或抗生素、免疫、隔离、消毒等综合防控措施，预防疾病的发生或降低疫病的风险程度。免疫是猪群预防保健的重要措施之一。预防保健用药，应严格控制药物种类和使用方法、剂量、疗程，防止畜产品药物残留和细菌耐药性产生。沙子岭猪群预防保健关键节点见表 8-1。

表 8-1　沙子岭猪群预防保健主要关键节点

关键节点	保 健 措 施
母猪产前 2～3 周	对流行性腹泻、传染性胃肠炎、圆环病毒病等对仔猪危害严重的疾病实施强化免疫，提高母源抗体保护水平
母猪产前 1 周	对产房、产床进行消毒，让母猪适应产房环境，加强饲养管理，为生产做好准备
母猪生产日	加强生产护理，密切关注母猪生产进程，助产、保温、断尾、剪犬齿，补充母猪体能。根据疾病风险程度，对仔猪实施猪瘟或伪狂犬病免疫
母猪产后 1 周	促进母猪产后恢复，预防母猪产科炎症，促进泌乳，防治乳房炎和仔猪肠道疾病
仔猪产后 1 周	加强仔猪保温，防止母猪挤压，补充铁、硒等微量元素，实施仔猪保健，预防肠道疾病
仔猪 14～56 日龄	对口蹄疫、猪瘟、蓝耳病、伪狂犬病、圆环病毒病、支原体病等主要疾病实施基础免疫
断奶前后 3d	加强饲养管理，添加维生素、微量元素等药物增强仔猪抗应激能力，添加微生态制剂调节仔猪肠道生理机能
免疫前后 1～3d	添加黄芪多糖等促进免疫机能药物，提高免疫质量
保育猪	根据猪群疫病流行情况，对支原体病、副猪嗜血杆菌病等呼吸系统疾病实行重点防控
种猪群	对口蹄疫、猪瘟、繁殖呼吸综合征、乙型脑炎、细小病毒病等疫病每年实施 2～3 次免疫

三、防疫工作制度

1. 管理（生活）区　办公室、食堂、宿舍及其周围环境应及时清扫，每月消毒 1 次以上。

2. 生产区　场区道路、栏舍空地每月消毒 2 次以上；栏舍入猪前，要彻底冲洗、消毒 3 次以上，空栏间隔 7d 以上；配种舍、产仔舍、保育舍每周消毒 1 次以上；周转猪舍、装猪台、磅房使用后立即清洗、消毒；工作服用毕及时清洗、消毒；根据生产需要可适当增加消毒频率。

3. 猪场（栏舍）入口消毒池每周更换（添加）消毒药物 2 次以上，保持消毒药物的有效浓度和数量；洗手消毒盆每天更换消毒药液。

4. 车辆（生产工具）进入生产区前，必须彻底清洗、消毒；生产工具实行分区管理，不得混用。

5. 工作人员进入生产区，必须穿戴工作服（防护服）、胶鞋、手套、口罩，脚踏消毒池，洗手消毒后方可入场。

6. 外来人员入场应登记来访日期、姓名、工作单位、来访原因等内容，未经猪场负责人批准不得进入生产区。

7. 饲养人员必须在场内居住，不得串岗和随意外出；场内兽医技术人员不得在场外兼职。员工休假回场或新进员工，需在生活区隔离 48h、更衣沐浴 2 次后方可进入生产区工作。

8. 栏舍消毒前必须清除粪便、垫料、饲料等有机物，喷洒消毒药液需浸渍 2h 以上，方可清洗。

9. 运送病（死）或死因不明动物、产品要采用密闭、不渗水容器运送，防止渗漏，装前卸后必须清洗消毒。

10. 场内禁止饲养犬、猫、鸡、鸭等其他动物，不得采购猪肉及其制品入场。

11. 猪场每年应开展 3～4 次疫情监测评估，发现异常情况应立即采样检测、确诊。

四、常用消毒药物的选择

常用消毒药物种类及主要用途见表 8-2。

表 8-2　常用消毒药物种类及主要用途

药物种类	主要用途	注意事项
氢氧化钠	栏舍、工具	强腐蚀性，能损坏纺织品和铝制品，注意人员防护
生石灰	环境、栏舍	直接使用或 20％石灰乳涂刷
含氯制剂	皮肤、环境、栏舍	对金属有腐蚀性，使有色织物褪色
戊二醛	环境、栏舍	避免与皮肤、黏膜接触

（续）

药物种类	主要用途	注意事项
高锰酸钾	皮肤、创口	应现配（久置变棕色为失效）
过硫酸氢钾	栏舍、饮水	不得与碱类物质混存或合并使用
聚维酮碘	皮肤、器具	溶液变为白色或淡黄色即失去消毒活性
枸橼酸粉	环境、器具	避免直接接触眼睛、皮肤
75%酒精	皮肤、器械	浓度过高或过低消毒效果不可靠

注：①配制消毒药液，应按产品说明书控制好药物浓度。②喷雾消毒，应均匀致湿，每平方米用药量在 200mL 以上。③喷洒消毒药物，应作用 2h 以上，方可清洗。④带猪消毒，要严格控制药物浓度。

五、影响消毒药物作用的因素

1. 病原微生物种类　不同种类和处于不同状态的病原微生物对消毒药物的敏感性不同。

2. 药物浓度和作用时间　当其他条件一致时，消毒效力随着药物浓度升高和作用时间延长而增强。

3. 温度　环境温度升高，消毒效果增强。

4. pH　环境和组织 pH 对消毒药作用影响较大，如含氯制剂在 pH 为 5～6 时消毒效果最佳。

5. 有机物　环境中粪、尿等有机物会影响消毒药物效力。

6. 水质　硬水中钙、镁离子与季铵盐、氯己定等结合，形成不溶性盐类，降低其抗菌效力。

六、猪场常用兽医器材、药品

1. 兽医器材　电磁炉、消毒锅、电高压锅、消毒盒、注射器（10～20mL）、注射针头、止血钳、镊子、持针钳、手术刀、缝合针、缝合线、胃导管、洗肠器、保定绳、体温计、听诊器、易封口塑料袋、PP 管、防护服、胶鞋、乳胶手套、口罩、药棉等器材。

2. 常用药品　青霉素、阿莫西林、头孢噻呋、环丙沙星、庆大霉素、土霉素、杆菌肽、氟苯尼考、磺胺嘧啶钠、磺胺脒、安乃近、阿维菌素、阿苯达唑、肾上腺素、右旋糖酐铁、干酵母、小苏打、人工盐、黄芪多糖、柴胡、板蓝根、鱼腥草、小檗碱、络合碘、医用酒精等药品。

3. 常用疫苗 口蹄疫、猪瘟、高致病性猪蓝耳病、伪狂犬病、圆环病毒病、传染性胸膜肺炎、链球菌病、支原体肺炎、细小病毒病、乙型脑炎等常用疫苗。

七、猪常用的投药方法

1. 颈后肌内注射 主要用于免疫和治疗用药，应根据生猪体重、合理选用注射针头。

注射针头长度、粗细与猪的大小要适宜，太粗药液易回流，太细易折断。进针过深易造成机体损伤，过浅注射在脂肪内不易吸收，起不到免疫作用。根据猪的大小选择合适的针头，常见的规格见表 8-3。

表 8-3 猪用注射针头规格

猪体重（kg）	针头长度（mm）	规格值
新生仔猪	12	9
10～30	20	12
30～60	25	12
60～100	30	16
大于100	38	16

2. 腹腔注射 主要用于小猪腹腔补液和治疗用药，应严格控制进针的深度，防止药液注入肠腔。

3. 耳静脉注射 主要用于母猪助产补充体能和危重病例的救治。

4. 药物拌料或饮水 主要用于全群预防保健。各场应根据本场疾病发生状况制定预防保健方案，选用敏感、高效的药物，严格执行兽药使用管理的有关规定，不使用禁用药物。

第二节　主要传染病的防治

沙子岭猪适应当地生态环境，耐粗饲，抗病力强，20 世纪 90 年代以前，危害沙子岭猪的主要疫病有猪瘟、仔猪副伤寒、猪丹毒等，随着我国不断从国外引入瘦肉型种猪，一些新的传染病也传入国内。目前，危害沙子岭猪的传染病有所增加，下面就一些主要的传染病防治进行介绍。

一、猪口蹄疫

口蹄疫是由口蹄疫病毒引起以偶蹄动物感染为主的急性、热性、高度接触性传染病，属于我国一类动物疫病。口蹄疫病毒有 O 型、A 型、亚洲 1 型、C 型、南非 1 型、南非 2 型、南非 3 型等 7 个血清型，不同血清型之间没有交叉免疫保护。

（一）流行特点

本病潜伏一般 1～2d，传播速度快，发病率高，最快十几小时可发病排毒。口蹄疫没有严格的季节性，但冬春季多发。成年动物死亡率低，小猪常突然死亡且死亡率高。传染源主要为感染潜伏期及临床发病动物，感染动物呼出物、唾液、粪便、尿液及肉和副产品均可带毒。康复动物可长时间带毒（4 个月至 5 年以上），形成潜在传染源。在自然情况下，污染的垫料、饲料等可保持传染性达数周至数月之久。易感动物通常以直接或间接接触（飞沫等）方式传播，或通过人或犬、鸟、车辆、器具等媒介传播。如果环境气候适宜，病毒可随风远距离传播。

酸和碱对口蹄疫病毒的作用很强，1%～2% 的烧碱是良好的消毒剂。食盐对口蹄疫病毒无杀灭作用，盐腌肉中病毒能生存 1～3 个月，其骨髓中的病毒能生存半年以上。

（二）临床症状

病猪主要表现跛行或卧地不起，口腔黏膜、蹄冠、鼻镜、乳房等部位出现水疱和溃烂，发病后期水疱破溃、结痂，严重者蹄壳脱落，恢复期可见瘢痕、新生蹄甲。病初体温升高至 40～41℃，精神不振，食欲不振等症状。仔猪可发生心肌炎，无明显症状突然死亡，病死率达 60%～80%。

（三）病理变化

鼻端、蹄冠、乳房、消化道可见水疱、溃疡；小猪可见骨骼肌、心肌表面出现灰白色条纹，酷似虎斑（图 8-1 至图 8-5）。

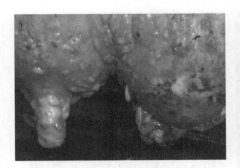

图 8-1　乳房水疱、溃烂

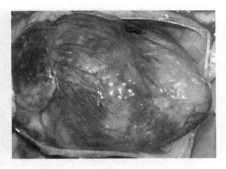

图 8-2　心肌坏死（虎斑心）

图 8-3　蹄部水疱、溃烂

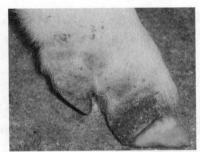

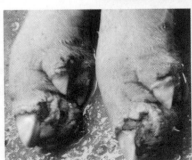
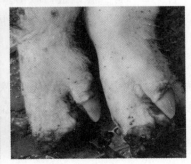

图 8-4　蹄部烂斑

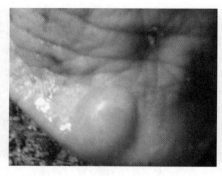

图 8-5　鼻端水疱

（四）预防与控制

1. 疫病报告与处置　任何单位和个人发现患有本病或疑似本病的生猪，应当立即向当地动物防疫机构报告，准确诊断，果断处置。

2. 我国对口蹄疫实行强制免疫政策　散养猪每年春、秋两季进行集中免疫，每月定期补免。规模化养猪场实行程序化免疫，仔猪 28～35 日龄初免，间隔 1 个月加强免疫一次；以后每隔 4～6 个月免疫一次。每年 10 月以前，存栏生猪免疫 2 次以上，强化基础免疫。

3. 疫苗　猪口蹄疫疫苗有灭活疫苗、灭活浓缩苗、合成肽疫苗三个类型，要根据国家动物疾病防治规划使用与流行毒株高度匹配的疫苗品种，获得较好的免疫保护。

4. 免疫剂量　每头仔猪免疫剂量为 1～2mL，种猪每头免疫剂量为 3～4mL。

5. 接种反应与救治　接种时，个别猪出现注射部位肿胀、减食、精神沉郁等均属正常现象；若发生患猪倒地、口吐白沫、大小便失禁等过敏反应，应立即皮下注射 1% 肾上腺素进行救治。

6. 免疫效果评价　免疫 28d 后开展免疫效果评价。

二、猪瘟

猪瘟是由黄病毒科瘟病毒属猪瘟病毒引起的一种高度接触性、出血性和致死性传染病，属于我国一类动物疫病。

（一）流行特点

猪是本病唯一的自然宿主。不同年龄、性别、品种的猪均易感，一年四季均可发生。本病潜伏期 3～10d，发病猪和带毒猪是本病的传染源，与感染猪直接或间接接触是本病传播的主要方式，病毒也可通过精液、胚胎、猪肉和泔水等传播，人、其他动物、工具等均可成为重要的传播媒介。感染猪在发病前即可通过分泌物和排泄物排毒，并持续整个病程。感染和带毒母猪在怀孕期可通过胎盘将病毒传播给胎儿，导致新生仔猪发病或产生免疫耐受。猪瘟病毒对外部环境抵抗力不强，生石灰、烧碱、氯制剂、碘制剂都能使其灭活。

（二）临床症状

根据临床症状可将本病分为急性、亚急性、慢性和隐性感染四种类型。典型症状主要表现为体温升至 41℃以上，厌食、畏寒、高热稽留；先便秘后腹泻，或便秘和腹泻交替出现；腹部皮下、鼻镜、耳尖、四肢内侧可出现紫色出血斑点，指压不褪色（图8-6至图 8-8）；眼常有脓性分泌物。感染妊娠母猪，表现流产、早产、产死胎或木乃伊胎。

图 8-6　耳部皮肤出血、坏死

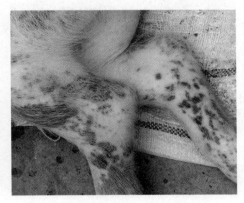
图 8-7　四肢末端出血、坏死

图 8-8　全身皮肤广泛性出血、坏死

（三）病理变化

肾脏呈土黄色，表面可见针尖状出血点；淋巴结水肿、出血，呈大理石样变；脾脏不肿大，边缘有暗紫色突出表面的出血性梗死；全身浆膜、黏膜和心脏、喉头、膀胱可见出血点和出血斑；慢性猪瘟在回肠末端、盲肠和结肠常见"纽扣状"溃疡（图8-9至图8-14）。

图 8-9　肾出血斑点

图 8-10　淋巴结大理石样病变

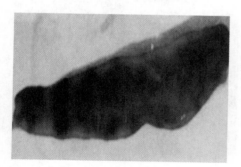

图 8-11　脾脏梗死

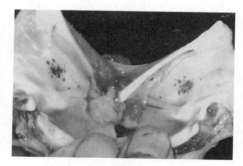

图 8-12　喉头出血斑

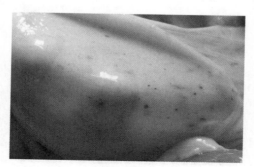

图 8-13　膀胱出血

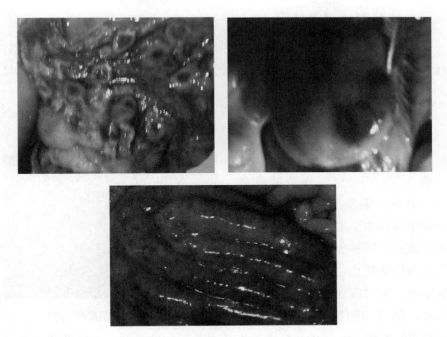

图 8-14　肠道溃疡、出血斑、坏死灶

（四）预防与控制

（1）散养的沙子岭猪，每年春、秋两季进行一次集中免疫，每月定期补免。规模化饲养的沙子岭猪实行程序化免疫，商品猪 25～35 日龄初免，60～70 日龄加强免疫一次；种猪 25～35 日龄初免，60～70 日龄加强免疫一次，以后每 4～6 个月免疫一次。

（2）不同品牌猪瘟疫苗，抗原含量存在差异；抗原含量高、添加耐热保护剂的疫苗，免疫效果相对较好。仔猪每头次免疫 1 头份，种猪每头次免疫 1～2 头份，紧急免疫每头次免疫 2～4 头份。

（3）发生猪瘟疫情时，应迅速对病、死猪进行隔离、无害化处理，对受威胁的健康猪进行加强免疫。最近一个月内已免疫的猪，可以不进行加强免疫。

（4）种猪场每年逐头监测 2 次，商品猪场每年监测 2 次、抽查比例不低于 0.1％，最低不少于 20 头。免疫猪瘟疫苗 21d 后进行免疫抗体监测，评估免疫质量，群体抗体合格率应≥70％。

三、高致病性猪蓝耳病

高致病性猪蓝耳病是由猪繁殖与呼吸综合征病毒变异株引起的一种急性、致死性疫病。仔猪发病率可达100%，死亡率可达50%以上，母猪流产率可达30%以上，育肥猪也可发病死亡。

（一）临床症状

人工感染潜伏期4～7d，自然感染一般为14d。母猪表现精神倦怠、发热，妊娠后期发生流产、产死胎、木乃伊胎及弱仔，少数猪耳部发绀，出现肢体麻痹等神经症状。早产仔猪在几天内很快死亡，大多数仔猪表现呼吸困难、肌肉震颤、后肢麻痹、站立不稳、猪耳和四肢末端皮肤发绀。

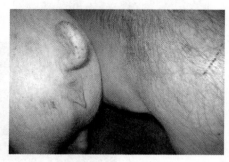

图8-15　早期皮肤潮红

育成猪双眼肿胀、结膜炎、咳嗽、流鼻水甚至脓性鼻涕。皮肤潮红或耳、口鼻、股内侧有红斑、出血，3～5d可传遍整个猪群。全身皮肤呈"蓝紫色"（图8-15、图8-16）。

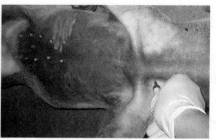

图8-16　全身皮肤呈蓝紫色

（二）病理变化

可见脾脏边缘或表面出现梗死灶，肾脏呈土黄色、表面可见针尖至小米粒大出血点，出血性肺炎或间质性肺炎（图8-17），皮下、扁桃体、心脏、膀胱、肝脏均可见出血点和出血斑。

图 8-17　肺水肿、间质增宽

（三）预防与控制

（1）根据各场疫情监测情况，实施高致病性猪蓝耳病免疫。高致病性猪蓝耳病弱毒活疫苗对防控工作起到了重要作用，对幼龄仔猪、怀孕母猪超剂量（10 倍）免疫均无副反应，疫苗安全有效。

（2）预防高致病性猪蓝耳病必须加强饲养管理，搞好猪场生物安全隔离防护。

（3）初生仔猪 2～4 周龄免疫一次，后备母猪配种前 3～6 周免疫一次，经产母猪配种前加强免疫一次。免疫剂量 1 头份/头，免疫 28d 后进行免疫效果监测，疫苗保护期 4～6 个月。

（4）试验表明，母猪接种疫苗后，对于相同毒株的再次感染所引起的繁殖障碍具有高水平的保护。减毒活疫苗在减轻疾病症状、减少病毒血症时间、减少排毒时间和同源 PRRS 病毒的再次感染方面有一定作用。

四、猪喘气病

猪喘气病又称猪地方流行性肺炎，是由猪肺炎支原体引起猪的一种慢性呼吸道传染病。主要临床症状是咳嗽、气喘、消瘦，患猪长期生长发育不良，饲料转化率低，死亡率高，是危害沙子岭猪生产的重要病种之一，也给养猪业带来较大的经济损失。

（一）流行特点

自然条件下，带菌猪是肺炎支原体感染的主要传染源，在许多猪群中猪肺炎支原体是从母猪传染给仔猪，但仔猪要超过 6 周龄时才表现明显的症状。不同年龄、性别和品种的猪均能感染，但所处的流行期不同，发病率和病死率常有差异。新疫区初期，怀孕后期母猪往往呈急性经过，症状较重和病死率较高。老疫区则以哺乳仔猪和断奶小猪多发，病死率较高，母猪和成年猪多呈慢性和隐性感染。对多数猪群而言，同圈猪之间的传播多发生在仔猪断奶期，发病率和死亡率较其他时期要高。

在自然感染情况下，常继发多杀性巴氏杆菌病、猪链球菌病、猪副嗜血杆菌病、胸膜肺炎、放线杆菌感染，引起病情的加重和病死率的升高。

病猪和带菌猪是本病的传染源。病原体存在于病猪及带菌猪的呼吸道及其分泌物中，在猪体内存在的时间很长，病猪在症状消失之后半年至一年多仍可排菌。同时，由于规模养殖场饲养密度较大，加之饲养管理不善，发病情况远远高于散养户。

（二）临床症状

猪喘气病是一种发病率高、死亡率低的慢性疾病。本病潜伏期最短为3～5d，最长可达1个月以上，临床症状主要是咳嗽和气喘。实验性感染，临床特征症状首先是咳嗽，通常发生在感染后的7～14d。本病一年四季均可发生，但秋冬季发病率较高。

急性病例常见于新发生本病猪群，以怀孕母猪及小猪更为多见。病猪呼吸困难，张口伸舌，口鼻流沫，发出哮鸣声，咳嗽次数少而低沉，体温一般正常，病程约1～2周，病死率较高。

慢性病例常见于老疫区，主要表现为咳嗽，清晨喂食和剧烈运动时咳嗽明显，体温一般不高；病程较长的小猪，身体消瘦衰弱，生长发育停滞。

（三）病理变化

本病主要病变在肺（图8-18）、肺门淋巴结和纵隔淋巴结。急性死亡肺有不同程度的水肿和气肿，在心叶、尖叶、中间叶及部分病例的膈叶出现融合性支气管肺炎，其中以心叶最为显著。病变颜色多为淡灰红色或灰红色，半透明状，病变部界限明显；随着病程的发展，病变部的颜色变深，呈淡紫色、深紫色或灰白色、灰黄色，半透明状的程度减轻，坚韧度增加。肺门淋巴结和纵隔淋巴结显著肿大，呈灰白色，有时边缘轻度充血。

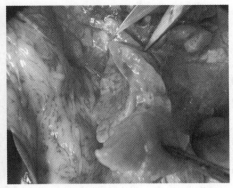

图 8-18 肺肉样变

（四）预防与控制

（1）加强饲养管理，提供优良的饲养环境，保证舍内的空气清新，通风良好，环境温度适宜。

（2）母猪在产前 2～4 周免疫一次猪支原体肺炎疫苗，提高母源抗体保护，降低仔猪发病率。仔猪在 2～3 周龄按照各猪肺炎支原体疫苗产品使用说明实施免疫。

（3）在仔猪断奶或混群饲养应激期，采用抗菌药物预防保健，控制疾病的发展。抗生素能够控制猪肺炎支原体病的发展，但不能去除呼吸道或痊愈器官中的病原体。猪肺炎支原体对青霉素、磺胺类药物不敏感，对喹诺酮类、泰乐菌素、土霉素、替米考星、林可霉素等药物敏感。

五、伪狂犬病

伪狂犬病能引起多种动物的发热、奇痒及脑脊髓炎，猪是伪狂犬病毒的贮存宿主和传染源，属我国二类动物疫病。

（一）流行特点

本病各种家畜和野生动物（除无尾猿外）均可感染，猪、牛、羊、犬、猫等易感。本病寒冷季节多发，猪感染最为普遍，猪是伪狂犬病毒感染后可以存活的唯一物种，隐性感染猪和康复猪可长期带毒。病毒在猪群中主要通过空气传播，经消化道和呼吸道感染，也可经胎盘感染胎儿。

（二）临床症状

本病潜伏期一般为 3～6d。临床表现随着年龄不同而有很大差异，母猪感染伪狂犬病病毒后常发生流产、产死胎、弱仔、木乃伊胎等症状；青年母猪和空怀母猪常出现屡配不孕或不发情；公猪常出现睾丸肿胀、萎缩、性功能下降、失去种用能力；新生仔猪大量死亡，15 日龄内死亡率可达 100%；断奶仔猪发病率 20%～30%，死亡率为 10%～20%；育肥猪表现为呼吸道症状和增重迟缓。

新生仔猪及 4 周龄以内的仔猪感染本病病情极为严重，仔猪突然发病，体温上升达 41℃以上，发抖，运动不协调，如匍匐前进（图 8-19）、痉挛、呕吐、腹泻，有的仔猪表现向后移动、圆周运动、侧卧划水运动，最终体温下降死亡，新生仔猪极少康复。

图 8-19　匍匐前进，拉黄色稀粪

（三）病理变化

感染胎儿或新生仔猪的肝脏和脾脏有散在白色坏死灶，肺和扁桃体有出血性坏死灶，肾有出血点（图 8-20、图 8-21）。

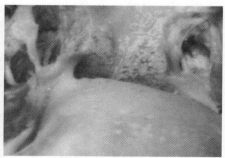

图 8-20　扁桃体肿大、出血、坏死

图 8-21　肾出血点

（四）预防与控制

（1）伪狂犬疫苗有灭活疫苗、弱毒活疫苗、基因缺失疫苗等多种类型疫苗，各场可根据监测情况选择疫苗品种。基因缺失疫苗不仅安全有效，而且能够区分免疫抗体和野毒感染抗体，有利于疫情分析评估。

（2）定期开展疫情监测，种猪场每年监测 2 次，种公猪 100％监测，种母猪按 20％的比例抽检，商品猪不定期抽检，对流产、产死胎、产木乃伊胎等症状的种母猪 100％检测。

（3）种公、母猪每年普免 3～4 次，每次免疫 2 头份；仔猪 1～3 日龄滴鼻免疫 1 头份，35～42 日龄肌内注射 1 头份。

六、猪圆环病毒病

猪圆环病毒病是 2 型圆环病毒引起断奶仔猪衰竭综合征、皮炎-肾病综合征、肺炎、母猪繁殖障碍的相关疾病，不同日龄猪感染后临床表现有所不同。圆环病毒主要侵害猪的免疫系统，降低机体的抵抗力和免疫应答反应，导致感染猪产生免疫抑制或其他病原微生物继发感染。

（一）流行特点

圆环病毒 2 型（PCV2）在自然界广泛存在，家猪和野猪是自然宿主，除猪以外的其他动物对 PCV2 不易感，口鼻接触是 PCV2 的主要自然传播途径，猪圆环病毒病中主要是断奶仔猪衰竭综合征（PMWS）对养猪业造成严重的影响。

（二）临床症状

断奶仔猪衰竭综合征：仔猪断奶后 2～3 周出现被毛粗乱、皮肤苍白、逐渐消瘦（图8-22）、咳嗽、呼吸困难、腹股沟淋巴结肿大，猪群整齐度差，一般发病猪还感染其他疫病。

皮炎-肾病综合征（PDNS）：主要发生于保育阶段结束进入生长阶段的生猪，主要表现耳、背部、腹部、前肢、后腿、臀部等部位广泛性出现各种大小不一的红斑、斑点、隆起的小丘疹，与周围皮肤界限清晰，随着病程延长，病变区域会被黑色结痂覆盖（图8-23至图8-25）。

繁殖障碍：母猪未见明显临床症状，在不同妊娠阶段发生流产、死胎。

图8-22　断奶仔猪渐进性消瘦

图8-23　仔猪渗出性皮炎

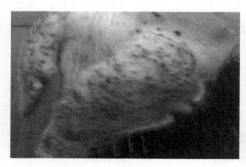

图8-24　猪耳部皮肤丘疹

图8-25　猪全身皮肤丘疹

（三）病理变化

病变主要集中在淋巴组织，疾病早期常出现皮下淋巴结肿大（图8-26），胃、肠系膜、肺门淋巴结切面苍白，有的淋巴结有出血和化脓性病变；肺有时扩张、坚硬或似橡皮，很少出现萎缩；肝肿大或萎缩、发白、坚硬；脾肿大，呈肉样变化；肾脏水肿、肾皮质表面出现白点（图8-27）。

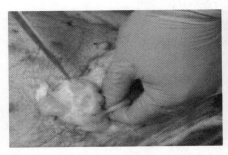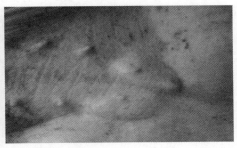

图 8-26　猪腹股沟淋巴结肿大

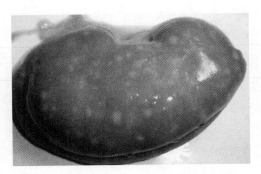

图 8-27　猪肾白色坏死灶

（四）预防与控制

种猪实行全群免疫，免疫母猪能够为仔猪早期提供母源抗体保护，母猪每年免疫 2 次。仔猪在 2～3 周龄首免，间隔 14d 加强免疫一次。母猪和仔猪应全部免疫。

七、常见疫病参考免疫

根据国家动物疫病防治规划、本地区疫病流行情况、疫病流行特点、养殖场内患病情况、母源抗体水平、免疫抗体水平、疫苗种类等因素科学制订免疫程序。对经常发生某类疫病的地区或某种疫病的高发季节，实行重点防控、强化免疫。

附：沙子岭猪仔猪、初产母猪、经产母猪、种公猪参考免疫程序（表8-4至表8-7）。

表 8-4　仔猪参考免疫程序

免疫时间	疫苗	免疫剂量
1 日龄	猪瘟弱毒疫苗	1 头份
14 日龄	圆环病毒病疫苗	1 头份
21 日龄	高致病性猪蓝耳病弱毒疫苗	1 头份
28 日龄	猪喘气病疫苗	1 头份
35 日龄	口蹄疫灭活疫苗	1～2mL
42 日龄	猪瘟弱毒疫苗	1～2 头份
49 日龄	猪伪狂犬病疫苗	1 头份
60 日龄	口蹄疫灭活疫苗	2mL
70 日龄	猪丹毒-肺疫二联苗	1 头份

表 8-5　初产母猪参考免疫程序

免疫时间	疫苗	免疫剂量
100 日龄	蓝耳病疫苗	1 头份
130 日龄	猪瘟疫苗	2 头份
150 日龄	乙型脑炎疫苗	1 头份
160 日龄	口蹄疫灭活疫苗	3mL
170 日龄	伪狂犬病疫苗	2 头份
180 日龄	细小病毒病疫苗	2mL
分娩前 5 周	圆环病毒病疫苗	2mL
分娩前 3 周	肺炎支原体疫苗	2mL
分娩前 4 周、2 周	大肠杆菌基因工程苗	2mL（后海穴）

表 8-6　经产母猪参考免疫程序

免疫时间	疫苗	免疫剂量
分娩前 5 周	圆环病毒病疫苗	2mL
分娩前 3 周	肺炎支原体疫苗	2mL
分娩前 4 周、2 周	大肠杆菌基因工程苗	2mL（后海穴）
每年 10 月下旬、11 月中旬	传染性胃肠炎-流行性腹泻疫苗	4mL（后海穴）
每年 4 月上旬	乙型脑炎疫苗	2mL
每年 4 月、8 月、12 月中旬	伪狂犬病疫苗	2 头份
每年 2 月、6 月、10 月中旬	猪瘟疫苗	2 头份

（续）

免疫时间	疫苗	免疫剂量
每年1月、5月、9月下旬	猪口蹄疫灭活疫苗	3mL
每年1月、5月、9月上旬	蓝耳病疫苗	1头份

表 8-7　种公猪参考免疫程序

免疫时间	疫苗	免疫剂量
每年10月下旬、11月中旬	传染性胃肠炎-流行性腹泻疫苗	4mL
每年4月上旬	乙型脑炎疫苗	2mL
每年4月、8月、12月中旬	伪狂犬病疫苗	2头份
每年2月、6月、10月中旬	猪瘟疫苗	2头份
每年1月、5月、9月下旬	猪口蹄疫灭活疫苗	3mL
每年1月、5月、9月上旬	蓝耳病疫苗	1头份

八、常见疾病的防治措施

沙子岭猪常见疾病的防治措施见表 8-8。

表 8-8　常见疾病的防治措施

病　名	防治措施
渗出性皮炎	①0.1%高锰酸钾溶液清洗；②肌内注射青霉素＋链霉素；③补充维生素C、微量元素锌等物质
传染性胃肠炎、流行性腹泻	①母猪产前免疫传染性胃肠炎-流行性腹泻疫苗；②口服补液盐；③口服抗菌药控制继发感染；④控料饲喂；⑤白龙散
球虫病	3～6日龄仔猪口服托曲珠利
仔猪黄、白痢	①母猪产前免疫大肠杆菌基因工程疫苗；②口服抗菌药物
梭菌性肠炎	①母猪日粮中添加杆菌肽锌100g/t，拌料饲喂；②仔猪出生后口服氨苄西林、阿莫西林
猪痢疾	泰乐菌素200g/t，拌料饲喂
增生性肠炎	泰乐菌素100g/t，拌料饲喂
仔猪水肿病	①肌内注射头孢噻呋；②注射利水消肿药物；③加强饲养管理
仔猪副伤寒	①免疫仔猪副伤寒疫苗；②肌内注射头孢噻呋；③白龙散
猪丹毒	①免疫猪丹毒-肺疫二联苗；②肌内注射青霉素、普鲁卡因青霉素；③四环素（土霉素）饮水（拌料）
猪支原体肺炎	①免疫猪支原体肺炎疫苗；②止咳散

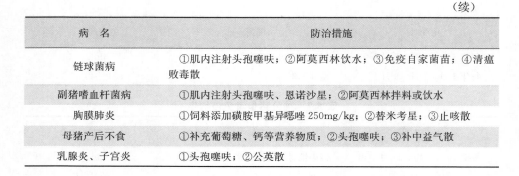

（续）

病　名	防治措施
链球菌病	①肌内注射头孢噻呋；②阿莫西林饮水；③免疫自家菌苗；④清瘟败毒散
副猪嗜血杆菌病	①肌内注射头孢噻呋、恩诺沙星；②阿莫西林拌料或饮水
胸膜肺炎	①饲料添加磺胺甲基异噁唑 250mg/kg；②替米考星；③止咳散
母猪产后不食	①补充葡萄糖、钙等营养物质；②头孢噻呋；③补中益气散
乳腺炎、子宫炎	①头孢噻呋；②公英散

九、常用中药方剂

在沙子岭猪养殖过程中，常用中草药进行调理和治疗，下面介绍一些常用的中药方剂供参考应用。

1. 催情散

【处方】淫羊藿 6g，阳起石（酒淬）6g，当归 4g，香附 5g，益母草 6g，菟丝子 5g。

【功能主治】催情。用于母猪发情不明显或不正常，精神倦怠，形体消瘦。

【用法用量】母猪 30～60g，拌料饲喂，连喂 3～5d。

2. 催奶灵散

【处方】王不留行 20g，黄芪 10g，皂角刺 10g，当归 20g，党参 10g，川芎 20g，漏芦 5g，路路通 5g。

【功能主治】补气养血，通经下乳。用于产后乳少，乳汁不下。

【用法用量】母猪 40～60g，拌料饲喂。

3. 益母生化散

【处方】益母草 120g，当归 75g，川芎 30g，桃仁 30g，炮姜 15g，炙甘草 15g。

【功能主治】活血祛瘀，温经止痛。用于产后恶露不行，胎衣不下。

【用法用量】母猪 30～60g，拌料饲喂，连用 3～6d。

4. 公英散

【处方】蒲公英 60g，金银花 60g，连翘 60g，丝瓜络 30g，通草 25g，芙蓉叶 25g，浙贝母 30g。

【功能主治】清热解毒，消肿散痈。用于急性乳房炎，乳房肿胀、变硬、增温、疼痛。

【用法用量】母猪 30～60g，拌料饲喂，连用 3～5d。

5. 白龙散

【处方】白头翁 600g，龙胆 300g，黄连 100g。

【功能主治】清热燥湿，凉血止痢。用于仔猪腹泻，里急后重，泻粪稀薄或呈水样、腥臭甚至恶臭。

【用法用量】仔猪 10～20g，拌料或煎水饲喂，每天 2 次。

6. 清瘟败毒散

【处方】石膏 120g，地黄 30g，水牛角 60g，黄连 20g，栀子 30g，牡丹皮 20g，黄芩 25g，赤芍 25g，玄参 25g，知母 30g，连翘 30g，桔梗 25g，甘草 15g，淡竹叶 25g。

【功能主治】泻火解毒，凉血。用于猪高热综合征、猪链球菌病、附红细胞体病的辅助治疗。

【用法用量】猪 50～100g，拌料饲喂或水煎服。

7. 止咳散

【处方】知母 25g，枳壳 20g，麻黄 15g，桔梗 30g，苦杏仁 25g，葶苈子 25g，桑白皮 25g，陈皮 25g，石膏 30g，前胡 25g，射干 25g，枇杷叶 20g，甘草 15g。

【功能主治】清肺化痰，止咳平喘。用于肺热咳喘，急性支气管炎，肺炎，肺脓肿等。

【用法用量】猪 45～60g，拌料饲喂。

8. 补中益气散

【处方】炙黄芪 75g，党参 60 克，白术（炒）60g，炙甘草 30g，当归 30g，陈皮 20g，升麻 20g，柴胡 20g。

【功能主治】补中益气，升阳举陷。用于脾胃气虚，久泻，脱肛，阴道脱或子宫脱垂。

【用法用量】猪 45～60g，拌料饲喂。

第三节　主要寄生虫病的防治

一、蛔虫病

猪蛔虫分布广泛，是仔猪常见寄生虫病之一，在卫生条件差和营养不良的猪群中感染率高,严重者发育停滞,甚至死亡;成年猪多半为带虫者。

（一）病原体

猪蛔虫是一种大型线虫,寄生于猪的小肠中,新鲜虫体为淡红色或淡黄色,死后则为苍白色。

生活史:寄生于猪小肠中的雌蛔虫产出虫卵随粪便排出体外,在适宜的外界环境下,经过3～5周的成熟过程,发育成感染性虫卵。感染性虫卵被猪吞食后,在小肠中孵出幼虫,陆续进入肠壁血管,随血液到达肝脏、肺脏。进入肺脏的幼虫经过5～6d的发育,沿气管上行,进入口腔,经食道返回小肠,在小肠中发育为成虫。

（二）临床症状

猪感染蛔虫时主要表现为消瘦、贫血、生长缓慢,蛔虫数量多时可引起肠梗阻或肠穿孔,有时蛔虫可进入胆管,引起黄疸和腹痛等症状。

（三）防治措施

1. 保持饲料和饮水的清洁卫生,避免猪粪污染。

2. 定期驱虫　仔猪在2月龄时驱虫1次,以后每隔2个月驱虫1次;新引进的猪,驱虫后再合群饲养;种猪每年驱虫2～3次。

3. 驱虫时,猪粪和垫料应在固定地点堆集发酵处理,杀灭虫卵。

二、疥螨病

猪疥螨病是疥螨虫寄生在猪的体表或皮肤内,致使皮肤发痒、发炎为特征的体表寄生虫病。

（一）病原体

疥螨身体呈圆形,大小为0.2～0.5mm,微黄白色,背面隆起,腹面扁平,肉眼不易看见。寄生在宿主表皮挖凿隧道,以皮肤组织和渗出的淋巴液为食,在隧道内发育和繁殖。离开宿主体后,一般仅能存活3周左右。各种年龄、品种的猪均可感染该病。

（二）临床症状

病猪常在墙壁、猪栏、圈槽等处摩擦病变部位，皮肤肥厚粗糙、脱毛，患部因摩擦出血、渗出形成痂皮，严重时皮肤出现皱褶或龟裂，被毛脱落。

（三）防治措施

（1）每年在春夏、秋冬交替过程中，采用阿维菌素类药物拌料全群进行1次预防性驱虫。

（2）在猪群驱虫时，对栏舍、用具、周围环境喷洒驱虫菊酯溶液或美曲膦酯溶液杀灭散落的虫体，对粪便、垫料采用堆积发酵的方式杀灭虫体。

（3）严重病例，可以选用伊维菌素或阿维菌素注射液皮下注射，同时配合抗生素控制继发混合感染。

三、弓形虫病

弓形虫病在世界各地普遍存在，具有广泛的自然疫源性，各种家畜和人类都能感染，是一种人畜共患寄生虫病。

（一）病原体

弓形虫是一种细胞内寄生虫，因它的滋养体呈弓形而得名。猫和猫科动物在本病传播方面有特别重要意义，采食含有弓形虫的生肉或被弓形虫卵囊污染的水或食物是感染的主要途径。

（二）临床症状

潜伏期 3～7d，体温升高到 40.6～42.2℃，呼吸困难，呈腹式呼吸，流少量鼻液，食欲减退，多便秘，腹股沟淋巴结肿大，在身体下部及耳部等处出现瘀血斑或发绀，病程为 10～15d。

（三）防治措施

1. 定期消毒，严格阻断猫及其排泄物对栏舍、饲料、饮水的污染。消灭鼠类，防止家畜与野生动物的接触。

2. 对流产的胎儿及一切排出物，应进行无害化处理，不准饲喂猫等其他食肉动物。

3. 对急性病例主要采用磺胺类药物治疗。磺胺嘧啶钠每千克体重 70mg 内服或用增效磺胺嘧啶钠注射液，每千克体重 20mg 肌内注射，每日 1～2 次，连用 2～3d。同时，口服同等剂量的碳酸氢钠碱化尿液，防止药物对肾脏的损害。

在发病初期应及时用药，如用药较晚，虽可使患猪的临诊症状消失，但不能抑制虫体进入组织形成包囊，结果使病畜成为带虫者。

四、猪附红细胞体病

本病以 2～8 月龄猪出现黄疸性贫血、呼吸道疼痛、衰弱和发热等症状为特征。本病的发生通常与猪群中存在其他传染性疾病的暴发密切相关。

（一）病原

猪附红细胞体，呈椭圆形，平均直径 0.2～2μm，能黏附到红细胞的表面。

（二）临床症状

猪附红细胞体感染能引起急性溶血性疾病的发生，通常导致小猪、怀孕母猪和处于应激期断奶及育肥期猪的死亡。急性期，临床症状常表现为皮肤苍白、发热，偶尔发生黄疸、四肢苍白、尤其耳部皮肤比较明显。断奶和育肥猪，更为常见的临床症状表现为轻度贫血、生长缓慢。感染母猪出现发热，食欲减退、嗜睡、产仔率下降及缺乏母性特征等症状。母猪通常在分娩后 3～4d 内由产房中病原菌感染引起发病或者分娩后立即发病。

（三）预防与控制

（1）加强饲养管理，保持猪舍、饲养用具卫生，减少应激。

（2）本病流行季节给予土霉素预防或感染猪群用土霉素治疗，阻止急性疾病的发生。猪附红细胞体病常伴有其他继发感染，必须对症治疗才有较好的疗效。血虫净每千克体重用 5～10mg，用生理盐水稀释成 5% 溶液，分点肌内注射，每天 1 次，连用 3d。四环素、土霉素（每千克体重 10mg）和金霉素（每千克体重 15mg）口服或肌内注射或静脉注射，连用 5～7d。

（3）治疗附红细胞体感染时，应用含铁制剂，有利于疾病的恢复，并能使死亡最小化。

第四节　常见普通病的防治

一、便秘

便秘是猪偶发的一种肠道疾病，各种年龄的猪都有发生，便秘部位经常在结肠。

1. 病因　原发性便秘通常是饲喂劣质饲料、异食、饮水不足、缺乏运动所致，妊娠后期或分娩后的母猪伴有直肠麻痹或气血不足时，也常发生便秘。滥用抗菌药物，肠道微生态菌群受到破坏，在疾病防治后期也常发生便秘。

2. 症状　病猪采食减少，饮水增加，腹围逐渐增大，经常努责，早期缓慢排出少量干燥、颗粒状粪球，随着病程增加粪球上覆盖或镶嵌有稠厚的灰色黏液，有时黏液中混有鲜红的血液，随后肠黏膜水肿、肛门突出，再经过1～2d排粪停止。

3. 防治措施　对于原发性便秘，应从改善饲养管理入手，调节胃肠道生理机能，防治便秘的发生。母猪便秘是防治工作的重点，猪群出现粪便干燥等便秘早期症状，应立即加强饲养管理、调整饲料营养水平、添加微生态制剂，预防便秘的发生。

（1）加强饲养管理，不使用霉变饲料、纯米糠、藤、秸等劣质饲料，保证充足的饮水和适当运动，防止疾病的发生。

（2）不滥用抗菌药物，防止因破坏肠道微生态平衡而发生的便秘。

（3）怀孕母猪发生便秘时，不使用大黄等刺激性泻药以免引起孕畜流产。

（4）中药健胃散，按30～60g每日每头的剂量拌料饲喂，连用3～5d，促进胃肠消化机能。【例方】山楂15g、麦芽15g、六神曲15g、槟榔3g。

二、中暑

中暑是长时间在高温环境或阳光直射作用下发生的一种急性病变，夏季栏舍潮湿、闷热、通风不良，猪体产热多、散热少，引起中枢神经系统功能紊乱。

1. 症状　发生中暑后，患猪突然表现出精神沉郁、步态不稳、结膜充血

或暗红、呼吸急促、心跳增速、口角流涎，眼球突出等症状，体温升至41～42℃。严重的引起虚脱，甚至死亡。

2. 防治措施

（1）加强饲养管理，改善饲养环境，高温季节可采用水帘降温、增加通风等措施降低栏舍温度，减少热应激。在栏舍中安置温湿度计，密切关注栏舍温湿度变化。

（2）保证充足的饮水，必要时在饮水中加入人工盐或电解多维，提高猪群抗应激能力。

（3）将患猪转至阴凉、通风良好的场所，用空调、电扇或凉水加快体表降温，注意凉水不要直接冲洗头部，对患猪肌肉注射安乃近等解热药，降低体温。

（4）对病猪或高温季节采用中药香薷散，清热解暑，按每头每天30～60g的剂量进行救治或预防。【例方】香薷30g、黄芩45g、黄连30g、甘草15g、柴胡25g、当归30g、连翘30g、栀子30g、天花粉30g。

三、霉菌毒素中毒

霉菌毒素中毒，是猪采食黄曲霉、赤霉菌污染的饲料而发生的一类疾病，临床主要是黄曲霉毒素、赤霉菌毒素中毒。黄曲霉毒素及其衍生物有20种，主要以黄曲霉毒素B_1、B_2、G_1和G_2毒力最强，它们都具有致癌作用，导致畜禽和人类肝脏损害。赤霉菌至少有5种主要的毒素，其中有2种毒素对猪产生不良影响，一种是玉米赤霉烯酮导致猪的生殖器官机能上和形态学上的变化，一种是单端孢霉烯导致猪的拒食、呕吐、流产和内脏器官出血性损害。

1. 症状

（1）黄曲霉毒素中毒　猪常在吃食霉变饲料后5～15d出现症状，精神委顿，不吃食，后躯衰弱，粪便干燥，直肠出血，异食。慢性病例，黏膜黄染，有的病猪眼鼻周围皮肤发红，以后变为蓝色。

（2）赤霉菌毒素中毒　母猪阴户肿胀、或明显地突出，阴唇哆开，发生阴道脱，乳腺增大，子宫增生。小公猪或去势猪可见包皮水肿和乳腺肥大。

2. 防治措施　本病尚无特效解毒药物，主要在于预防。

（1）加强饲料管理，防止饲料霉变和采购霉变饲料。

（2）梅雨季节，在饲料中添加脱霉剂，减少霉菌毒素的吸收。

（3）发生霉菌毒素中毒，应立即更换饲料。

（4）对病猪采取对症治疗，防止继发感染，在饲料或饮水中添加维生素A、复合维生素B、维生素C、维生素K等多种维生素，调节生理机能，采用甘草、绿豆等中草药煎汁拌料或饮水促进毒素的排除。

四、产后瘫痪

产后瘫痪（乳热症）是母猪分娩后突然发生的一种代谢性疾病，主要原因是分娩前后血钙浓度剧烈降低，引起机体知觉丧失及四肢瘫痪。

1. 症状　产后数小时开始，产后 2～5d 也是本病的发生期，病初母猪轻微不安，随后精神沉郁，食欲废绝，躺卧，反射减弱，便秘，体温正常或稍升高。症状轻微者，站立困难，行走时后躯摇摆，奶量减少甚至完全无奶，有时病猪伏卧不让仔猪吃奶。由于血钙浓度下降，肌肉组织的紧张性降低，同时由于长时间卧地，腹压增高，有时并发阴道脱或子宫脱。

2. 防治措施

（1）保证母猪钙、磷营养需求和饲料钙、磷的营养平衡，在饲料中添加维生素 D、钙、磷等营养物质。

（2）对患猪肌肉注射维丁胶性钙或静脉注射葡萄糖酸钙，快速补充机体钙的不足。

（3）加强饲养管理，防止发生褥疮；采取对症治疗，预防继发感染。

（4）采用中药补中益气，调理脾胃，升阳举陷，母猪每头每天 45～60g 拌料饲喂，连用 3～5d。【例方】补中益气散。

五、乳房炎

乳房炎是乳腺受到物理、化学、微生物等因素刺激所发生的一种炎性病理变化，常见于母猪产后 5～30d 内。主要是仔猪尖锐的牙齿咬伤乳房而引起感染，有时是一个或几个乳房发炎，有时波及全部乳房，乳房红热、肿胀发亮，严重的全部乳房和腹下部红肿，体温升高、采食停止。葡萄球菌、大肠杆菌、链球菌是乳房炎的常见病原菌。

1. 症状　乳房发热、肿胀、疼痛，乳汁分泌减少、稀薄、泛黄，有时乳房有小米粒至豆大溃疡或脓肿，有时出现全身症状。

2. 防治措施　加强护理，搞好产房环境卫生和消毒，保持猪体、乳房的

清洁，消除病原。控制母猪精料投喂，杀灭病原菌，减轻和消除乳房的炎性症状。

（1）初生仔猪修剪犬齿，防止哺乳时咬伤乳房。发现乳房创伤，应及时进行外科处理，防止继发感染。

（2）乳房肿胀、热痛时，冷敷缓解局部症状，采用0.3%～0.5%氯己定等刺激性小的药物清洗乳房，外涂鱼石脂软膏等药物。用头孢噻呋等抗生素，防治全身感染。

（3）中药清热解毒、消肿散痈，促进乳腺中病原体及其毒素、变质乳排出，减少炎性对乳腺的刺激。【例方】公英散。

六、产后感染

产后感染是母猪产后阴道、子宫的感染性疾病。母猪产后生殖器官发生剧烈变化，正常排出胎儿或助产时产道及子宫造成浅表性损伤；助产器械、手臂及母畜外阴消毒不严，外界微生物侵入；产后胎衣不下、恶露滞留于子宫给微生物的侵入、繁殖创造了条件。母猪产后抵抗力下降，正常存在于阴道内的微生物，由于产道损伤而迅速繁殖。引起母猪产后感染的病原微生物，主要有链球菌、葡萄球菌、大肠杆菌及化脓棒状杆菌。

1. 症状　病猪体温升高，精神沉郁，拱背努责，从阴门流出黏性或黏液脓性分泌物，严重时流出污红、腥臭的液体，外阴周围黏附分泌物的干痂。

2. 防治措施

（1）加强饲养管理，提高母猪的抵抗力，严格助产工具和接产人员消毒，防止病原微生物侵入。

（2）可用温的0.1%高锰酸钾溶液或生理盐水冲洗产道，产道投放抗菌栓剂。肌内注射催产素，促进子宫收缩和机能恢复。

（3）使用头孢噻呋、壮观霉素、林可霉素等抗菌药物，控制细菌感染。必要时采取母猪阴道分泌物进行细菌分离培养，筛选敏感药物。

（4）采用中药益母生化散活血祛瘀，温经止痛，促进恶露排出。【例方】益母生化散。

第九章
猪场建设与环境控制

第一节　猪场选址与建设

正确选择猪场场址并进行合理的建筑和布局，既可方便生产管理，也为严格执行防疫制度打下良好的基础，还关系到养猪场的投资和经营成效。

猪场选址应根据猪场的性质、规模、地形、地势、水源、土壤、当地气候条件，饲料及能源供应、交通运输、产品销售，与周围工厂、居民点及其他畜禽场的距离，当地农业生产、猪场粪污消纳能力等条件，进行全面调查，周密计划，综合分析后才能选好场址。

一、依法选址

猪场选址须符合《中华人民共和国畜牧法》《中华人民共和国动物防疫法》《中华人民共和国环境保护法》《全国生猪生产发展规划（2016—2020 年）》《关于促进南方水网地区生猪养殖布局调整优化的指导意见》，以及地方有关法律法规的规定，如湘潭市 2015 年制定发布的《湘潭市畜牧业发展区域布局规划 2015—2025 年》。猪场选址建设的具体要求有以下四个方面：一是为保护生态环境。例如湘潭市各县市区已于 2015 年制定并公示养殖区域规划图，明确划分了畜禽适养区、限养区、禁养区"三区"，严禁在禁养区发展生猪生产，新建规模猪场，禁止在旅游区、自然保护区、水源保护区和环境公害污染严重的地区建场，对位于限养区的养殖场严禁扩建并限期整改到位。二是在适养区规划建设猪场要符合动物卫生防疫条件方可建设。三是建设规模猪场需要做到主体工程与环保设施"三同时"（设计、施工、使用），并经环保

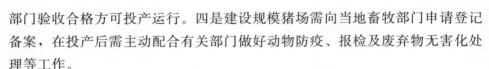

部门验收合格方可投产运行。四是建设规模猪场需向当地畜牧部门申请登记备案，在投产后需主动配合有关部门做好动物防疫、报检及废弃物无害化处理等工作。

二、面积与地势

猪场地形要求开阔整齐，有足够面积。面积不足会造成建筑物的拥挤，给饲养管理及猪只防疫造成不便，不利于改善场区和猪舍环境。

猪场地势要求高燥、地下水位低、平坦、背风向阳有缓坡、排水良好。尽量选择荒山、荒坡等通风向阳地带，不占基本农田，周围有足够用于消纳猪场粪污的种植用地，并且做到水、电、路"三通"。地势低洼的场地易积水潮湿，夏季通风不良，空气闷热，易滋生蚊蝇和微生物，而冬季又阴冷。有缓坡的场地易于排水，但坡地不宜大于25°，以免造成场内运输不便。

建场土地面积依猪场的任务、性质、规模和场地的具体情况而定，一般猪场生产区面积，按照繁殖母猪每头45～50m²，商品育肥猪每头3～4m²规划，年出栏万头的猪场占地面积应不低于4hm²。生活区、行政管理区、隔离区另行考虑。

三、水源水质

猪场水源要求水量充足，水质良好，便于取用和进行卫生防护，并易于净化和消毒。水源水量必须满足场内生活用水、猪只饮用及饲养管理用水的要求。水质要符合饮用水标准。各类猪每天的总需水量与饮用量见表9-1；畜禽饮用水水质标准见表9-2，供选择水源时参考。

表9-1 各类猪每日每头需水量

类别	总需水量（L）	饮用量（L）
种公猪	40	10
空怀及妊娠母猪	40	12
泌乳母猪	75	20
断奶仔猪	5	2
生长猪	15	6
育肥猪	25	6

表 9-2 畜禽饮用水水质标准

项目		畜禽标准值
感观性状及一般化学指标	色（°）	色度不超过 30°
	浑浊度（°）	不超过 20°
	臭和味	不得有异臭、异味
	总硬度（$CaCO_3$，mg/L）	≤1 500
	pH	5.5～9.0
	溶解性总固体（mg/L）	≤4 000
	硫酸盐（以 SO_4^{2-} 计，mg/L）	≤500
细菌学指标	总大肠菌群（MPN/dL）	成年 100，幼年 10
毒理学指标	氟化物（以 F^- 计，mg/L）	≤2.0
	氰化物（mg/L）	≤0.2
	砷（mg/L）	≤0.2
	汞（mg/L）	≤0.01
	铅（mg/L）	≤0.1
	铬（六价，mg/L）	≤0.1
	镉（mg/L）	≤0.05
	硝酸盐（以 N 计，mg/L）	≤10

四、土壤特性

土壤的物理、化学和生物特性，都会影响猪的健康和生产力。猪场土壤要求透气性好，易渗水，热容量大，这样可抑制微生物、寄生虫和蚊蝇的滋生，场区昼夜温差较小。土壤虽然有一定的自净能力，但许多病原微生物可存活多年，而土壤又难以彻底进行消毒，所以土壤一旦被污染，多年都会有危害性。猪场以土质坚实、渗水性强、未被病原体污染的沙质土壤为好。要避免在旧猪场场址或其他畜禽养殖场场址上重建或改建。

五、周围环境

确定猪场的位置，首先应该考虑周围居民的环境卫生，应选择距离村庄较远的地方，位于住宅区的下风方向和饮用水水源的下方。养猪场饲料、产品、粪污、废弃物等运输量很大，应选择交通方便的地方建场，以降低生产成本和防止污染周围环境，但交通干线的噪声对猪会产生不良影响，而且容易引起疾病传播。因此选择场址的时候既要求交通方便，又要避开交通干线。猪场距铁路、国家一二级公路一般为 $300\sim500\mathrm{m}$，距三级公路为 $150\sim200\mathrm{m}$，距四级公路为 $50\sim100\mathrm{m}$。

猪场与居民点、居民区、重要湖河、水库及饮用水源保护区、工业开发区、风景旅游区的距离，一般猪场应在 500m，大型猪场应在 1 000m 以上，以免影响周边生态环境。与其他畜禽场间距离，一般畜禽场应在 500m，大型畜禽场应在 1 000～1 500m。周围 1 000m 内无化工厂、屠宰厂、制革厂、矿山等易造成环境污染的企业。

六、排水与环保

猪场周围有农田、果园，并便于自流，就地消耗大部分或全部粪水是最理想的。否则需要把排污处理和环境保护作为重要问题规划，特别是不能污染地下水和地表水源、河流。

七、猪舍朝向

猪舍的朝向关系到猪舍的通风、采光和排污效果，根据当地主导风向和日照情况确定。一般要求猪舍在夏季少接受太阳辐射、通风量大而均匀，冬季应多接受太阳辐射，冷风渗透少。因此，炎热地区，应根据当地夏季主导风向安排猪舍朝向，以加强通风效果，避免太阳辐射。寒冷地区，应根据当地冬季主导风向确定朝向，减少冷风渗透量，增加热辐射，一般以冬季或者夏季主导风向与猪舍长轴有 $30°\sim60°$ 夹角为宜，应避免主导风向与猪舍长轴垂直或平行，以利于防暑和防寒。猪舍一般以南向或南偏东、南偏西 45° 以内为宜。

猪舍是猪生存和生产的场所，建造合理与否直接影响着猪生产潜力的发挥和经济效益的高低。理想的猪舍应该是冬暖、夏凉、通风、向阳、干燥、空气清新。

八、猪场布局

猪场根据有利防疫、方便饲养管理、节约用地等原则，考虑当地气候、风向、地形地势、猪场建筑物和设施的大小，合理规划布局全场的道路、排水系统、场区绿化等，安排各功能区的位置及每种建筑物和设施的位置和朝向。布局应整齐，节约土地，运输距离短，便于经营，利于生产。

规模猪场一般分为 4 个功能区，即生活区、生产管理区、生产区、隔离区。为便于防疫和生产，应根据当地全年主导风向与地势，有秩序地安排各功能区。

（一）生活区

包括职工宿舍、食堂及其他用房。此区应该设在猪场大门外面，独成一院。为保证良好的卫生条件，避免生产区臭气、尘埃和污水的污染，生活区要设在上风向或偏风方向和地势较高的地方。

（二）生产管理区

包括办公室、接待室、水电供应设施、车库、杂品库、消毒池、更衣消毒间和洗澡间等。该区与饲养管理工作密切，故离饲养生产区距离不宜太远。应该按照有利于防疫和便于与生产区配合布置饲料库，应靠近进场道路处，消毒、更衣、洗澡间应设在猪场大门一侧。

（三）生产区

生产区是猪场的主体部分。包括各类猪群的猪舍、饲料库、青贮窖、饲料加工车间和人工授精室等生产设施，是猪场的最主要区域。饲养生产区严禁外来车辆进入，也禁止饲养生产区车辆外出。在靠围墙处设装猪台，禁止外来车辆进入猪场。

饲料加工车间宜安排在猪场的中间位置，既考虑缩短饲喂时的运输距离，又要考虑向场内运料方便。饲料库应靠近饲料加工车间。

猪舍的安排一定要考虑各类猪群的生物学特性和生产利用特点。公猪舍应建在猪场的上风区，与母猪舍保持 20m 以上的距离，依次安排育成猪舍、妊娠母猪舍、哺乳母猪舍。后备猪舍、育肥猪舍应建在距场门口近一些的地方，以便于运输。

人工授精室应安排在公猪舍的一侧，如同时承担场外母猪的配种任务，场内、场外应双重开门。

（四）隔离区

隔离区包括新购入种猪的饲养观察室、兽医室和隔离猪舍、尸体剖检和处理设施、积肥场及贮存设施等。该区是卫生防疫和环境保护的重点，应设在猪场的下风或偏风方向、地势低处，以防止疾病传播和对环境造成污染。

第二节　猪场建筑的基本原则

猪场建筑物的布局在于正确安排各种建筑物的位置、朝向、间距。布局时需要考虑各建筑物间的功能关系、卫生防疫、通风、采光、防火、用地等。生活区、生产管理区与场外联系密切，为保障猪群防疫，宜设在猪场大门的附近，门口分设行人和车辆消毒池，两侧设值班室和更衣室。生产区各猪舍的位置应考虑配种、转群方便，并注意卫生防疫。

种猪和仔猪应置于上风向和地势高燥处。妊娠猪舍、分娩舍应安排在较好的位置，分娩猪舍要靠近妊娠猪舍，又要接近仔猪培育舍，育成猪舍靠近育肥舍，育肥猪舍设在下风向。商品猪置于离场门或近围墙处，围墙内侧设装猪台，运输车辆停在围墙外装车。商品猪场可按种公猪舍、空怀母猪舍、妊娠母猪舍、产房、保育舍、育成舍、育肥舍、装猪台等建筑物顺序靠近排列。病猪和粪污处理应置于全场最下风向和地势最低处，距生产区至少应保持 50m 以上的距离。

一、猪舍的形式

猪舍按屋顶形式、封闭程度以及猪栏排列等形式分为多种。

1. 按照屋顶形式划分　按照猪舍屋顶形式不同，分为坡式、平顶式、拱式、钟楼式和半钟楼式五种猪舍。

（1）坡式　坡式又分为单坡式、不等坡式和双坡式 3 种。单坡式猪舍跨度较小，结构简单、通风透光，排水好，投资少，节省建筑材料。舍内光照、通风条件较好，但冬季保温性差，较适合于小型猪场使用。不等坡式猪舍的优点和单坡式相同，其保温性能良好，但投资较多。双坡式猪舍保温性好，若设吊顶则保温隔热性能更好，但其对建筑材料要求较高，投资较多。

（2）平顶式　平顶式的优点是可以利用屋顶平台，保温防水可一体完成，不需要再设天棚，缺点是防水较难做。

（3）拱式　拱式的优点是造价较低，随着建筑工业和建筑科学的发展，可以建大跨度猪舍。缺点是屋顶保温性能较差，不便于安装天窗和其他设施，对施工技术要求也较高。拱式多用于育肥猪舍。

（4）钟楼式和半钟楼式　钟楼式和半钟楼式在猪舍建筑中采用较少，在防暑为主的地区可考虑采用此种形式。

2. 按照猪舍封闭程度划分　按照猪舍封闭程度可分为开放式、半开放式和封闭式3种。封闭式猪舍又可分为有窗式和无窗式。

（1）开放式　猪舍三面墙，前面无墙，通常敞开部分朝南，开放式猪舍通风采光好，结构简单，造价低，但受外界影响大，较难解决冬季防寒。

（2）半开放式　猪舍三面设墙，其保温性能略优于开放式，开敞部分在冬季可以增加遮挡形成封闭状态，从而改善舍内小气候。为改善开放式猪舍冬季保温性能差的缺点，可采用塑料薄膜覆盖的办法，使猪舍形成一个封闭的整体，能有效改善冬季猪舍的环境条件。

（3）封闭式　分为有窗式封闭猪舍和无窗式封闭猪舍。有窗式封闭猪舍四面设墙，窗户设在纵向墙上，寒冷地区，猪舍南窗大，北窗小，以利于保温。夏季炎热的地方，可在两对向墙上设地窗，或在屋顶设风管、通风屋脊等。有窗式猪舍保温隔热性能较好；根据不同季节启闭窗扇，调节通风和保温隔热。无窗式猪舍与外界环境隔绝程度较高，墙上只设应急窗，供停电时应急用，不用于采光和通风。舍内的通风、光照、舍温全靠人工设备调控，能够较好地给猪提供适宜的环境条件，有利于猪的生长发育，提高生产效率，但这种猪舍土建、设备投资大，耗能高，维修费用高，在外界气候适宜时，仍需要人工调控通风和采光。母猪产房、仔猪培育舍多用这种封闭式猪舍。

3. 按猪栏排列划分　按猪栏排列形式，可分为单列式、双列式、多列式。

（1）单列式　猪舍中猪栏排成一列，靠北墙一般设饲喂走廊，舍外可设或不设运动场。优点是跨度较小，结构简单，利于采光、通风、保温、防潮，空气新鲜，建筑材料要求低，省工、省料、造价低，但建筑面积利用率低，这种猪舍适宜养种猪。

（2）双列式　猪舍中猪栏排成两列，中间设一通道，有的还在两边设清粪通道。这种猪舍多为封闭舍，主要的优点是管理方便，建筑面积利用率较高，保温性能好。但是北侧栏舍采光性较差，舍内易潮湿。

（3）多列式 猪舍中的猪栏排列成三列或四列，其跨度多在 10m 以上。这种猪舍主要优点是建筑面积利用率高，猪栏集中，容纳猪只多，运输路线短、散热面积小，管理方便，冬季保温性能好。缺点是建筑材料要求高，采光差，舍内阴暗潮湿，通风不良，必须辅以机械通风，人工控制光照及温度和湿度。多列式猪舍多用于育肥猪舍。

二、猪舍的建筑结构

一个完整的猪舍，主要由屋顶、地面、墙壁、门窗、通风换气装置和隔栏等部分构成。不同结构部位的建筑要求不同。

猪舍的基本结构包括屋顶、地面、墙壁、门、窗户。这些又统称为猪舍的"外围护结构"。猪舍的小气候状况，在很大程度上取决于外围护结构的性能。

（1）屋顶 屋顶的作用是防止降水和保温隔热。冬季屋顶失热多，夏季阳光直射屋顶，会引起舍内的急速增温。因此，要求屋顶的结构必须严密、不透风，具有良好的保温隔热性能。在选择建筑材料上要根据要求科学选择，必要时综合几种材料建成多层屋顶。猪舍加设天棚，可明显提高其保温隔热性能，因此，为了保持适宜的舍温，加强屋顶的保温隔热具有重要意义。

（2）墙壁 墙壁是猪舍的主要外围护结构，是猪舍建筑结构的重要部分。按墙所处位置可分为外墙、内墙。按墙长短又可分为纵墙和山墙（或叫端墙），沿猪舍长轴方向的墙称为纵墙；两端沿短轴方向的墙称为山墙。猪舍一般为纵墙承重，山墙设通风口和安装风机。

承重墙的承载力和稳定性必须满足结构设计要求。墙内表面要便于清洗和消毒，地面以上 1.0～1.5m 高的墙面应设水泥墙裙。同时墙壁应具有良好的保温隔热性能。据报道，猪舍总失热量的 35%～40% 是通过墙壁散失的。

对墙壁的要求是坚固耐久和保暖性能良好。墙体材料多采用黏土砖。墙壁的厚度应根据当地的气候条件和所选墙体材料的热工性能确定，既要满足墙的保温要求，同时尽量降低成本，避免造成浪费。

（3）地面 猪直接在地面上活动、采食、躺卧和排泄粪尿。地面对猪舍的保温性能及猪的生产性能有较大影响。猪舍地面要求保温、坚实、不透水、平整、不滑，便于清扫和清洗消毒。地面应保持 2%～3% 的坡度，以利于排水，保持地面干燥。砖地面保温性能好，但是不坚固、易渗水、不便于清洗和消毒。水泥地面坚固耐用、平整，易于清洗消毒，但保温性能差。石料水泥地面，具有坚固平整、易于清扫消毒等优点，但质地过硬，导热系数大。目前猪舍多采用水泥地面和水泥漏缝地板。小型猪场可选用碎砖铺底，水泥抹平地面的方式建造地面。

（4）门　门是供人、猪出入猪舍及运送饲料、清粪等的通道。要求门坚固耐用，能保持舍内温度和便于出入。门通常设在猪舍两端墙，正对中央通道，便于运送饲料。双列式猪舍门的宽度一般 1.2～1.5m，高度 2.0～2.4m；单列式猪舍要求宽度不小于 1.0m，高度 1.8～2.0m。猪舍门应向外打开。

（5）窗户　窗户主要是用于采光和通风换气。封闭式猪舍应设窗户，以保证舍内光照充足，通风良好。窗户面积大，采光、换气好，但冬季散热和夏季向舍内传热多，不利于冬季保温和夏季防暑。窗户距地面高度 1.1～1.3m，窗顶距屋槽 0.4～0.5m，两窗间隔为固定宽度的 2 倍左右。在寒冷地区，在保证采光系数的前提下，猪舍南北墙均应设置窗户，尽量多设南窗，少设北窗。同时为利于冬季保暖防寒，常使南窗面积大，北窗面积小，并确定合理的南北窗面积比，炎热地区南北窗面积比为（1～2）∶1，夏热冬冷地区和寒冷地区面积比为（2～4）∶1。在窗户总面积一定时候，酌情多设窗户，并沿纵墙均匀设置，使舍内光照分布均匀。

窗户的形状对采光也有明显的影响。"立式窗"在进深方向光照均匀，在纵向方向较差；"卧式窗"在纵向方向光照均匀，在进深方向光照较差；方形窗居中。设计时可根据猪舍跨度大小酌情确定。

三、猪舍类型

不同性别、不同生理阶段的猪对环境及设备的要求不同，设计猪舍内部结构时应根据猪的生理特点和生物学特性，合理布置猪栏、走廊和饲料、粪便运送路线，选择适宜的生产工艺和饲养方式，提高劳动效率。

1. 公猪舍（图 9-1 和图 9-2）　多采用带运动场的单列式，保证公猪充足的运动，可防止公猪过肥，对种公猪健康和提高精液品质、延长公猪使用年限等均有好处。公猪栏要求比母猪栏和育肥猪栏宽，隔栏高度为 1.2m，公猪栏面积一般为 6～8m²，其运动场也较大。种公猪一般为单圈饲养，配种栏的设置有多种方式，可以专门设配种栏，也可以利用公猪栏和母猪栏。

图 9-1 公猪舍一端   图 9-2 公猪栏舍

2. 空怀与妊娠母猪舍 空怀、妊娠母猪可大栏群养，也可限位栏（图9-3）单养。群养时，空怀母猪每圈 4～5 头，妊娠母猪每圈 2～4 头。群养方式节约圈舍，提高了猪舍的利用率；可使空怀母猪相互诱导发情；妊娠母猪群养，常因为争食、咬架而导致死胎、流产。空怀、妊娠母猪单养（单体限位栏饲养）时易进行发情鉴定，便于配种，有利于妊娠母猪的保胎和定量饲喂，但母猪运动量小，母猪受胎率有降低趋势，肢蹄病也增多，影响母猪的利用年限。群养妊娠母猪，饲喂时亦可采用隔栏定位采食，采食时猪只进入小隔栏，平时可在大栏内自由活动，妊娠期间有一定活动量，可减少母猪肢蹄病和难产，延长母猪的使用年限，猪栏占地面积较少，利用率高。但大栏饲养时，母猪间咬斗、碰撞机会多，易导致死胎和流产。

图 9-3 空怀、妊娠母猪限位栏

3. 产仔舍 多为三通道双列式。产仔舍（图9-4）供母猪分娩、哺育仔猪用，其设计既要满足母猪需要，同时要兼顾仔猪的要求。产仔舍的分娩栏应设母猪限位区和仔猪活动栏两部分，中间部位为母猪限位区，宽 0.50～0.55m，两侧为仔猪栏。

图 9-4 产仔舍

仔猪活动栏内一侧设仔猪补饲槽，另一侧设保温箱，保温箱采用加热地板、红外灯等给仔猪局部供暖。

4. 仔猪保育舍（图 9-5）　仔猪断奶以后就转入了保育舍，断奶仔猪体温调节能力差，怕冷，机体抵抗力、免疫力差，易感染疾病。因此，应给仔猪提供一个温暖、清洁的环境。仔猪保育舍在冬季一般需要供暖设备。

图 9-5　仔猪保育舍

仔猪保育舍可采用地面或网上群养，每圈 8～12 头，仔猪断奶后转入保育舍一般应原窝饲养，每窝占一圈，这样可减少因重新建立群内的优胜序列而造成的应激。网上群养时，保育舍每列 8 个栏，每栏长 1.8m，宽 1.7m，高 0.7m，料箱装在栏内靠走道端，料箱底部两侧装食槽，一个料箱供 2 个猪栏用，猪栏距地面 0.4m，猪栏底为全漏缝地板，每个栏靠走道侧留一个长 0.6m、高 0.7m 的门。

5. 生长育肥猪舍（图 9-6 和图 9-7）　为减少猪群周转次数，往往把育成

图 9-6　育肥舍一端

图 9-7　育肥舍内部

和育肥两个阶段合并成一个阶段饲养，生长育肥猪多采用地面群养，以每栏10～15头为宜。生长育肥猪身体各机能发育均趋于完善，对不良环境条件具有较强的抵抗力。对环境条件的要求不太严格，可采用多种形式的圈舍饲养。

各类猪群的占栏面积和采食宽度等参数见表9-3。

表9-3　各类猪群圈养头数及每头猪的占栏面积和采食宽度

猪群类别	大栏群养（头）	每栏适宜数量（头）	面积（m²）	采食宽度（cm）
断奶仔猪	20～30	8～12	0.3～0.4	18～22
后备猪	20～30	4～5	1.0	30～35
空怀母猪	12～15	4～5	2.0～2.5	35～40
妊娠前期母猪	12～15	2～4	2.5～3.0	35～40
妊娠后期母猪	12～5	1～2	3.0～3.5	40～50
设防压架的母猪	—	1	4.0	40～50
泌乳母猪	1～2	1～2	6～9	40～50
生长育肥猪	15～20	10～15	0.8～1.0	35～40
公猪	1～2	1	6～8	35～45

第三节　猪场内养猪设施设备

给猪创造良好的生存环境，可以充分发挥猪的生产潜力。合理配置猪场的设施设备，是猪场建设中的一项十分重要的任务。

规模猪场的设备主要包括各种限位栏、漏缝地板、供水系统、饲料加工、贮存、运送及饲养设备、供暖通风设备、粪尿处理设备、卫生防疫、检测器具和运输工具等。下面介绍猪场常用的设施设备。

一、猪栏

规模猪场均采用固定栏式饲养，猪栏一般分为公猪栏、配种栏、妊娠栏、保育栏、生长育肥栏等。

（一）公猪栏和配种栏

规模化猪场多采用每周分娩，并按全进全出的要求充分利用猪栏，管理人员必须安排好猪的配种、分娩和生产管理，提高猪栏的利用率，获得较高的受胎率、产仔数和成活率。

公猪栏的面积为 6～8m²。公猪栏每栏饲养 1 头公猪，栏长、宽可根据舍内栏架布置来确定，栏高一般为 1.2m，栏栅结构可以是金属，也可以是混凝土结构，栏门均采用金属结构。

公猪栏的构造有实体、栏栅式和综合式三种。有些猪场设有专门的配种栏，这样便于安排猪的配种工作。配种栏的结构形式有两种：一种是结构和尺寸与公猪栏相同，配种时将公、母猪驱赶到配种栏中进行配种。另一种是由 4 头空怀期母猪与 1 头公猪组成一个配种单元，空怀母猪采用单体限位栏饲养，与公猪饲养在一起，4 个待配母猪栏对应一个公猪栏，4 头母猪分别饲养在 4 个单体限位栏中，公猪饲养在母猪后面的栏中。

空怀母猪达到适配期后，打开后栏门在公猪栏舍内进行配种，配种结束后将母猪转到空怀母猪栏进行观察，确定妊娠后再转入妊娠栏。这种配种栏的优点是利用公猪诱导空怀母猪提前发情，缩短了空怀期，同时也便于配种，不必专设配种栏。

（二）母猪栏

猪场繁殖母猪的饲养方式，有大栏分组群饲、单栏个体饲养和大单栏与单栏相结合群养三种方式。其中单体限位饲养，具有占地面积少，便于观察母猪发情和及时配种，母猪不争食、不打架，避免了相互干扰，减少了机械性流产等优点，但单体限位饲养栏投资大，母猪运动量小，繁殖母猪利用年限短。

母猪大栏高一般为 0.9～1.0m，隔栏多为水泥板或金属制造。沙子岭猪母猪单体栏一般长 2.0m、宽 0.55m、高 1.0m。栅栏结构多为金属制造。

（三）分娩栏

分娩栏为单体栏，供母猪分娩和哺乳。分娩栏的中间为母猪限位架，供母猪分娩和仔猪哺乳用，两侧是仔猪采食、饮水、取暖和活动的地方。母猪限位架一般采用圆钢管和铝合金制成，后部安装漏缝地板以清除粪便和污物，两侧是仔猪活动栏，分娩栏一侧安装仔猪保温箱。

沙子岭猪分娩栏一般长 1.8～2.0m，宽 1.65～2.00m，母猪限位栏宽 0.5～0.55m，高 1m，母猪限位栅栏，离地高度为 30cm，并每隔 30cm 焊一孤脚。

分娩栏的栅栏多用钢管焊接而成，采用螺栓、插销等组装而成。母猪限位区前方为饲料槽和饮水器，供母猪饮水用，槽体分为两部分。饲料槽上部装有铰链，可从上往下转动整个饲料槽，便于清洗。分娩栏后部为金属漏缝地板、粪尿漏至下面的排污沟。高床分娩栏是当前饲养分娩、泌乳母猪和哺乳仔猪的理想设备。这种分娩栏适用于全封闭式猪舍，有较好的效果。

（四）仔猪保育栏

保育栏要求清洁、干燥、温暖、空气清新。猪场多采用高床网上保育栏，主要由金属编织漏缝地板网、围栏、自动食槽、连接卡、支腿等部分组成，金属编织网通过支架设在粪尿沟上或水泥地面上，围栏由连接卡固定在金属漏缝地板网上，相邻两栏在间隔处设有一个双面自动食槽，供两栏仔猪自由采食，每栏安装一个自动饮水器。网上饲养仔猪，粪尿通过漏缝地板落入粪沟中，保持网床上干燥、清洁，使仔猪避免粪便污染，减少疾病发生，提高仔猪的成活率，是一种较为理想的仔猪保育设备。

仔猪保育栏大小视猪舍结构不同而定。常用的栏长 2m，宽 1.7m，高 0.7m，侧栏间隙 5.5cm，可养 10～25kg 的仔猪 10～12 头。

（五）生长育肥猪栏

生长育肥栏为大栏。生长猪栏和育肥猪栏有实体、栅栏和综合三种结构。常用的有以下两种：一种是采用全金属栅栏和全水泥漏缝地板条，金属栅栏安装在钢筋混凝土板条地面上，相邻两栏在间隔栏处设有一个双面自动饲槽。供两栏内的生长猪或育肥猪自由采食，每栏安装一个自动饮水器供自由饮水。另一种是采用水泥隔墙及金属大栏门，地面为水泥地面，后部有 0.8～1.0m 宽的水泥漏缝地板，下面为粪尿沟。

二、饲喂设备

猪场饲料供给和饲喂的最好办法是，用专用车将饲料厂加工好的全价配合饲料运输到猪场，送入饲料塔中，然后用螺旋输送机将饲料输入猪舍内的自动落料饲槽或食槽内进行饲喂。这种工艺流程，能保证饲料新鲜，不受污染，减少装卸和散漏损失。但这种供料饲喂设备投资大，目前只在少数有条件的猪场应用。大多数猪场还是采用袋装，饲料用汽车运送到猪场，卸入饲料库，再用饲料车人工运送到猪舍，进行人工饲喂。人工运送饲喂劳动强度大，劳动生产率低，饲料装卸、运送损失大，又易污染，但这种方式机动性好，设备简单，投资少，故障少，不需要电力，各种类型的猪场均可采用。

猪场用饲槽（图9-8）可分为单槽和通槽，有固定式和活动式两类。有水泥饲槽、钢制饲槽和自动落料饲槽等。由于饲槽设计不完善，饲料损失可达10%，因此，必须科学设计饲槽。要求饲槽结构简单严密，便于饲喂、采食，坚固耐用，便于洗涮，容量为每次饲喂量的1～2倍。

图9-8　饲　槽

对于限量饲喂的种公猪、种母猪、分娩母猪，一般都采用钢板饲槽或混凝土地面饲槽；对于自由采食的保育仔猪、生长猪、育肥猪，多采用钢板自动落料饲槽或水泥自动落料饲槽，这种饲槽不仅能保证饲料清洁卫生，而且还可以减少饲料浪费，满足猪的自由采食。

限量饲槽：采用金属或水泥制成，每头猪饲喂时所需饲槽的长度大约等于猪肩宽。

自动饲槽：在保育、生长、育肥猪群中，大多数采用自动饲槽让猪自由采食。自动饲槽的顶部装有饲料贮存箱，贮存一定量的饲料，当猪吃完饲槽中的饲料时，料箱中的饲料在重力的作用下不断落入饲槽内。因此自动饲槽可以隔较长的时间加一次料，减少了饲喂工作量，提高了工作效率，同时也便于实现机械化、自动化饲喂。但进入饲槽口的饲料不能过多，否则容易流出造成浪费。

自动饲槽可以用钢板制造，也可以用水泥预制板拼装。自动饲槽有长方形、圆形等多种形状。分双面、单面两种形式。双面自动饲槽供两个猪栏共用，单面自动饲槽供一个猪栏用。

三、降温与供暖设备

（一）供热保暖设备

猪场中公、母猪和育肥猪，由于抗寒能力强，饲养密度大，自身散热能够保持所需的舍温，一般不予供暖。哺乳仔猪和断奶仔猪，由于热调节机能发育不全，对寒冷抵抗力差，要求较高的舍温，在寒冷的冬季必须供暖。

猪舍的供暖，分集中供暖、分散供暖和局部供暖 3 种方法。集中供暖是由一个集中供热锅炉，通过管道将热水输送到猪舍内的散热片，加热猪舍的空气，保持舍内适宜的温度。在分娩舍为了满足母猪和仔猪的不同温度要求，常采用集中供暖，维持舍温 18℃，在仔猪栏内设置红外线保温灯或电热板等可以调节的局部供暖设施，保持局部温度达到 30～32℃。各类猪舍的温差由散热片多少来调节。

分散供热就是在需供热的猪舍内，安装热风炉或民用取暖炉来提高舍温，这种供热方式灵活性大，便于控制舍温，投资少，但管理不便。

局部保温可采用远红外线取暖器、红外线灯、电热板、热水加热地板等，这种方法简便、灵活，只需要电源或热源即可。目前，大多数猪场实行高床分娩和保育。因此最常用的局部环境供暖设备是采用红外线灯或远红外板，前者发光发热，后者只发热不发光，功率规格为 175～250W。因设备的发热量和温度是固定的，生产中通过调节灯具的吊挂高度来调节仔猪群的温度。采用保温箱加热效果更好。传统的局部保温方法采用厚垫草、生火炉、搭火墙、热水袋等方法，这些方法目前在小型猪场和农户中采用，效果不理想，而且费时费力，但费用低。电热保温板可直接放在栏内地面适当位置，也可放在保温箱的底板上。在分娩栏或保育栏也可以采用热水加热地板，利用热水循环加热地面。加热温度的高低，由通入的热水温度来控制。

（二）通风降温设备

通风降温是排除猪舍内的有害气体，降低舍内温度，在猪体周围形成适宜的气流，加强猪体散热的有效方法。在猪舍面积小、跨度小，而门窗较多的猪场，可设置地脚窗、天窗、通风屋脊等方式，利用自然通风。如果猪舍跨度大、饲养密度高，应采用风机强制通风。

适合猪场使用的通风机多为大直径、小功率、低速的通风机。这种风机通风量大、噪声小、耗电少、可靠耐用，适宜长期使用。

猪舍制冷降温设备常采用水蒸发式冷风机、湿帘降温系统、降温喷头等，利用水蒸发吸收舍内热量以降低舍内温度。在干燥的气候条件下降温效果好。

在母猪分娩舍内，可采用滴水降温法，冷却水滴在母猪头颈部和背部，在母猪背部体表蒸发，吸热降温。

四、饮水设备

规模猪场需要大量饮用水和用于生产和清洁用水。因此，供水、饮水设备是猪场不可缺少的设备。

（一）供水设备

猪场供水设备主要由水井提取、水塔贮存和输送管道等部分组成。猪场供水一般都是采用压力供水，其供水系统主要包括供水管路、过滤器、减压阀、自动饮水器等。

（二）自动饮水器

猪用自动饮水器的种类很多，有鸭嘴式、乳头式、杯式等，应用最为普遍的是鸭嘴式自动饮水器。鸭嘴式饮水器采用纯铜或不锈钢制成，主要由阀体、阀芯、密封圈、回位弹簧、塞盖、滤网等组成。阀体、阀芯选用黄铜或不锈钢材料，弹簧、滤网为不锈钢材料，塞盖用工程塑料制造。整体结构简单，耐腐蚀，工作可靠，不漏水，寿命长。猪饮水时，嘴含饮水器，咬压下阀杆，水从阀芯和密封圈的出水间隙流出。当猪嘴松开后，靠回位弹簧的张力，阀杆复位，出水间隙被封闭，水停止流出。鸭嘴式饮水器密封性能好，流速较低，符合猪饮水要求。

鸭嘴式自动饮水器，流量 1 000～3 000 mL/min。安装这种饮水器的角度有水平和 45°角两种，离地高度随猪体重变化而不同。饮水器要安装在远离猪休息区的排粪区内。单体限位饲养栏则安装在猪采食区的上部或下部。使用期间应定期检查饮水器的工作状态，清除泥垢，调节和紧固螺钉，发现故障及时修理。产仔舍母猪饮水可采用饮水碗（图9-9）。

图 9-9　饮水碗

五、漏缝地板

为了保持栏内的清洁卫生，改善环境条件，普遍采用粪尿沟上铺漏缝地板。漏缝地板（图9-10）有钢筋混凝土板条和板块、钢筋编织网、钢筋焊接网、铸铁、塑料板块等。漏缝地板要求耐腐蚀，不变形，表面平整，防滑，导热性小，坚固耐用，漏缝效果好，易冲洗消毒，适应各种日龄猪的行走站立，不卡猪蹄。漏缝断面呈梯形，上宽下窄。

金属编织地板网，由直径5mm的冷拔圆钢编织成1cm宽、4～5cm长的缝隙网片，再与角钢、扁钢焊接而成。圆钢编织网漏粪效果好，猪行走不滑，适宜分娩母猪的高床产仔栏及断奶仔猪的高床育仔栏。

塑料漏缝地板，由工程塑料模压制而成，可将小块连接组合成大块。可用于高床产仔栏、高床保育

图9-10　水泥漏缝地板

网及母猪、生长育肥猪的粪沟上铺设，热工性能优于金属编织地板网，使用效果好，但造价较高。

铸铁漏缝地板与钢筋混凝土板条、板块相比，使用效果好，但造价高，适用于高床产仔栏母猪限位架下及公猪、妊娠母猪、生长育肥猪的粪沟上铺设。

六、消毒设备

规模猪场必须有完善严格的卫生防疫制度，对进场的人员、车辆、种猪和猪舍内环境都要进行严格的消毒。

（一）车辆、人员清洁消毒设施

要求场内车辆不出场，场外车辆不进场。必须进场的车辆，经过大门口车辆消毒池，消毒池与大门等宽，长度为机动车轮周长的2.5倍以上。车身经过冲洗喷淋消毒方可进场。

进场人员都必须经过冲洗、更换工作服，通过消毒间、消毒池，经过紫外线消毒灯，进行双重消毒。

（二）环境清洁消毒设备

常用的清洁消毒设备有以下两种。一是电动清洗消毒车。该机工作压力为 $15\sim20kg/cm^2$，流量为 $20L/min$，冲洗射程 $12\sim15m$，是规模猪场较好的清洗消毒设备。二是火焰消毒器。它是利用液化气或煤油高温雾化，剧烈燃烧产生高温火焰对舍内的猪栏、饲槽等设备及建筑物表面进行瞬间高温燃烧，达到杀灭细菌、病毒、虫卵等目的。火焰消毒灭菌率高达 97% 以上，避免了用消毒药物造成的药液残留现象。

七、化尸池

根据猪场生产规模确定化尸池大小，选址应远离猪舍并在下风口的位置。化尸池应为砖和混凝土，或者钢筋和混凝土密封结构，应做好防渗防漏，在顶部设置投置口并加盖密封。投放前应在化尸池底部铺洒一定量的生石灰或消毒液。投放后密封投置口加盖加锁，并对投置口、化尸池及周边环境进行消毒。当化尸池内动物尸体达到容积的 3/4 时，应停止使用并密封。

第四节　猪舍环境控制

猪舍环境控制是克服气候因素对猪生产的不良影响，建立有利于猪只生存和生产的环境和设施。猪舍环境控制主要是有以下几个方面：

一、猪舍温度控制

空气温度是影响猪只健康和生产力的重要因素。猪属于恒温动物，在一定范围内的环境温度下，通过自身的调节作用来保持体温的恒定。在高温的环境条件下，猪通过加速外周血液循环，提高皮肤和呼吸道的蒸发散热以及减少产热量来维持体温恒定。在低温环境条件下，猪通过自身的调节作用，依靠从饲料中得到的能量和减少散热量来维持体温恒定，消耗热量增加，既增加了饲料消耗量，又影响猪的营养状况，使日增重下降，严重时可导致疾病或死亡。

由于品种、性别、年龄、体重、生理状态、饲养管理方式、个体的适应能力等方面的差异，猪所要求的环境温度也不相同，沙子岭猪不同生理和生长阶段适宜温度见表9-4。

表 9-4　沙子岭猪不同生理和生长阶段适宜温度

猪群阶段	空气温度（℃）
种公猪	14～25
成年母猪	14～22
哺乳母猪	15～22
哺乳仔猪（5kg 以下）	30～32
保育猪（5～15kg）	24～28
小、中猪（16～50kg）	20～24
育肥猪（50kg 以上）	15～24

猪舍依靠外围护结构不同程度地与外界隔绝，形成了小气候。通过合理设计猪舍的保温隔热性能，采取有效的供暖、降温、通风、换气、采光、排水、防潮等措施，建立满足猪只生理需要和行为习性的条件，为猪只创造适宜的生活环境。

（一）保温隔热

保温就是在寒冷的季节，通过猪舍将猪体产生的热和热源（暖气、红外线、远红外线取暖器、电热板等）发散的热能保存下来，防止和减少向舍外散失，从而形成温暖的环境。隔热，就是在炎热的季节，通过猪舍和其他设施（凉棚、遮阳、保温层等），以隔断或减少太阳辐射热传入舍内，防止舍内的气温升高，形成较凉爽的环境。

猪舍的保温隔热性能取决于猪舍样式、尺寸、外围护结构和厚度等。设计猪舍时，必须根据当地的气候特点和规定的环境参数进行设计，根据当地气候条件选择猪舍的形式和各部位尺寸。

导热性小的材料热阻大，保温性能好；导热性大的材料热阻小，保温差。同一种材料，也因其容重不同或含水分不同，导热能力也有差别。导热性小的材料虽然利于保温，但吸水能力强，因此，在建造猪舍时候，把隔热防水和保温综合考虑。选择保温性好的建筑材料，同时猪舍外围护结构要有足够的厚度。

冬季气温低，持续时间长，昼夜温差大，冬春两季风多，影响了猪的正常生长和生产性能。防寒就是通过良好的保温隔热，把舍内产生的热充分加以利用，使之形成适合猪要求的温度环境。

（二）保温防寒

1. 保温　加强猪舍外围护结构的保温性能，是提高猪舍保温能力的根本措施。开放式、半开放式猪舍的温度状况受到外界气温的影响大，冬季一般稍高于舍外。封闭式猪舍冬季的温度状况，取决于舍外温度、空气对流状况和通过围护结构散失热量的多少。

猪舍内的热能向外散失，主要是通过屋顶、天棚，其次是墙壁、地面和门窗。

屋顶面积大，又因热空气轻而上浮，容易通过屋顶散失。因此，必须选用保温性能好的材料修造屋顶，而且要求有一定的厚度，以增强保温效果。一般多采用加气混凝土板、玻璃棉、保温板、传统的草屋顶或在屋顶铺锯末、炉灰作为保温层，可取得良好效果。适当降低猪舍的净高和进行吊顶，对猪舍的保温具有良好效果。

设计墙壁时一定要注意其保温性能，确定合理的结构。应选用导热性能小的材料，利用空心砖或空心墙体，并在其中充满隔热材料，可明显地提高热阻，取得更好的保温效果。据试验，用空心砖替代普通红砖，热阻可以提高41%，用加气混凝土块，热阻可提高6倍。

门窗设置及其构造影响猪舍的保温，门窗失热量大，应在满足采光或夏季通风的前提下，尽量少设门窗。地窗、通风孔应能够启闭，冬季封闭保温，夏季打开通风。在寒冷的地方，猪舍门应加门斗，窗户设双层，冬季迎风面不设门，少设窗户，气温低的月份应挂草帘保温。

地面的保温性能取决于所选用的材料，应采用导热性小、不透水、坚固、有弹性、易于消毒的地面。导热性强的地板（如水泥地面）在冬季传导散热很多，影响生产和饲料转化率，仔猪常因此造成肠炎、下痢。为减少从地面的失热，可采用保温地板，哺乳仔猪还可采用电热或供暖热地板，或在地板上铺垫草，既保温又可防潮。采用漏缝地板水冲清粪工艺的猪舍，舍内比较潮湿，空气污浊。因此，更要注意舍内的换气和保温。

建造猪舍时为了节约建筑材料和降低建筑成本，可在猪舍的不同部位采用不同建筑材料建筑符合要求的地面，猪床用保温好、柔软、富有弹性的建筑材料，其他部位用坚实、易消毒、导热性小、不透水的建筑材料，以提高保温效果。

在以防寒为主的地区，应尽量减小外围护结构的面积，以利于保温。在不影响饲养管理的前提下，适当降低猪舍的高度。冬冷夏热的地区，屋檐高应在2.4~3.0m。跨度大的猪舍外围护结构面积相对较小，有利于保温。但跨度大，不利于自然通风和光照，跨度超过8~9m，必须设置机械通风。

2. 防寒保温　猪舍的温度状况不能满足要求时，需进行必要的人工供暖。目前，一般采用暖气、热风炉、电暖气、烟道、火墙、火炉等设备供暖。仔猪要求温度高，可采用红外线灯、电热板、火炕、热水袋等局部供暖。在冬季，适当加大猪的饲养密度，可以提高猪舍的环境温度。舍内防潮可减少机体热能的损失，猪床铺垫草可以缓和冷地面对猪的刺激，减少猪体失热。

猪舍在冬季不能达到所要求的适宜温度时候，对产房和幼猪舍采用人工供暖。初生仔猪活动范围小对低温反应敏感，采用红外线灯进行局部采暖，既经济又实用。也可利用太阳能、沼气和工厂的余热供猪舍采暖。近年来，在母猪分娩舍采用的红外线灯照射仔猪，既可保证仔猪所需的较高温度，又不影响母猪。

（三）防暑降温

炎热季节舍外高温和强烈的太阳辐射会使猪舍温度升高，加之猪本身散发的大量体热，白天舍内温度往往高于舍外，影响猪的正常生产。外围护结构内表面温度升高，也会对猪造成热辐射。为搞好猪舍夏季防暑，除绿化遮阴、降低饲养密度外，还需要加强猪舍的隔热设计，必要时采用降温措施。

猪舍降温的方法很多，常用的方法如下。

（1）通风降温　自然通风猪舍空气流动靠热压和风压，在猪舍设地窗、天窗可形成"扫地风""穿堂风"直接吹向猪体，并可加强热压通风，明显提高防暑效果。夏季自然通风的气流速度较低，一般采用机械通风来形成较强气流，进行降温。

（2）蒸发降温　向地面、屋顶、猪体上洒水，靠水分蒸发吸热而降温。在猪场中，将水喷成雾状，使水迅速汽化，在蒸发时从周围空气中吸收大量热，从而降低舍内温度。

（3）滴水降温　适合于单体限位饲养栏的公猪和分娩母猪。在这些猪的颈部上方安装降温滴头，水滴间隔性地滴到猪的颈部、背部，水滴在猪背部体表散开、蒸发，对猪进行了吸热降温。滴水降温不是针对舍内气温降温，而是直接降低猪的体温。

（4）湿帘风机降温系统　由湿帘、风机、循环水路及控制装置组成。主要是靠蒸发降温，也辅以通风降温的作用。在干热地区的降温效果十分明显。湿帘降温系统既可将湿帘（图 9-11）安装在一侧纵墙，风机（图 9-12）安装在另一侧纵墙，使气流在舍内横向流动。也可将湿帘、风机各安装在两侧端墙上，使气流在舍内纵向流动。

图 9-11　湿　帘

图 9-12　风　机

以上四种冷却方法，气流越大，气温越低，空气越干燥，降温效果越好。

二、猪舍湿度控制

（一）猪舍湿气的来源与猪体温调节

猪舍内湿气主要来自猪呼吸和排泄粪尿排出的水汽，由地面、潮湿的垫草、墙壁和设备表面蒸发的水分，以及随空气进入猪舍的外界水汽。水分蒸发过程决定于空气的温度、湿度和气体流动速度，同时也与大气压力和饲养密度有关。

当猪舍内温度高而又潮湿的情况下，水分容易蒸发，猪舍内相对湿度增加。当相对湿度达 90% 以上时，地面的水分就难以蒸发，相对湿度降到 70% 时，地面水分蒸发加快。

当气温处于适宜范围时，舍内空气湿度对猪体热调节的影响不大。在高温环境中，猪体主要靠蒸发散热，但若处于高温高湿环境下，因空气湿度大而妨碍了水分蒸发，猪体散热就更加困难。在低温环境中，猪通过辐射、传导和对流方式散热。若处在低温高湿的情况下，猪体蒸发散热显著增加，高湿加剧低温对猪的不利影响，使猪感到更加寒冷。无论环境温度偏高或是过低，湿度过高对猪的体温调节都不利。

（二）猪舍对环境湿度的要求

湿度和温度是一对重要的环境因素，不仅相互影响，而且同时作用于猪。密封式无采暖设备猪舍适宜的相对湿度见表9-5。有采暖设备的猪舍，其适宜的相对湿度应比以上标准低5％～8％。

表9-5　密封式无采暖设备猪舍适宜的相对湿度

猪群类别	相对湿度（％）
种公猪	40～80
成年母猪	40～80
哺乳母猪	40～80
哺乳仔猪	40～80
保育猪	40～80
育肥猪	40～85

三、光照

光照对猪的生长发育、健康和生产力有一定影响。在猪舍中，适宜的光照无论是对猪只生理机能的调节，还是对工作人员进行生产操作均很重要。

光照按照光源分为自然光照和人工照明。以太阳为光源，通过猪舍的门、窗采光，称为自然光照；以人工光源采光，称为人工照明。自然光照强度和时间随季节和天气而变化，难以控制，猪舍内照度也不均匀，特别是跨度较大的猪舍，中央地带和北侧照度更差。在无窗式猪舍中或自然光照不能满足猪舍内的照度要求时，需要采用人工照明或人工光照补充。人工照明的强度和时间，可以根据猪群要求进行控制。

（一）自然采光

自然采光常用窗地比（门窗等透光构件的有效透光面积与猪舍地面面积之比，亦称采光系数）来表示。一般情况下，成年母猪、育肥猪窗地比为1：（12～15），保育猪为1：10，哺乳母猪、哺乳仔猪、种公猪为1：（10～12）。

根据这些参数即可确定猪舍窗户的面积、窗户的数量、形状和位置。在窗户总面积一定时，酌情多设窗户，并沿纵墙均匀设置，合理确定窗户上、下沿的位置。窗户位置根据窗户的入射角、透光角的要求，并考虑纵墙高度等来确定。入射角是指窗户上沿到猪舍跨度点（跨度中央一点）的连线与地面水平线之间的夹角。透光角是指窗户上、下沿分别至猪舍跨度点的连线之间的夹角。自然采光猪舍入射角要求不小于 25°，透光角要求不小于 5°。

窗户的形状对采光也有明显影响。"立式窗"在进深方向光照均匀，纵向方向较差；"卧式窗"在猪舍纵向光照均匀，进深方向光照较差；方形窗居中。猪舍建筑时可根据猪舍跨度大小酌情确定。

（二）人工光照

无窗式猪舍必须人工光源照明，自然光照猪舍也需要设人工照明，作为晚间工作照明和短日照季节的补充光照。人工照明应保证猪床照度均匀，满足猪群的光照需要。各类猪群的照度要求为：育肥猪群为 30～50lx，其他猪群为50～100lx。无窗式猪舍的人工照明时间，育肥猪群为 8～12h，其他猪群为 14～18h，光源一般采用白炽灯或荧光灯。

沙子岭猪猪舍的自然光照和人工照明要求可参见表 9-6。

表 9-6　沙子岭猪猪舍采光参数

猪舍类别	自然光照		人工光照	
	窗地比	辅助光照（lx）	光照度（lx）	光照时间（h）
种公猪舍	1∶（10～12）	50～75	50～100	10～12
空怀、妊娠母猪舍	1∶（12～15）	50～75	50～100	10～12
哺乳猪舍	1∶（10～12）	50～75	50～100	10～12
保育猪舍	1∶10	50～75	50～100	10～12
生长育肥猪舍	1∶（12～15）	50～75	30～50	8～12

注：①窗地比，是以猪舍门窗等透光构件的有效透光面积为 1，与舍内地面面积之比。②辅助光照，是指自然光照猪舍设置人工照明以备夜晚工作照明用。

四、猪舍有害气体控制

在封闭式饲养情况下，通风换气可改善猪舍的空气环境，通风既可排除舍内的热量，又能排除舍内污浊的空气和多余的水汽，降低舍内湿度，防止围护结构内表面结露，同时可排除空气中的尘埃、微生物、有毒有害气体，改善猪舍空气的卫生状况。猪舍空气中的氨（NH_3）、硫化氢（H_2S）、二氧化碳（CO_2）、细菌总数和粉尘不宜超过表 9-7 的数值。

表 9-7　猪舍空气卫生指标

猪舍类别	氨 （mg/m^3）	硫化氢 （mg/m^3）	二氧化碳 （mg/m^3）	细菌总数 （万个/m^3）	粉尘 （mg/m^3）
种公猪舍	25	10	1 500	6	1.5
空怀、妊娠母猪舍	25	10	1 500	6	1.5
哺乳猪舍	20	8	1 300	4	1.2
保育猪舍	20	8	1 300	4	1.2
生长育肥猪舍	25	10	1 500	6	1.5

猪舍通风分自然通风和机械通风两种方式。

（一）自然通风

自然通风是靠舍外刮风和舍内外的温差实现的。风从迎风面的门、窗户或洞口进入舍内，从背风面和两侧墙的门、窗户或洞口穿过，即利用"风压通风"。舍内气温高于舍外时，舍外空气从猪舍下部的窗户、通风口和墙壁缝隙进入舍内，而舍内的热空气从猪舍屋面上部的自然通风器、通风窗、窗户、洞口和缝隙压出，此过程称为"热压通风"。舍外有风时，热压和风压共同起通风作用；舍外无风时，仅热压起通风作用。

（二）机械通风

炎热的夏季单独利用自然通风往往起不到降温的作用，需进行机械通风。机械通风分为以下 3 种方式。

1. 负压通风　负压通风又叫排风，即用风机把猪舍内污浊的空气抽到舍外，使舍内的气压低于舍外而形成负压，舍外的空气从屋顶或对面墙上的进风口被压入舍内。

2. 正压通风　正压通风也叫送风，即将风机安装在侧墙上部或屋顶，强制将风送入猪舍，使舍内气压高于舍外，舍内污浊空气被压出舍外。

3. 联合通风　同时利用风机送风和利用风机排风，可分为两种形式：第一种形式适用于比较炎热的地区，即进气口设在低处，排气口设在猪舍的上部，此种形式有助于通风降温；第二种形式应用范围较广，在寒冷和炎热地区均可采用，将进气口设在猪舍的上部，排气口设在较低处，便于进行空气的预热，可避免冷空气直接吹向猪体。

无论是自然通风还是机械通风，设置进排风口及确定风机的位置和数量时，必须考虑到满足猪舍的排污要求，使猪舍气流分布均匀，无通风死角，无窝风区，避免产生通风短路，此外，要有利于夏季防暑和冬季保暖；如在自然通风中可通过设地窗或屋顶风管，增大进排风口间的垂直距离，从而增大通风量，并可使气流流经猪体，加强气体对流和蒸发散热，在冬季可关闭地窗以利于保温。在进风口总面积确定后，可酌情缩小每个进风口的面积，增加进风口的数量，使舍内气流分布均匀。在冬季，进风口不宜设置过低，避免冷风直接吹向猪床。机械通风中，一侧排风对侧进风时，排风口宜设于墙的下部，而对侧墙上的进风口宜设在上部，并尽量使进风口与排风口错开设置。将风机设在屋顶风管中排风时，设在墙上的进风口位置不宜过低，或装导向板，以防冬季冷风直接吹向猪床。为兼顾不同季节的通风需求，可将风机开关分组并相间设置，根据季节确定开启的组数。以保证开启任何一组都能使舍内通风均匀。

第十章
废弃物处理与资源化利用

第一节　原　　则

养猪业排放的废弃物具有排放量大、有机物浓度高、氮磷含量高等特点，这些废弃物既是环境的污染源，又是农业的资源，依据《中华人民共和国畜牧法》《中华人民共和国环境保护法》《中华人民共和国水污染防治法》《畜禽规模养殖污染防治条例》《畜禽养殖业污染防治技术规范》和《畜禽养殖业污染物排放标准》等有关法律法规，对猪场废弃物进行综合处理和资源化利用，在解决养猪废弃物污染问题的同时，又可变废为宝，生产出绿色生物有机肥和清洁能源。

一、基本原则

（一）总量控制

养猪场的设置应符合区域污染物排放总量控制要求，猪场应合理规划和选址，建设相应废弃物处理和资源化利用配套设施，做好粪尿分离、雨污分离，同时通过标准化的饲养管理，提高饲料中氮磷的利用率，合理使用饲料添加剂，实现废弃物从源头上减量。

《中华人民共和国水污染防治法》第五十六条规定，国家支持畜禽养殖场、养殖小区建设畜禽粪便、废水的综合利用或者无害化处理设施。畜禽养殖场、养殖小区应当保证其畜禽粪便、废水的综合利用或者无害化处理设施正常运转，保证污水达标排放，防止污染水环境。

《中华人民共和国畜牧法》第三十九条规定，畜禽养殖场、养殖小区应当具备对畜禽粪便、废水和其他固体废弃物进行综合利用的沼气池等设施或者其他无害化处理设施。

《畜禽规模养殖污染防治条例》第十四条规定，从事畜禽养殖活动，应当采取科学的饲养方式和废弃物处理工艺等有效措施，减少畜禽养殖废弃物的产生量和向环境的排放量。

（二）综合处理与利用

养猪场污染物的处理应按照无害化、资源化和生态化的要求，优先对废弃物进行资源化利用。

《中华人民共和国环境保护法》第四十九条规定，畜禽养殖场、养殖小区、定点屠宰企业等的选址、建设和管理应当符合有关法律法规规定。从事畜禽养殖和屠宰的单位和个人应当采取措施，对畜禽粪便、尸体和污水等废弃物进行科学处置，防止污染环境。

《畜禽规模养殖污染防治条例》第十五条规定，国家鼓励和支持采取粪肥还田、制取沼气、制造有机肥等方法，对畜禽养殖废弃物进行综合利用。

第十六条规定，国家鼓励和支持采取种植和养殖相结合的方式消纳利用畜禽养殖废弃物，促进畜禽粪便、污水等废弃物就地就近利用。

第十七条规定，国家鼓励和支持沼气制取、有机肥生产等废弃物综合利用以及沼渣沼液输送和施用、沼气发电等相关配套设施建设。

（三）因地制宜

根据猪场的规模、自然条件、区域环境要求，选择适当的污染物综合利用与处理模式以及相应的工艺技术，要因地制宜，突出资源化利用。

（四）种养平衡

养猪场可根据周边土地对猪粪便的消纳能力，确定适度的养殖规模。在沼气工程处理模式中，以物质和能源循环利用为特征，以社会、经济、环境和可持续发展为最终目标，考虑养殖和种植相结合，使畜禽养殖业和种植业达到相对平衡，基本实现养殖废弃物内部循环消化或外部零排放。

二、政策举措

农业部将按照"一年试点、两年铺开、三年大见成效、五年全面完成"的步骤,确保在"十三五"时期,基本解决大规模畜禽养殖场粪污处理和资源化问题。一是实施畜禽养殖废弃物处理和资源化利用行动。支持生猪养殖场改善粪污处理和资源化设施装备条件,全面解决粪污处理和资源化利用问题,整合资金同步推进其他畜种粪污处理。二是实施果菜茶有机肥替代化肥等行动。按照"一控两减三基本"的要求,深入开展化肥使用量零增长行动,加快推进农业绿色发展,农业部制定了《开展果菜茶有机肥替代化肥行动方案》(农农发〔2017〕2号),实施果菜茶有机肥替代化肥行动,建立"果(菜、茶)-沼-畜"等资源化利用模式,在果菜茶产地及周边,建设畜禽养殖废弃物堆沤和沼渣沼液无害化处理、输送及施用等设施,集成推广堆肥还田、商品有机肥施用、沼渣沼液还田、自然生草覆盖等技术模式,推进有机肥替代化肥,实现化肥使用量零增长行动。三是优化畜牧业发展布局。落实《全国生猪生产发展规划(2016—2020年)》《关于促进南方水网地区生猪养殖布局调整优化的指导意见》,继续开展畜禽养殖标准化示范创建,进一步推进标准化规模养殖,优化调整生猪养殖布局,向粮食主产区和环境容量大的地区转移,实现布局合理化、生产规模化、养殖绿色化。四是加强资源化利用技术集成。研发推广安全、高效、环保型饲料产品。加大混合原料发酵、沼气提纯罐装、粪肥沼肥施用等技术和设备的开发普及力度,全面提升畜禽养殖废弃物资源化利用的技术水平。

第二节 模　式

一、猪场废弃物含义及其成分

(一)猪场废弃物的含义

猪场废弃物主要是指在养猪生产过程中,产生的不能为猪再利用的一些废弃物,猪场所产生的废弃物主要有:猪粪便、尿液及冲洗污水;猪场臭气及尘埃;病死猪尸体、胎盘以及其他一些废弃物。在这些废弃物中,排污量最大的是粪便、尿液以及冲洗用水,因此猪场废弃物处理和利用工作量最大的是对粪便、尿液和冲洗用水的处理。

(二)猪场粪便和尿液主要化学成分

了解猪新鲜粪便和尿液中的化学成分对其处理和利用具有一定的意义。表

10-1列出了猪粪便和尿液的主要化学成分，从表10-1中可以看出猪新鲜粪便和尿液中氮、磷、钾的含量高，是宝贵的生物资源。

表 10-1 猪新鲜粪便和尿液的化学成分（%）

项目	水分	总氮	磷	钠	钾	氯	钙	有机质
尿液	97	0.3	0.34	0.01	0.35	0.23	0.009	—
粪便	81.5	0.6	0.40	0.3	0.44	—	3.5	13.26

（三）猪每天粪便和尿液的产生量

猪粪尿的排泄量与多种因素有关，所以在实际生产中很难精确的计算每头猪每天的粪便和尿液量。表10-2根据猪的体重给出每头猪每天产的粪便和尿液量。

表 10-2 按体重计算猪的日产粪便和尿液量

体重（kg）	限食		不限食		粪尿量（kg）	
	排粪量（kg）	排尿量（kg）	排粪量（kg）	排尿量（kg）	限食	不限食
20	0.43	2.45	0.69	2.45	2.88	3.14
40	0.71	2.65	0.93	2.65	3.36	3.58
60	0.46	3.38	1.18	2.85	3.84	4.03
80	1.26	3.06	1.42	3.05	4.32	4.47
100	1.54	3.25	1.66	3.26	4.79	4.92

注：引自廖新俤等，1997，《家畜粪便学》。

二、废弃物总量源头控制的主要措施

猪场实现废弃物处理和资源化利用，首先要从控制废弃物总量开始，只有从源头减量化，才能更好地实现资源化利用。

（一）科学建场

合理规划与选址是解决好粪污问题的先决条件。兴建规模猪场必须先要有个好的规划。场址的选择，首先，应从总体规划和保护环境出发，尽量把猪场建到远离城市、工业区、人口密集区及水源保护地且较偏远的地方。其次，要考虑粪污的排放与处理的方便。选择有一定坡度，排水良好，离农田、菜地、鱼塘或果园、林区较近的地方建场，而且场与场之间的距离尽量远些。这样有利于农牧结合，就地利用，减少运输。与此同时，要把污染治理配套设施纳入总体规划之中。

（二）废弃物治理配套设施

1. 干湿分离　在猪舍内采用漏缝地板处理完成猪粪尿的分离。采用这种结构的猪舍一般采用人工干清粪方式清除舍内的粪便，实现粪便和尿液的分离，减少了冲洗用水量，并且使后续的粪尿处理量大大降低。

整个地面结构由斜面、平台和尿沟三部分组成，猪粪尿从漏缝地板落下后，尿流入尿沟中，粪则留在斜面上，由人工利用刮板等工具将其收集在一起，然后装车运走，猪尿和冲洗猪舍的废水则通过尿沟流到舍外的污水管道中，再经汇总后进行处理。采用舍内粪尿分离的猪舍，需要在舍内留出清粪通道，清粪通道要比地面低 0.6～1.0m，以利于人工操作。

2. 雨污分离　是减少污水处理工作量的一种重要措施。对完全舍内饲养的育肥猪场来说，可以通过构建专门的排雨水管道来排水。对于设有舍外运动场的育肥猪栏，由于猪所排的粪便大部分都在设有饮水装置的舍外，雨水和污水相分离的处理不容易实现。

（三）饲养管理技术

通过提高饲料中氮、磷的利用率，降低日粮中蛋白质含量，间接减少氮的排出量，从而减少粪尿对环境的污染。同时，猪场应合理使用饲料添加剂，对以污染环境、耗竭自然资源为代价的养殖技术及饲料添加剂等应坚决禁止使用。

（四）绿化工作

增大猪场绿化面积对改善猪场环境有重要作用，猪场周围提倡多种树、多造林，吸收阻挡一部分臭气的外流。

三、猪场废弃物处理和资源化利用

在猪场进行废弃物处理时，一般先进行固液分离，可采用固液分离机、格栅、沉淀池、储粪池等将固体和液体部分分开，然后对分离的物质加以合理利用。或采用人工干清粪工艺将粪便与尿液、污水分开，粪便通过堆肥方式处理，尿液和污水一般按废水的方法处理，目前对粪便的处理主要有以下几种方式。

（一）粪便的处理与利用

1. 堆肥处理　猪场采用干清粪工艺，将猪粪进行堆肥发酵处理。堆肥发酵处理是粪便在微生物作用下通过高温发酵，使有机物矿物质化、腐殖化和无害化，同时高温杀死存在于粪便中的微生物和寄生虫等，使其变成腐熟肥料的过程。通过堆积发酵过程中微生物分解和高温催化，不但生成大量可被植物利用的有效氮、磷、钾化合物，而且产生新的高分子有机物腐殖质，这些腐殖质为易被植物吸收的简单化合物，形成高效有机肥料。堆肥处理技术分为自然堆肥技术和高温堆肥技术。

（1）自然堆肥。自然堆肥是将粪便堆成长、宽、高分别为 10～15m、2～4m、0.5～2m 的条垛，气温为 20℃时需腐熟 15～20d，期间需翻垛一两次，以供氧、散热和发酵均匀，此后静置堆放 2～3 个月即可完全腐熟，为加快发酵速度，可在垛内埋置秸秆或垛底铺设通风管。自然堆肥无需设备和耗能，但占地面积大，腐熟慢，效率低。

（2）高温堆肥。高温堆肥技术是根据自然堆肥的原理，利用发酵池和发酵罐等设备，为微生物提供必要的条件，可提高效率 10 倍以上。堆肥要求物料含水率60％～70％，碳氮比（25～30）：1，高温堆肥一定要保证氧气的充足，否则影响堆肥的效果。在冬季，如果温度过低，应适当补充水分。高温堆肥能够杀灭猪粪中的病菌和虫卵，减少疾病的发生。

高温堆肥主要包括 4 个步骤：①预处理。预处理过程主要包括去除猪粪中一些杂质，调节粪便中水分和碳氮比，以及添加接种剂等。猪粪高温堆肥要求水分为 50％～60％，水分过高或过低均会影响堆肥效果；猪粪堆肥比较合适的碳氮比为（25～30）：1，但正常猪粪中碳氮比（10～15）：1，因此，可在猪粪中添加一些秸秆类的辅料来调整碳氮比；猪粪中微生物接种剂种类很多，可选择对纤维素、半纤维素降解能力强的菌种接种。②升温期。经预处理的粪便可堆成 1～1.5m 高，2～3m 宽的条形堆，经过 1～3d，温度可逐步上升到 50℃左右，升温期内不需要翻堆，注意保温防雨。③高温期。这是猪粪中微生物最活跃的时期，温度可达 55～70℃。猪粪中的各种有机成分，包括蛋白质、脂肪、纤维素、半纤维素等在这个时期被降解，伴随气体的产生，同时产生热量。因为大量微生物的活动，造成氧气不足，所以要采取通风补氧的措施，最好每天翻堆一次，此过程持续2~4周。④后熟期。经过高温期后，温度降低到40℃左右，并且继续降到常温。这一时期适合真菌和放线菌的生长，高温期被降解的有机质继续分解，并且进一步转变成腐殖酸、氨基酸等比较稳定的有机物。后熟期持续2~6周或更长时间，此期间可翻堆1~2次。

2. 沼气工程技术　沼气工程技术在养猪业中使用的比较广泛，沼气工程是在特定环境和适宜的温度下，利用了微生物的厌氧消化，将猪粪中的有机物质转化为可利用的能源气体，并且能将沉积的营养物质浓缩，是集猪粪处理、沼气生产以及资源利用一体化的工艺流程，因此，又称为厌氧发酵技术。

工艺：猪粪经人工加入调节池，加入一定量的温水稀释浓度至8%，搅拌均匀后用切割泵将粪污提升进入 CSTR 反应器，粪污在厌氧反应器内厌氧发酵，发酵产生的沼气进入柔性气柜后经脱硫罐脱硫、汽水分离器除水后，再经阻火器后供发电及炊用；发酵产生的沼渣沼液暂存在沼渣沼液池中，用于周边设施农业灌溉。具体工艺流程见图 10-1。

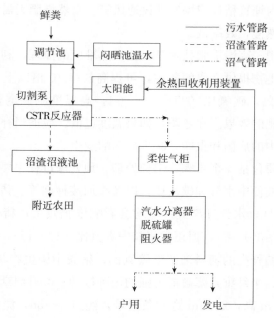

图 10-1　猪粪沼气工程技术工艺流程

3. 生产有机肥

（1）高温快速烘干法　用高温气体对干燥滚筒内湿猪粪搅动、翻滚、烘干、造粒。优点：降低恶臭味，杀死其中的有害病菌、虫卵，处理效率高，易于工厂化生产。缺点：腐熟度差，会杀死部分有益微生物菌群，处理过程能耗大。

（2）氧化裂解法　用强氧化剂（如硫酸）把猪粪进行氧化、裂解，使猪粪中的大分子有机物氧化裂解为活性小分子有机物。优点：产品的肥效高，对土壤的活化能力强。缺点：制作成本高，污染大。

（3）塔式发酵加工法　猪粪接种微生物发酵菌剂，搅拌均匀后经输送设备提升到塔式发酵仓内，在塔内翻动，通氧快速发酵，除臭、脱水、通风干燥，用破碎机将大块破碎，再分筛、包装。该工艺的主要设备有发酵塔、搅拌机、推动系统、热风炉、输送系统、圆筒筛、粉碎机、电控系统。生产出来的有机物含量高，有一定数量的有益微生物，有利于提高产品养分的利用率和促进土壤养分的释放。

（4）移动翻抛发酵加工法　该工艺是在温室式发酵车间内，沿轨道连续翻动拌好菌剂的畜禽粪便，使其发酵、脱臭，猪粪从发酵车间一端进入，出来时变为发酵好的有机肥，并直接进入干燥设备脱水，成为商品有机肥。该生产工艺充分利用光能、发酵热，设备简单，运转成本低，其主要设备有翻抛机、干燥筒、翻斗车等。

4. 低等动物处理技术　主要利用蚯蚓、蝇蛆、蜗牛等低等动物特殊的生理特性，分解猪粪和秸秆的混合物，合成蛋白质及其他营养物质，制成有机肥料。蚯蚓处理粪便技术操作简单，效果明显，目前最常用的是爱胜蚓属。

蚯蚓处理技术的流程：①对猪粪进行预处理，将其他杂质去除。②在猪粪中加入适当比例的草屑、米糠、发酵菌剂（或泥土），调节湿度至65%～70%，垒堆，用塑料薄膜将粪堆封严，待粪堆内外颜色变深后发酵过程结束。③根据猪粪量体积建设分解池，要保证池子的深度足够深，可在预选的林地树木株间开掘宽0.6m、深0.4m、长度适度的土槽，槽内铺5cm厚用水浸过的稻草。④将堆肥的猪粪放入分解池中，放入适量的蚯蚓进行分解，保持湿度70%左右，20～30℃条件下，40d后猪粪即可被蚯蚓处理完。⑤从分解池中分离蚯蚓和分解产生的物质。

（二）尿液、污水处理与利用

1. 工业治污模式　工业治污模式是指将产生的污水通过厌氧、好氧生化处理或经多级氧化塘处理达标排放，出水水质达到国家排放标准和总量控制要求。目前用于粪污达标排放的处理技术主要有：沼气（厌氧）-自然处理模式和沼气（厌氧）-好氧处理模式。

（1）沼气（厌氧）-自然处理模式　适用范围：该模式适用于离城市较远，经济欠发达，气温较高，土地宽广，地价较低、有滩涂、荒地、林地或低洼地可作粪污自然处理系统的地区。猪场饲养规模不能太大，一般年出栏生猪在5万头以下为宜，以人工清粪为主，水冲为辅，冲洗水量中等。

工艺流程：沼气（厌氧）-自然处理模式工艺流程如图10-2所示。

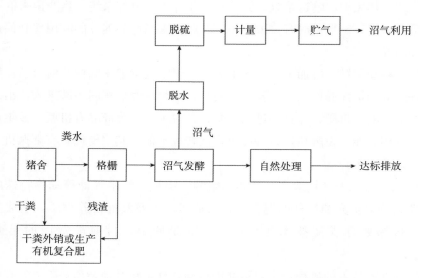

图10-2　沼气（厌氧）-自然处理模式工艺流程

注意事项：该模式主要利用氧化塘的藻菌共生体系以及土地处理系统或人工湿地的植物、微生物净化粪污中的污染物。由于冬季温度偏低，生物生长代谢受温度影响很大，其处理能力在冬季或寒冷地区较差，处理效果不稳定。

（2）沼气（厌氧）-好氧处理模式　适用范围：该模式适用于地处大城市近郊、经济发达没有足够的农田消纳粪污的地区。采用这种模式的猪场饲养规模较大，一般年出栏生猪在5万头以上，尿水和污水产生量大。

工艺流程：厌氧-好氧处理模式工艺流程如图10-3所示。

2. 种养结合模式　种养结合模式是指通过种植和养殖相结合，将畜禽粪

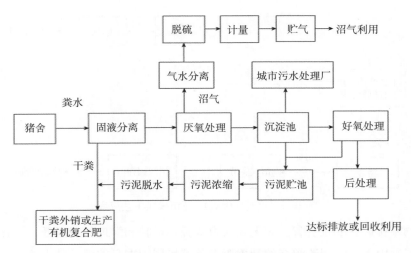

图 10-3 沼气（厌氧）-好氧处理模式工艺流程

尿、污水通过一定的处理，施于土壤中，通过植物和土壤微生物的作用，使畜禽粪尿、污水被分解转化成腐殖质和植物生长因子，有机氮磷转化成无机氮磷，供植物生长利用，达到维持并提高土壤肥力，综合利用畜禽粪尿、污水营养成分，减少污染的目的。

此模式将猪粪水还田利用前，通常进行氧化塘发酵或沼气池厌氧发酵等无害化处理，这样既能杀灭或去除寄生虫卵或病原菌，又能提高发酵液的营养成分，同时又可产生沼气，回收能源，因此，该模式可归结为沼气（厌氧）-还田模式。产生的沼气可作为能源供猪场和附近用户使用；沼渣可直接施用于蔬菜地、果园、农田等，也可制成有机肥异地出售；沼液可利用管网或罐车就近施于农田。

（1）适用范围 此模式适用于远离城市，周围有宽广土地的猪场，且猪场周边有足够的农田可以消纳猪场粪污。猪场养殖规模不大，一般年出栏生猪在2万头以下，尿液、污水产生量少。

（2）工艺流程（图 10-4） 沼液还田应遵循以下原则：不形成地表径流；不形成面源污染；不过度浇灌，以免形成地下水污染；不过量施肥，防止造成土壤污染；依据季节和作物需要合理施肥。目前，我国提倡种养结合模式在适度规模养殖中应用，此模式具有一定的优点，但由于技术等因素的限制，也存在一定的限制因素。

优点：①最大限度实现废物资源化，增加土壤肥力，可以减少化肥施用，

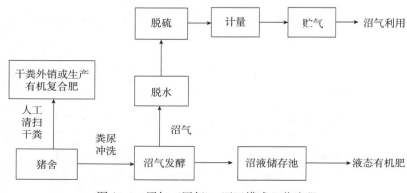

图 10-4   沼气（厌氧）-还田模式工艺流程

污染物零排放。②投资省。③无须人力资源，运转和管理的费用低，不耗能。

限制因素：①沼渣沼液的利用要求养殖场周围有足够消纳其中养分的农作物消纳地。②由于农田对沼渣和沼液有机肥的需求受季节影响，需要修建足量的贮存池对沼液进行贮存，否则将导致二次污染。③应采取适当的土地处理措施，防治水土流失和施用液体粪肥对水体污染。④沼液的运输，不论农田管网建设还是运输罐车购置都需要较大的资金投入。

3. 生物发酵床模式   目前，发酵床养猪技术已在全国各地广泛推广，技术成熟，优点很多。发酵床猪舍按每栋饲养生猪 500～1 000 头设计，除猪舍长度有所区别外，宽为 11m，高 5.4m，走道宽 1m，采食台 1.5m。为有利于夏天通风换气，猪舍南北开窗，屋顶增开天窗。猪舍内安装喷雾装置，用于夏季高温天气舍内降温和垫料扬尘时喷水；为便于发酵床垫料的翻动和运输处理，发酵床地面用水泥硬化，猪舍内各栏之间可以联通。发酵床使用 1.5～2 年后，采用堆肥处理方式，对发酵床垫料进行高温杀菌和腐熟，制成有机肥料，实现发酵床垫料的资源化利用和养猪生产过程"零污染"。

技术原理：根据微生态和生物发酵理论，在圈舍中铺设一层含有大量具有生物活性的特殊有益微生物的有机垫料，是为发酵床。生猪饲养在发酵床上，利用猪的拱翻习性，使猪粪、尿和垫料充分混合，通过微生物菌群的分解发酵，使猪粪、尿中的有机物质得到充分的分解和转化，微生物以尚未消化的猪粪为食饵，繁殖滋生。随着猪粪尿的消化，臭味也就没有了，而同时繁殖生长的大量微生物又向生猪提供了无机物和菌体蛋白质，从而相辅相成将猪舍演变成饲料和有机肥的加工厂，达到无臭、无味、无害的目的，实现生物循环，达到无污染、零排放、无公害健康养殖的目的。

发酵床堆肥处理方法：将发酵床垫料运到堆肥处理车间，以手挤后出水、松手后能够散开为标准，调节垫料水分为 65％ 左右，然后，将垫料堆成 1m 高、2m 宽，长度视堆肥场地与物料多少自行调节，用塑料布盖上。春、夏、秋三季，一般自然堆放后的第 2 天温度可升至 45℃ 以上，经高温（60～65℃）堆肥 1 周后，翻堆一次，再经过 2～3 周即可成为腐熟堆肥。腐熟后的堆肥可作为蔬菜、花卉、果木、茶叶等农作物种植用肥。

4. 循环利用模式　对粪污进行充分利用，从而达到减排的目的，是未来的发展趋势。循环利用模式的要点是养殖场采取干清粪方式，生产过程严格控制用水量，场内明沟排污改为管道输送，减少过程污染，实现雨污分流，固液分离，污水进行生物处理和消毒后场内回用，实现养殖场零排放；固体粪便通过堆肥处理、基质生产等方式进行再利用。

（1）适用范围　此种模式适用于周围农田面积不足或缺乏，无法对粪肥进行农田利用的养殖场，尤其适用于城市周边使用自来水的养殖场。

（2）工艺流程（图 10-5）

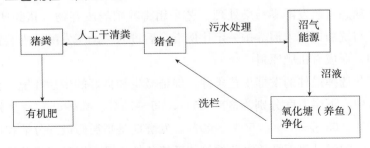

图 10-5　循环利用模式工艺流程

5. 集中处理模式　集中处理是指在达到一定饲养规模的养殖密集区，依托规模化养殖场，建设粪污集中处理利用工程，对周边养殖场、养殖小区的粪便或污水进行收集并集中处理。此模式适合于小型分散养猪场，规模化养殖场的分点饲养，"公司＋农户"一条龙养殖等养殖模式的粪污处理，每个养猪场收集粪便实现干湿分离，雨污分离，其中固体粪便采用粪车转运，集中生产商品化有机肥，提高肥料附加值；污水采用污水暂存-吸粪车收集转运-固液分离-高效生物处理-肥水贮存-综合利用，形成一整套的污水集中处理模式，提高污水处理效率，实现污水的资源化利用，集中处理模式改变现有单个养猪场粪污单独处理模式，可降低单位动物的投资与运行费用。

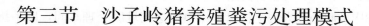
第三节　沙子岭猪养殖粪污处理模式

一、连续动态有氧发酵粪污处理模式

连续动态有氧发酵零污染处理技术，是通过建设动态有氧发酵处理设施，使发酵塔内所需热能由装置内高温微生物发酵产生的生物能自给，猪场粪尿等废弃物与统糠等物料经高温发酵处理，水分自然蒸发，废弃物变成了生物有机肥原料，从而实现规模猪场废弃物资源化利用和零污染排放。

例：沙子岭猪资源场占地为 3.7hm²，规模为年出栏猪 8 000 头。连续动态有氧发酵零污染处理装置设计规模为日处理废弃物 30t、日产有机肥原料15t。项目总投资 260 万元，其中设备投资 150 万元。该环保工程建成后总占地面积 840m²，其中发酵处理装置 360m²，贮水池 300m³。该项目 2011 年 10月建成投产，运行正常。

（一）技术原理

连续动态有氧发酵零污染处理工艺采用将养殖场废弃物（猪粪便、尿液、洗栏水）与统糠或锯末屑等按一定比例混合后进入"动态发酵处理装置"进行发酵处理，形成有机肥原料。

此工艺选择最佳的发酵工艺条件，保证微生物良好的生活环境。首日一次塔内上、中、下层温度分别为 30～45℃、65～75℃、45～65℃，水分分别为65%～75%、65%～55%、50%～40%。发酵期是嗜温菌最好分解和最佳生长环境条件；中层是热灭性杀害菌的最佳环境条件；最下层是嗜热菌最好分解和最快的生长环境条件。二次塔内上、中层温度基本保持在 45～65℃，下层降为 30～40℃。在此工艺条件下，物料进入塔内，当时即可进入中温发酵，嗜温性微生物旺盛繁殖，真菌、放线菌活跃，降解强烈。

次日进入中层高温区，是杀死有害细菌的最佳条件，同时对嗜热性放线菌与细菌微生物继续分化降解。到了 70℃以上则有利于热灭性杀害菌，而大部分嗜热性微生物已不适宜，大量死亡和休眠。

第 3 天，物料降至下层，下层温度 45～65℃，是嗜热性微生物旺盛活动区，进一步降解有机物。

第 4 天，卸料并转入二次塔内进行进一步降解发酵。使整个发酵过程进入主要发酵期，连续到第 7 天。物料经过中、高温微生物的分化降解，微生物活性经历了对数生长期、减速生长期和内源呼吸期三个时期的变化后，塔内物料开始发生与有机物分解相对应的另一个过程，即腐殖质的形成过程，局部进入稳定化状态。

第 8 天，物料卸出，进入稳定仓，进一步腐熟，再稳定发酵 4～7d。

（二）工艺流程

用粪便车（或其他工具）将各猪舍粪便送至"粪水池"，猪尿水、洗栏水通过排污水管道流至"粪水池"内，猪粪、猪尿水、洗栏水在"粪水池"混合。粪水和统糠（或锯木屑）按比例加入进料螺旋机，经混合搅拌后经提升机提升至塔顶螺旋机，经此螺旋机输送至一次发酵塔布料螺旋机，进入一次发酵塔内。一次发酵后卸出，转运至进料螺旋机进料处，再经进料螺旋机输送至提升机提升至塔顶螺旋机，经塔顶螺旋机输送至二次发酵塔布料螺旋机，进入二次发酵塔。经二次发酵后卸出，用铲车转运至稳定仓，经稳定 7d 成为有机肥原料。有机肥原料可作为吸附料和统糠一起混合进入下一个循环。工艺流程见图 10-6。

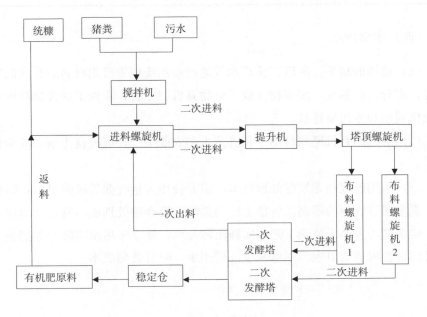

图 10-6　工艺流程

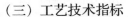

（三）工艺技术指标

连续动态有氧发酵处理工艺技术指标见表 10-3。

表 10-3　连续动态有氧发酵处理装置技术设计指标

项　　目	指标参数	备注
发酵仓有效容积	＞90％	
堆肥温度：动态工艺	塔内温度 45～75℃	
蛔虫卵死亡率	95％～100％	
每克粪中大肠菌值	1～2 个	
产品含水率	35％以下	
pH	6.5～8.0	
处理 1t 废弃物所需统糠（返料）	400kg	
处理 1t 废弃物耗电	10kW/h	
处理 1t 废弃物人工	0.1 个	

（四）主要特点

（1）猪场的猪粪、尿液、洗栏水等通过添加统糠等吸附材料后经高温发酵处理，水分自然蒸发，废弃物变成了生物有机肥原料，实现了规模猪场废弃物资源化利用和零污染排放。

（2）酵熟的有机肥原料用于花卉苗木和农业生产，可改良土壤，减少化肥用量。

（3）采用连续动态发酵处理技术，需要使用大量统糠等吸附材料，而受统糠、锯末屑等资源的限制及价格上涨的影响，废弃物处理成本有可能增加。因此，建议猪场采用干清粪工艺，实施雨污分离，夏季采用水帘降温等措施，及时打扫栏舍内清洁卫生，尽量减少洗栏用水，降低处理成本。

二、生物发酵床处理粪污方式

发酵床养猪是一种无污染、无排放、无臭气、遵循健康养殖原则的新型生态环保型养猪技术。该技术根据微生态理论和生物发酵理论，采用高温发酵微生物与锯末屑、谷壳或秸秆等混合发酵后作为有机物垫料，称为发酵床；猪饲养在发酵床上，其排出的粪尿经垫料中微生物及时降解、消化，猪舍无粪尿污水外排，实现零排放清洁生产，从源头上达到生态环保养猪的目的。

发酵床养猪模式在农村适度规模（年出栏 300～3 000 头沙子岭猪及杂交猪）育肥猪场中推广效果较好。

（一）基本原理

在猪舍内利用发酵微生物与垫料建造发酵床，猪将排泄物直接排泄在发酵床上，利用猪的拱翻习性，加上人工辅助翻耙，使猪的粪尿与垫料充分混合，通过有益微生物的发酵，粪尿中的有机物得到充分的分解和转化。其技术流程见图 10-7。

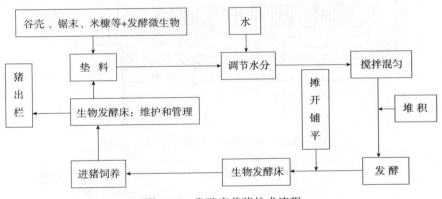

图 10-7　发酵床养猪技术流程

（二）操作流程

1. 示范性发酵床猪舍建设

（1）猪舍建设宜坐北朝南，东西走向，两栋猪舍间的间距不小于 10m。猪舍跨度 6.5～12m，檐高不低于 2.4m，猪舍长度为 30～60m。

（2）屋顶可设计成单坡式、双坡式等形式。屋顶应采用遮光、隔热、防水材料制作，并设置天窗或通气窗（孔）。

（3）猪栏宜采用单列式，过道位于北侧，宽约 1.2m。靠走道的一侧设置不少于 0.2m²/头或不低于 1.2m 宽的水泥饲喂台（又称休息台，约占栏舍面积的 20%），食槽安装于水泥饲喂台上。

（4）水泥饲喂台旁侧建设发酵床，发酵床底一般用水泥硬化，发酵床深度为50～80cm。地势高燥的地方采用地下式发酵床，地势平坦的地方采用地上式或半地上式发酵床。

（5）双坡单列式发酵床猪舍（①-②）剖面图参见图10-8，单坡单列式发酵床猪舍（①-②）剖面图参见图10-9，双坡双列式发酵床猪舍（①-②）剖面图参见图10-10。

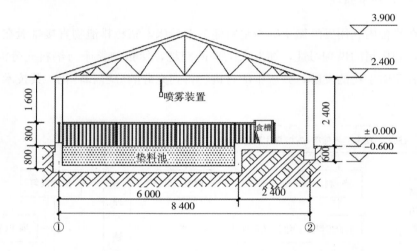

图 10-8　双坡单列式发酵床猪舍（①-②）剖面图

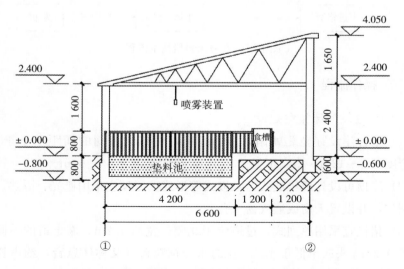

图 10-9　单坡单列式发酵床猪舍（①-②）剖面图

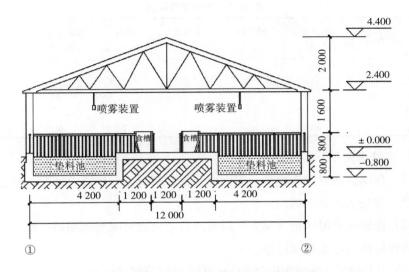

图 10-10　双坡双列式发酵床猪舍（①-②）剖面图

2. 发酵床菌种选择

（1）选用工厂化生产的成品发酵菌种。

（2）成品菌种要求正规单位生产，包装规范，色味正常，主要菌种含量符合生产企业标准。

（3）成品菌种应在不高于 40℃ 的阴凉干燥处保存。

3. 发酵床制作

（1）先准备好各种垫料原料，垫料原料应干净、无霉变、质地柔软、对猪只无刺激性。

（2）按表 10-4 提供的垫料配方制作好发酵垫料，再将发酵菌种按添加比例接种到发酵床垫料上。垫料制作有两种模式：一是将发酵菌种、营养添加剂与垫料原料按比例均匀混合的垫料制作模式；二是制作垫料时采用分层泼洒发酵菌种和营养添加剂的分层垫料制作模式。

（3）调整垫料水分含量，使其湿度适中，制作好的垫料要求手握时成团而指缝无渗水，松开后感觉蓬松，垫料抖落后手心感觉有湿度但无水珠渗出。

（4）新制作的垫料应用塑料薄膜或麻袋覆盖发酵 7～15d。

（5）将发酵成熟的垫料铺平，再在发酵垫料上平铺 5～10cm 厚的未经发酵处理的洁净垫料，经 24h 后即可进猪饲养。

表 10-4　垫料原料配方

配方	谷壳（%）	锯木屑（%）	稻草秆（%）	小麦秆（%）	菌种（kg/m³）	糠麸或麦麸（kg/m³）	粗盐（kg/m³）
配方一	40	60			1	5	0.35
配方二	60	40			1	5	0.35
配方三	50	50			1	5	0.35
配方四	45	45	10		1	5	0.35
配方五	45	45		10	1	5	0.35

4. 发酵床使用及垫料处理

（1）仔猪转入发酵床猪舍一周内应观察猪只对垫料的适应情况，调整好垫料湿度，防止垫料表面扬尘。

（2）仔猪在发酵床猪舍饲养一段时间后，应视情况每周翻耙垫料 1～2 次，防止垫料局部粪尿堆积或过湿。

（3）从仔猪转入发酵床猪舍之日起每隔 30d 深翻垫料一次，深度为 20～30cm。

（4）当垫料中粪尿堆积或湿度过大时，可适量添加垫料原料和发酵菌种，并将湿度调整到适宜状态。

（5）每批猪出栏或转群后，将垫料重新堆积，添加发酵菌种并调整好垫料湿度，发酵 5～10d。发酵成熟的垫料摊平后用未发酵的锯末屑或谷壳覆盖，厚度为 5～10cm，间隔 24h 后进猪饲养。

（6）高温天气垫料翻耙应选择在清晨或傍晚进行；寒冷天气垫料翻耙应选择在中午进行，同时应敞开部分窗户通风。

（7）垫料干燥扬尘时应向垫料表层喷洒适量的水，垫料潮湿时应适时向发酵床补充干垫料。

（8）使用过的垫料不应随意乱丢乱放，污染环境。对废弃垫料应进行资源化堆肥处理，处理方式有两种：一是在本场设堆肥车间，二是送有机肥厂。

三、沼气发电农牧结合粪污处理模式

湘潭沙子岭土猪科技发展有限公司是一家专业从事沙子岭猪养殖、饲料生产销售以及产品销售与养殖技术咨询服务于一体的股份制企业。公司沙子岭猪养殖场位于雨湖区姜畲镇石安村，占地约 5hm²，房屋建筑面积 8 000m²，现有猪舍 8 栋，其中种猪舍 4 栋，保育舍 2 栋，育肥舍 2 栋，常年存栏生猪 5 000 多头。公司建设的大型沼气综合利用工程包括 1 200 m³ 厌氧发酵装置、

300 m³贮气装置、50kW 沼气发电机组及其配套设施，年产沼气 15.33 万 m³，处理污水 3.84 万 t，年减少 CODcr（化学需氧量）排放 486t、SS（悬浮物）排放 81t、NH₃-N（氨氮）排放 27t。

猪场的粪尿污水经预处理后进入厌氧高温发酵装置产生沼气，沼气经净化处理进入贮气柜，一部分沼气用于猪场仔猪保温和职工生活，一部分通过沼气发电机组转化为电能，用于猪场饲料加工和生产生活。沼渣沼液作为有机肥料用于蔬菜、果木基地及农田等。公司通过签订沼肥供应合作协议，实施以沼气为纽带的生态农业循环模式。具体沼气发电循环利用工艺流程见图 10-11。

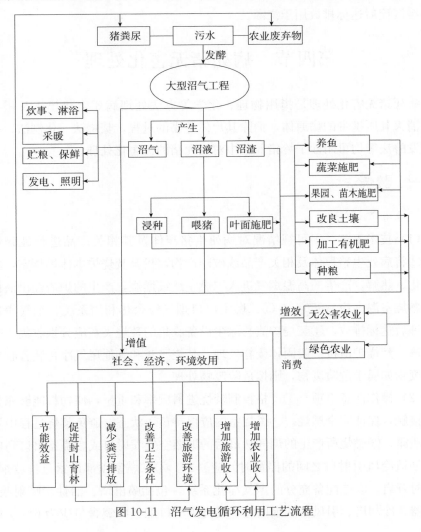

图 10-11 沼气发电循环利用工艺流程

四、"养猪+四池二分离一封闭+种植"循环养殖模式

农村沙子岭猪养殖专业户（年出栏 300～500 头）应用"四有（有沼气池、沉淀池、干粪池、化尸池）、两分离（雨污分离、干湿分离）、一封闭（排污管道封闭）"环保养猪新模式，实现粪污等废弃物的无害处理和资源化利用。养殖户根据饲养规模建设沼气池 10～30m³，三级沉淀池 40～48 m³，干粪池（棚）10～20 m³，化尸池 10～15 m³，采用雨污分离、干湿分离的生产工艺，场内排污管道封闭。经处理的沼液用于农田施肥，干粪腐熟后用于果菜茶，污水多级沉淀后达标排放用于浇灌。

第四节 病死猪无害化处理

病死猪无害化处理是指用物理、化学等方法处理病死生猪尸体及相关产品，消灭其所携带的病原体，消除其尸体危害的过程。焚烧法、化制法、掩埋法、发酵法等均可用沙子岭猪养殖中对病死猪的无害化处理。

一、焚烧法

1. 直接焚烧法

（1）技术工艺 ①可视情况对病死生猪尸体及其相关产品进行破碎预处理。②将病死生猪尸体及相关产品或破碎产物，投至焚烧炉本体燃烧室，经充分氧化、热解，产生的高温烟气进入二燃室继续燃烧，产生的炉渣经出渣机排出。燃烧室温度应≥850℃。③二燃室出口烟气经余热利用系统、烟气净化系统处理后达标排放。④焚烧炉渣与除尘设备收集的焚烧飞灰应分别收集、贮存和运输。焚烧炉渣按一般固体废物处理；焚烧飞灰和其他尾气净化装置收集的固体废物如属于危险废物，则按危险废物处理。

（2）操作注意事项 ①严格控制焚烧进料频率和重量，使物料能够充分与空气接触，保证完全燃烧。②燃烧室内应保持负压状态，避免焚烧过程中发生烟气泄露。③燃烧所产生的烟气从最后的助燃空气喷射口或燃烧器出口到换热面或烟道冷风引射口之间的停留时间应≥2s。④二燃室顶部设紧急排放烟囱，应及时开启。⑤应配备充分的烟气净化系统，包括喷淋塔、活性炭喷射吸附、除尘器、冷却塔、引风机和烟囱等，焚烧炉出口烟气中氧含量应为 6％～10％

（干气）。

2. 炭化焚烧法

（1）技术工艺　①将病死生猪尸体及相关产品投至热解炭化室，在无氧情况下经充分热解，产生的热解烟气进入燃烧（二燃）室继续燃烧，产生的固体炭化物残渣经热解炭化室排出。热解温度应≥600℃，燃烧（二燃）室温度≥1 100℃，焚烧后烟气在1 100℃以上停留时间≥2s。②烟气经过热解炭化室热能回收后，降至600℃左右进入排烟管道。烟气经过湿式冷却塔进行"急冷"和"脱酸"后进入活性炭吸附和除尘器，最后达标后排放。

（2）注意事项　①应检查热解炭化系统的炉门密封性，以保证热解炭化室的隔氧状态。②应定期检查和清理热解气输出管道，以免发生阻塞。③热解炭化室顶部需设置与大气相连的防爆口，热解炭化室内压力过大时可自动开启泄压。④应根据处理病死生猪的体积等严格控制热解的温度、升温速度及物料在热解炭化室里的停留时间。

二、化制法

1. 干化法

（1）技术工艺　①可视情况对病死生猪尸体及相关产品进行破碎预处理。②病死生猪尸体及相关产品或破碎产物输送入高温高压容器。③处理物中心温度≥140℃，压力≥0.5MPa（绝对压力），时间≥4h（具体处理时间随需处理病死生猪尸体及相关产品或破碎产物种类和体积大小而设定）。④加热烘干产生的热蒸汽经废气处理系统后排出。⑤加热烘干产生的尸体残渣传输至压榨系统处理。

（2）操作注意事项　①搅拌系统的工作时间应以烘干剩余物基本不含水分为宜，根据处理物量的多少，适当延长或缩短搅拌时间。②应使用合理的污水处理系统，有效去除有机物、氨氮，达到国家规定的排放要求。③应使用合理的废气处理系统，有效吸收处理过程中尸体腐败产生的恶臭气体，使废气排放符合国家相关标准。④高温高压容器操作人员应符合相关专业要求。⑤处理结束后，需对墙面、地面及其相关工具进行彻底清洗消毒。

2. 湿化法

（1）技术工艺　①可视情况对病死生猪尸体及相关产品进行破碎预处理。②将病死生猪尸体及相关产品或破碎产物送入高温高压容器，总质量不得超过

215

容器总承受力的 4/5。③处理物中心温度≥135℃，压力≥0.3MPa（绝对压力），处理时间≥30min（具体处理时间随需处理病死生猪尸体及相关产品或破碎产物种类和体积大小而设定）。④高温高压结束后，对处理物进行初次固液分离。⑤固体物经破碎处理后，送入烘干系统；液体部分送入油水分离系统处理。

（2）操作注意事项　①高温高压容器操作人员应符合相关专业要求。②处理结束后，需对墙面、地面及其相关工具进行彻底清洗消毒。③冷凝排放水应冷却后排放，产生的废水应经污水处理系统处理达标后排放。④处理车间废气应通过安装自动喷淋消毒系统、排风系统和高效微粒空气过滤器等进行处理，达标后排放。

三、掩埋法

1. 直接掩埋法

（1）选址要求　①应选择地势高燥，处于下风向的地点。②应远离动物饲养厂（饲养小区）、动物屠宰加工场所、动物隔离场所、动物诊疗场所、动物和动物产品集贸市场、生活饮用水源地。③应远离城镇居民区、文化教育科研等人口集中区域、主要河流及公路、铁路等主要交通干线。

（2）技术工艺　①掩埋坑体容积以实际处理病死生猪尸体及相关产品数量确定。②掩埋坑底应高出地下水位 1.5m 以上，要防渗、防漏。③坑底洒一层厚度为 2～5cm 的生石灰或漂白粉等消毒药。④将动物尸体及相关动物产品投入坑内，最上层距离地表 1.5m 以上。⑤使用生石灰或漂白粉等消毒药消毒。⑥覆盖距地表 20～30cm，厚度不少于 1～1.2m 的覆土。

（3）操作注意事项　①掩埋覆土不要太实，以免腐败产气造成气泡冒出和液体渗漏。②掩埋后，在掩埋处设置警示标志。③掩埋后，第一周内应每日巡查 1 次，第二周起应每周巡查 1 次，连续巡查 3 个月，掩埋坑塌陷处应及时加盖覆土。④掩埋后，立即用氯制剂、漂白粉或生石灰等消毒药对掩埋场所进行 1 次彻底消毒。第一周内应每日消毒 1 次，第二周起应每周消毒 1 次，连续消毒 3 周以上。

2. 化尸窖

（1）选址要求　①猪场的化尸窖应结合本场地形特点，宜建在下风向。②乡镇、村的化尸窖选址应选择地势较高，处于下风向的地点。应远离动物饲养厂（饲养小区）、动物屠宰加工场所、动物隔离场所、动物诊疗场所、动物和动物产品集贸市场、泄洪区、生活饮用水源地；应远离居民区、公共场所，以及主要河流、公路、铁路等主要交通干线。

（2）技术工艺 ①化尸窖应为砖和混凝土，或者钢筋和混凝土密封结构，应防渗防漏。②在顶部设置投置口，并加盖密封加双锁；设置异味吸附、过滤等除味装置。③投放前，应在化尸窖底部铺洒一定量的生石灰或消毒液。④投放后，投置口密封加盖加锁，并对投置口、化尸窖及周边环境进行消毒。⑤当化尸窖内尸体达到容积的 3/4 时，应停止使用并密封。

（3）注意事项 ①化尸窖周围应设置围栏、设立醒目警示标志以及专业管理人员姓名和联系电话公示牌，实行专人管理。②应注意化尸窖维护，发现化尸窖破损、渗漏应及时处理。③当封闭化尸窖内的生猪尸体完全分解后，应当对残留物进行清理，清理出的残留物进行焚烧或者掩埋处理，对化尸窖池进行彻底消毒后，方可重新启用。

四、发酵法

1. 技术工艺 ①发酵堆体结构形式主要分为条垛式和发酵池式。②处理前，在指定场地或发酵池底铺设 20cm 厚辅料。③辅料上平铺动物尸体或相关动物产品，厚度≤20cm。④覆盖 20cm 辅料，确保病死生猪尸体或相关产品全部被覆盖。堆体厚度随需处理尸体和相关动物产品数量而定，一般控制在 2～3m。堆肥发酵堆内部温度≥54℃，1 周后翻堆，3 周后完成。⑤辅料为稻糠、木屑、秸秆、玉米芯等混合物，或是在稻糠、木屑等混合物中加入特定生物制剂预发酵后产物。

2. 操作注意事项 ①因重大动物疫病及人畜共患病死亡的生猪尸体和相关动物产品不得使用此种方式进行处理。②发酵过程中，应做好防雨措施。③条垛式堆肥发酵应选择平整、防渗地面。④应使用合理的废气处理系统，有效吸收处理过程中动物尸体和相关动物产品腐败产生的恶臭气体，使废气排放符合国家相关标准。

第十一章
开发利用与品牌建设

第一节　品种资源开发利用现状

一、种源数量

沙子岭猪曾广泛分布于湖南的湘中、湘东、湘南等地，占全省养猪总数的50%左右，占湘潭养猪数的90%以上，湖北、江西、河北、河南、广东、广西、辽宁等地曾引种饲养。受20世纪50年代推行的地方猪种"杂交改良"和20世纪80年代以来的以外国猪种为终端父本的瘦肉型经济杂交两次冲击，在经济利益驱动下，片面地追求高生长速度、高饲料转化率和瘦肉率，沙子岭猪与其他地方猪种一样，饲养区域迅速缩小，饲养数量迅速减少，面临纯种数量急速下降甚至处于濒危状态。

鉴于沙子岭猪固有的优良特性和对生猪生产的重要影响，1984年5月16日，湘潭市人民政府召开市长办公会议，确定湘潭市家畜育种站承担保种任务，市财政每年安排专项保种经费进行持续保种。沙子岭猪采取集中（保种场）与分散（保护区）相结合的保种方式，以沙子岭猪保种场保种为主，同时划定云湖桥、石鼓、花石三个沙子岭猪保种区。为进一步加强沙子岭猪保种选育和开展产业化开发，2010年湘潭市家畜育种站投资1 500多万元，建成了占地约3.7hm²，建筑面积超过8 000m²，生产设施设备齐全的沙子岭猪资源场（图11-1）。

2011年，湘潭市政府工作报告中提出"要抓住沙子岭猪获批国家地理标志的有利时机，构筑完整的生猪产业链"，并将沙子岭猪产业化开发列入了湘潭市"十二五"经济社会发展规划中，加快了沙子岭猪的种源保护和开发利用步伐。沙子岭猪资源场被农业部授予国家级生猪标准化示范场；被国家质量技

图 11-1　国家级沙子岭猪资源场

术监督总局批准为国家农业综合标准化示范区。除沙子岭猪资源场外，在雨湖区、湘乡市和韶山市分别筹建了沙子岭猪扩繁场，尤其是雨湖区姜畲镇万头沙子岭猪扩繁场的投入生产，为地方猪繁育体系和产业化开发奠定了良好的基础。2014 年，农业部发布第 2061 号公告，重新确定沙子岭猪等 159 个畜禽品种为国家级畜禽遗传资源保护品种，沙子岭猪作为华中两头乌猪的典型代表，正式成为国宝级保护猪种。随后，沙子岭猪资源场又顺利通过农业部国家级遗传资源保种场验收，沙子岭猪资源保护进入国家队行列（2015 年，农业部第 2234 号公告）。

目前，沙子岭猪资源场有沙子岭种猪 339 头，其中公猪 12 个血统 26 头，母猪 313 头，沙子岭猪扩繁场以及湘潭县云湖桥、石鼓、花石三个保种区保存沙子岭猪种猪共计 1 500 多头。随着沙子岭猪专业合作社的成立，湘沙猪配套系选育科研工作的深入，市场产业化开发步伐的加快，沙子岭猪种群的数量将进一步增加。

二、主要开发利用途径

对地方猪产业而言，保种是基础，利用是关键；保种注重社会效益，利用突出经济效益。只有保种与利用有机结合，才能实现社会效益和经济效益有机统一。沙子岭猪开发利用采取原种利用与改良利用相结合的方式，不断挖掘沙子岭猪潜在的资源利用价值，推动沙子岭猪的开发利用走向产业化。

（一）原种利用

即对纯种沙子岭猪的开发利用。目前，沙子岭猪原种利用方式主要有三种：

1. 提供沙子岭猪种猪　沙子岭猪的选种，在民间早就有选种要领，即"点头墨尾、无斑花、短嘴筒、蝴蝶耳、牛眼睛、筒子身、半腹肚、开膛见奶、体质结实"。多年来，通过开展沙子岭猪生长发育、繁殖性能、精液品质、毛色遗传、母猪行为、营养需要、杂交试验、肉质特性、蛋白质多态性等方面的研究，取得大量的科研数据资料，制定发布部省级标准多个，其中《沙子岭猪》为农业行业标准（NY/T 2826—2015），根据该品种标准要求为社会提供合格的沙子岭猪种猪。在满足沙子岭猪营养需要的条件下，6月龄公猪平均体重42kg、体长90cm、体高45cm，6月龄母猪平均体重45kg、体长87cm、体高42cm。成年公猪平均体重130kg、体长136cm、体高71cm；成年母猪平均体重145kg、体长138cm、体高66cm。

2. 生产高档猪肉　根据安徽农业大学张伟力教授对100kg级沙子岭猪胴体的切块分析，其前肩切块（图11-2）、小排切块（图11-3）、五花肉切块（图11-4）、股二头肌切块（图11-5）肉色鲜艳亮丽，大理石纹细致而丰富。五花肉切块，稳定性极好，此所谓热不流汤，冷不结霜，在22℃室温时表面一层瘦肉大红大紫如富贵牡丹，在40℃时表面一层瘦肉依旧鲜红艳丽如妙龄鸡冠。三红三白一皮共7个层次，清清楚楚排列有序，红白对仗，肥瘦相当，阴阳平衡，线条流畅。沙子岭猪胴体具备传统极品肉优势和竞争国际品牌猪肉的潜力。同时，沙子岭猪肉味香浓，鲜嫩多汁，口感好，具有锌和γ-亚麻酸含量高等独特肉质特性。

图11-2　沙子岭猪前肩雪花肉切块

图11-3　沙子岭猪小排切块

图 11-4　沙子岭猪五花肉切块　　　　　图 11-5　沙子岭猪股二头肌切块

3. 医学开发利用　据中南大学湘雅三医院对不同猪种的筛选和比较，发现沙子岭猪种群携带的 PERV（内源性及转录病毒）亚型主要以 PERV-A、B 为主，其 93.5% 的个体表现为 *env-C* 基因缺失；沙子岭猪的 SLA-DRA 和 SLA-DRB 与人类相应的 DRA、DRB 相比，核苷酸序列同源性分别为 83% 和 83%，编码氨基酸同源性分别为 83% 和 79%，这些特性都揭示沙子岭猪具有异种细胞人体移植或基因治疗的独特种质，足见将其作为候选猪种在猪人异种细胞或器官移植方面的应用前景。

（二）改良利用

利用外来血缘导入沙子岭猪，进行品种改良或培育出新品系，是国内地方猪种进行规模化、产业化开发普遍采用的方法。沙子岭猪耐粗饲、生长速度相对较慢，适宜传统的中小规模养殖，但相对现代的高产出和大规模养殖而言，其养殖需求受到明显制约。因此，从 20 世纪 80 年代开始，湘潭市就开始以沙子岭猪为育种素材，进行了持续深入的杂交利用和新品种培育工作，并与中国农业大学、中科院亚热带农业生态研究所、湖南农业大学、湖南省畜牧兽医研究所、中南大学湘雅三医院等单位进行产学研合作，建立了以沙子岭猪品种选育、营养需要研究为主要内容的两家院士工作站，为沙子岭猪的市场开发提供技术支撑。

1. 杂交改良利用　通过导入长白、大约克和杜洛克等外来血源进行二元或三元杂交改良，在保持沙子岭猪的抗病性强、肉质佳等优良种质特性基础上，提高其瘦肉率和生长速度，适应规模化养殖。大量的实验数据表明，以沙子岭猪为母本，加系双肌臀大约克、美系杜洛克、丹系长白为父本进行杂交组合，最终筛选出的二元杂交组合"双×沙"和三元杂交组合"双×长×沙"表现出较好的杂交优势。"双×长×沙"组合日增重640g、料重比3.2：1、瘦肉率61.7%；"双×沙"组合日增重563.53g，料重比3.67：1，瘦肉率54.54%。

2. 配套系选育　目前，正在开展以沙子岭猪为母本，以巴克夏猪和大约克夏猪分别为第一父本和终端父本，培育湘沙猪配套系，生产优质商品猪。前期研究结果表明，配套系肥育性能、繁殖性能和胴体品质等方面均表现出优良特性，主要经济技术指标达到国内同类研究领先水平，在2019年已通过新品种（配套系）审定。

三、沙子岭猪产业化开发现状及其效应

随着人民生活水平的不断提高，优质土猪肉的市场份额逐年上升，沙子岭猪系列产品开发市场前景广阔。

（一）开发思路

要保护好优秀的地方品种资源，关键在利用。在沙子岭猪的市场化开发上，湘潭市采取品牌战略，以优质猪肉市场为目标，组建或引进战略投资者，采用"沙子岭猪优势杂交组合（或配套系）＋发酵床＋草本植物调理剂"的技术路线和"公司＋基地＋农户"的产业化运作模式，建立优质猪生产基地，瞄准优质猪肉市场，开发绿色风味土猪系列产品。

（二）开发现状

目前，通过建立生产基地，明确专门的加工企业负责屠宰加工，开设专卖店和风味餐馆等方式，已初步形成了一个较为完整的产业开发链条。湘潭市涌现出湘潭飞龙牧业有限公司、沙子岭土猪科技开发有限公司等专门从事沙子岭猪开发的企业。成功注册了沙子岭、砂子岭、湘沙、潭州等四个普通商标，获得国家地理标志保护产品证书，通过无公害产地认定和无公害产品认证，获得第四届湖南省畜博会金奖。2012年6月在湘潭河东开设沙子岭土猪肉连锁专卖旗舰店，9月在杭州开设沙子岭土猪肉连锁店，12月中央电视台《行走的餐桌》栏目拍摄以沙子岭猪为原料制作的红烧肉节目；2013年1月在湘潭河西

开设沙子岭土猪肉连锁店，4月举办沙子岭猪品牌文化策划座谈会。目前，已在湘潭开设 8 家沙子岭土猪肉连锁专卖店，在长沙开设 2 家沙子岭土猪肉专卖店，在杭州开设 12 家沙子岭土猪肉连锁店。由于受资金、地域、人才等诸多因素的影响，市场开发步伐不快。产品开发方面，在热鲜肉、冷鲜肉的基础上，开发了以沙子岭猪肉为原料的香肠、腊肉等深加工产品，节日礼品则采用专门设计的方便型包装盒供应市场，受到中、高档消费者欢迎；已开业的 1 家沙子岭土猪体验餐馆，在开发常规菜系的基础上，开发了以沙子岭猪为原料的"毛氏红烧肉"。中国第八届美食节将沙子岭猪肉作为"毛氏红烧肉"的指定用肉。

（三）开发效应

随着沙子岭猪开发逐步走上正轨，对湘潭市的生猪产业发展产生了积极的社会、经济和生态效应。

1. 一定程度上促进了湘潭生猪产业经济增长方式的转变　相对普通猪肉的市场零售价格，沙子岭猪肉市场销售价为其 3 倍以上，销售收入也相应增加。2016 年，通过示范基地和专卖店累计出售沙子岭猪优质猪 1.2 万头，出售沙子岭猪及杂优商品猪 10 万头，新增产值 2.48 亿元，新增利润 7 800 万元。农民养殖收益成倍增加，有效促进农民致富、农村精品及特色经济发展；改变了长期以来杜长大瘦肉猪一枝独秀的局面，促进了湘潭市生猪产业供给侧结构性改革步伐。此外，肉质优良的沙子岭猪更具有深加工基础和潜力，开发出来的毛氏红烧肉和香肠等系列产品，大幅度增加了产品的附加值。

2. 一定程度上促进了生态文明建设　作为地方猪种，沙子岭猪养殖走的就是优质、生态、高端之路，在养殖过程中采用植物调理剂和益生菌对猪群进行保健，禁止使用抗生素，粪便"毒素"大为减少，有效改善养殖及农村生态环境，大大减轻了养殖污染源。

3. 一定程度上有利于农民增收目标的实现　从沙子岭猪产业开发现状来看，相对于其他常规商品猪，其市场销售价格较为稳定，且具备继续上行的空间，与常规猪肉销售价格的起伏波动没有必然联系和连锁反应，减少了因猪价大起大落给农民、消费者和政府带来的系列问题，收益的稳定性、可预见性显而易见，有利于农民增收目标的实现。

（四）当前开发工作经验

1. 政府和有关部门的支持，是沙子岭猪产业化开发取得成功的关键　湘潭市委、市政府历来重视沙子岭猪的保种和利用工作。1984 年，市政府明确湘潭市家畜育种站对沙子岭猪基因资源进行保护，确保其种质资源特性得到了有效保护，为沙子岭猪的产业化开发打下了良好基础。2011 年，沙子岭猪产业化开发列入湘潭市"十二五"发展规划，并将打造沙子岭猪产业链列入市政府工作报告，作为市委、市政府的一项重点工作来抓，提出了打造沙子岭猪优势产业，为湖南省乃至全国地方猪种的开发利用提供示范的发展目标。同时，湖南省政府也十分关注和支持沙子岭猪的保护与利用工作，省发改委、省财政厅、省畜牧水产局、省技术监督局等省直有关部门对沙子岭猪保护和开发项目优先立项，近几年来，沙子岭猪保护与开发利用共获得各级扶持资金 800 万元以上。可以说，抓好沙子岭猪的产业化开发工作已成为湘潭市上下的共识。

2. 规范统一的生产管理标准，是打造地方特色品牌的重要手段　沙子岭猪产业化开发现状表明，虽然地方猪种肉味鲜美香醇已得到公认，但在社会高度发展、消费者选择多样化的今天，一个品牌猪肉的质量用"好吃"来形容已经落伍，肉品质量必须要数字化才能确立品牌肉的高品质信誉，必须根据消费者的需求，提供整齐划一的批量产品。在养殖环节，推广应用生态环保养猪技术，严格执行《沙子岭猪质量控制技术规范》，结合已发布实施的《沙子岭猪》和《沙子岭猪饲养管理技术规范》标准，促使沙子岭猪地理标志登记保护顺利实施。同时，实施品种、饲料、养殖、防疫、收购、屠宰、加工、运输、连锁销售和可追溯等统一管理、全程记录的生产及经营，形成肉品安全生产体系，从源头上确保肉品安全。在屠宰加工阶段，通过采取对胴体进行两段式预冷处理、32h 冷排酸等现代手段，保证猪肉质量和风味。目前，湘潭市已建立了沙子岭猪质量可追溯体系，建立了沙子岭猪从育种、养殖、运输、分割、肉制品加工到仓储配送全过程覆盖、全流程跟踪的产品标识制度，消费者通过二维码扫描，就能清楚地知道自己所买的这块猪肉来自哪个猪场？猪是什么时候出生的？用过什么药？在哪里屠宰等信息，初步实现了源头可追溯、流向可追踪、信息可反馈、产品可召回的全程监控。

3. 与企业"嫁"接，是加快沙子岭猪产业化开发的必由之路　从沙子岭猪产业化开发轨迹来看，2011 年以前，没有与做市场开发的企业对接，沙子岭猪的开发利用主要停留在科学研究以及养殖户将其作为杂交母本加以利用这个层面，直到湖南湘格旺科技股份有限公司、湘潭沙子岭土猪科技开发有限公司相继承接沙子岭猪全产业链开发工作以后，沙子岭猪的产业化开发才步入正轨。由此可见，由政府牵头，通过引入社会资本，将沙子岭猪品牌、商标等知识产权和繁育、饲养、加工控制技术等转让给有实力的企业，实现地方猪产业开发与企业的对接，才有可能将地方猪特色产业做大做强。

第二节　主要产品及加工工艺

一、已开发的主要产品及加工工艺

（一）鲜肉

1. 屠宰工艺　沙子岭猪体重达 75～85kg 屠宰，屠宰加工和检疫按 GB/T 17236—2019 和 NY 467—2001 的规定执行，屠宰加工过程的卫生要求按 GB 2707—2016 的规定执行。

2. 感官指标　沙子岭猪鲜肉感官指标参见表 11-1。

表 11-1　沙子岭猪鲜肉感官指标

项　目	感官指标
色泽	肌肉有光泽，红色均匀，脂肪乳白色
组织状态	纤维清晰，有坚韧性，指压后凹陷迅速恢复
黏度	外表湿润，有黏性
气味	具有猪肉固有的气味，无异味
煮沸后肉汤	澄清透明，脂肪团聚于表面

3. 理化指标　沙子岭猪鲜肉理化指标见表 11-2。

表 11-2　沙子岭猪鲜肉或冷却肉理化指标

项　目	指　标
肉色评分	≥2.80

（续）

项　目	指　标
大理石纹评分	≥2.80
肌肉 pH$_1$	6.0～6.5
肌肉失水率（%）	≤15
滴水损失（%）	≤2.50
肌内脂肪（%）	≥3.00
挥发性盐基氮（每百克中毫克数）	≤15

（二）毛氏（家）红烧肉

毛氏（家）红烧肉是以沙子岭猪的五花肉为主料，以甜酒、酿造酱油为有色调味料烧制而成，是毛泽东同志最爱吃的湘味熟肉制品。红烧肉感官指标见表11-3，红烧肉品质见表11-4。

1. 制作工艺

（1）净菜加工　选体重80kg左右的沙子岭猪宰杀后分割所得的五花三层带皮肉，将五花肉用烧红的铁锅烙去猪毛，放入温水中刮洗干净，可煮熟断生，再改切成不小于3cm×3cm×3cm方块的猪肉坨，应符合DB43/T 470相应要求。

（2）炒糖色　洗锅烧热滑油，下入1kg白砂糖，沿锅边加水1.5kg，以中火熬制成液，熬至锅中小泡转变至大泡即可，取30g～50g做一份。

（3）红烧　锅内烧油至六成热，将猪肉坨入锅煸炒至变色出油。加入甜酒汁（或糖色）、酱油、整干椒、八角、葱节、姜块和水，没过肉块为度。大火烧开，撇去浮沫，用小火烧至七成熟时加食盐、味精，继续烧至肉质酥烂，去掉佐料后，大火收汁即可。

2. 感官指标（表11-3）

表11-3　毛氏（家）红烧肉感官指标

项　目	要　求
盛装形态	装盘讲究，菜形、分量与盘碟协调，具美感
色泽	肉质红亮，无黑斑异色；无肉眼可见外来物
口感	质地酥烂，咸鲜适口，肥而不腻，无异味
风味	具有鲜香浓郁的红烧猪肉风味

3. 品质要求（表 11-4）

表 11-4　毛氏（家）红烧肉品质要求

项　　　目	指　　　标
猪肉食盐（以 100g 猪肉中的 NaCl 计，mg）	≤2.0
猪肉占总质量百分比（％）	≥78

（三）农家烟熏沙子岭猪腊肉

1. 制作工艺

（1）选料　选体重 80kg 左右的沙子岭猪宰杀后分割所得的五花三层带皮肉或皮肉肥瘦相连的后腿肉。将肉切成 3～4cm 厚、6cm 宽、35cm 长的条备用。

（2）腌制　将桂皮、花椒、胡椒粉、大茴香等香料焙干研细，同白糖、盐、酱油、白酒放在一起拌和；然后将猪肉条用香料搓拌均匀，拌好后再放着腌入味。在气温 10℃ 以下时，可先腌 3d 后翻动一次，继续腌 4d 取出，用冷开水漂洗净，用绳子吊在干燥、阴凉、通风处吹干。

（3）烟熏　用茶树木或杉木、柏木的锯末作熏料，放入熏器内点燃，火要小，烟要浓。将肉条吊在离火 30cm 高处熏，熏器内温度要控制在 50～60℃。熏时要每隔 4h 翻动一次，一直熏到肉条呈金黄色后（约需 24h），原地放置 10d 左右，使它自然成熟。放置地点，要注意清洁，防止污染，鼠咬、虫蛀。

2. 感官指标　见表 11-5。

表 11-5　农家烟熏沙子岭猪腊肉感官指标

项　目	要　　　求
色泽	皮色红黄、脂肪似蜡、肌肉棕红，煮熟切成片，透明发亮
口感	味道醇香、咸淡适口、熏香浓郁，吃起来肥不腻口，瘦不塞牙
风味	具有鲜香浓郁的烟熏风味

（四）沙子岭猪肉香肠

1. 制作工艺

（1）切丁　将沙子岭猪宰杀后分割所得的瘦肉和肥肉按 7∶3 的比例选取，

再将瘦肉顺丝切成肉片，再切成肉条，与肥肉条一起，切成0.5cm的小方丁备用。

（2）漂流　瘦肉丁用1%浓度盐水浸泡，定时搅拌，促使血水加速溶出，减少成品氧化而色泽变深。2h后除去污盐水，再用盐水浸泡6～8h，最后冲洗干净，沥干。肥肉丁用开水烫洗后立即用凉水洗净沥干。

（3）腌渍　洗净的肥、瘦肉丁混合，配入调料拌匀，腌渍8h左右。每隔2h上下翻动一次使调味均匀，腌渍时防高温、防日光照晒、防蝇虫及灰尘污染。

（4）灌肠　干肠衣先用温水浸泡15min左右，软化后内外冲洗一遍，另用清水浸泡备用，泡发时水温不可过高，以免影响肠衣强度。将肠衣从一端开始套在漏斗口（或皮肠机管口）上，套到末端时，放净空气，结扎好，然后将肉丁灌入，边灌填肉丁边从口上放出肠衣，待充填满整根肠衣后扎好端口，最后按15cm左右长度打结，分成小段。

（5）晾干　灌扎好香肠挂在通风处使其风干约15d，用手指捏试以不明显变形为度。不能暴晒，否则肥肉会出油变味，瘦肉色加深。

（6）保藏　保持清洁不沾染灰尘，用食品袋罩好，不扎袋口朝下倒挂，既防尘透气又不会长霉。

2. 感官指标　见表11-6。

表11-6　沙子岭猪肉香肠感官指标

项　目	要　求
色泽	肉色鲜明，间有白色夹花，肠衣收缩起皱纹
口感	咸淡适口，肥而不腻，鲜美可口
黏度	晒干后香肠不粘手，瘦肉捏起来有一定硬度

（五）沙子岭猪扣肉

1. 制作工艺　扣肉的"扣"是指把整块的肉煮或炖至熟后，切片放入碗中上锅蒸透后，把蒸出的油控出，倒于盖碗或盘中的过程。

（1）选料　选体重在80kg左右的沙子岭猪宰杀后分割所得的五花三层带皮肉。

（2）上色　将肉用汤煲在文火上煮到六七成熟后，取出，用酱油和蜂蜜涂抹上色。

（3）油炸　炒勺倒入植物油，烧到七八成热，把煮好的肉放入，炸到棕红色，捞出来，随即放进清水中漂透（用流动清水漂至没有浮油为止）。

（4）摆盘　将制好的肉切成长 10cm、厚 0.8cm 的大块薄片，皮向下逐块拼摆在碗里。再将制作好的梅菜或香芋或其他配菜，均匀铺放在肉上面。

（5）扣盘　将配制好的肉和菜连碗放入蒸屉，用旺火蒸 40min，倒出原汁，将扣肉复扣入盘里。原汁加入淀粉勾芡，淋入肉面上即成。

2. 感官指标　见表 11-7。

表 11-7　沙子岭猪扣肉感官指标

项目	要　　求
色泽	色泽金黄，肉皮酱红油亮，皱纹整齐隆起
口感	汤汁黏稠鲜美，食之软烂醇香

二、正在研发的主要产品及加工工艺

（一）脆皮猪蹄

1. 选料　选体重在 80kg 左右的沙子岭猪宰杀后分割所得的猪蹄，洗净，切块。提前泡两三个小时去除血水，洗净备用。

2. 煮烂　将猪蹄放入锅中加入适量的清水，再放入花椒、酱油、蚝油、葱节、生姜、盐，大火煮沸，改小火煮至酥烂。

3. 腌制　将煮好的猪蹄捞出，控掉水分，放入大碗中，加入两汤匙腐乳汁，腌制 15min。

4. 油炸　倒掉多余的腐乳汁，洒上面包糠，抖翻几下，让猪蹄上都沾上面包糠。在锅中加入油，烧至八成热放入猪蹄，小火炸至微黄，大火炸至金黄捞出。

5. 装盘　放漏勺里控掉油汁，装好盘洒上椒盐即可。

（二）烤乳猪

1. 选料　选体重 5～8kg 沙子岭猪小乳猪 1 头，屠宰清洗后，从内腔劈开，使猪身呈平板状，然后斩断第三、四条肋骨，取出这个部位的全部排骨和两边扇骨，挖出猪脑，在两旁牙关各斩一刀。

2. 腌制　将乳猪放在工作台上，把五香粉和精盐搽抹在猪的腹腔内，腌约 30min，接着把调味酱、腐乳、芝麻酱、白糖、蒜茸、洋葱茸、味精、生粉、五香粉等调匀，涂抹在猪腔内，再腌约 30min。

3. 定型　用木条在内腔撑起猪身，前后腿也各用一条木条横撑开，扎好猪手，使乳猪定型，然后用沸水浇淋乳猪至皮硬为止。

4. 焙烘　将烫好的猪体头朝上放，用排笔将糖水涂抹到乳猪皮上，再把乳猪放入烤炉中焙烘，烤约 2h，至猪身焙干成大红色取出。

三、未来新产品开发潜力与设想

沙子岭猪作为具有湘潭特色的地方猪种，在未来新产品开发上具有较大潜力和空间，主要方向应紧扣"健康、美味、营养"主题，与湖湘文化紧密联系，在迎合消费者需求的同时，促进传统饮食文化的发展。

（一）新产品开发设想

根据市场需求和消费者反应适当扩大产品的宽度和深度，开发系列加工新产品和系列具有文化特色的菜谱。

1. 开发沙子岭猪系列加工产品　增加沙子岭猪的加工副产品，研究制作并开发沙子岭猪酱猪尾、酱排骨、卤猪脸、卤猪肝、腊肠、血豆腐等，同时，增加系列加工产品的熟食品，通过真空包装，做到随时享用沙子岭猪系列加工产品的美味。

2. 开发沙子岭猪系列菜谱　以沙子岭猪为原料的湘菜系列兼具物质文化和精神文化双重特性，毛氏红烧肉、腊肉和扣肉能从一定程度上折射湖湘饮食文化。在现有菜谱基础上，开发以沙子岭猪为原料的湘潭特色风味菜肴，提供各种烹饪方法。如清蒸系列（仔排、猪脚、腊猪耳）、油炸系列（油炸肉丸）、爆炒系列（青椒小炒肉、爆炒猪肚）、煲汤系列（玉米龙骨汤、湖藕排骨汤）等。

（二）新产品包装设想

根据各个目标市场消费习惯，适当调整和更改现有包装，并按照礼品装和家庭普通装两种类别设计新产品包装。鲜猪肉采用一般常规冷链低温保鲜。腊制肉的腌制时间较长，并且腊制品本身的保质期较为长久，为了确保腊制品的食品安全，采用真空冷冻、真空干燥和真空包装等包装方式，使其保质期更为长久。同时，产品包装上打出湖湘文化的招牌，包装袋上附有湖湘文化宣传和公司形象宣传，包装内附各种菜式烹饪方法。

（三）新产品定价策略

出于投资成本回收考虑，新产品定价可采用成本加成定价法，即单位产品价格＝单位产品成本×（1＋预期目标利润率），以保证产品销售能获得正常的利润，保持企业各项生产经营行为的正常进行。同时，综合考虑不同消费群体需求差异等客观因素，结合需求差别定价法，对产品综合定价，以应对不同目标市场。

第三节　品牌资源开发利用前景与品牌建设

一、沙子岭猪开发利用思路和目标

1. 发展思路　充分发挥沙子岭猪资源优势，从全产业链的角度来谋划沙子岭猪的开发，坚持"政府主导、企业主体，依法保护、科学利用"原则，创新资源保护和开发利用机制，加快产业化开发，努力形成保种与开发相促进、资源优势和经济优势相融合的格局，打造具有地域特色和高品质、高附加值的品种资源品牌。

2. 发展目标　引进战略合作伙伴，组建沙子岭猪全产业链开发公司，建立从土猪专用饲料生产到沙子岭猪保种选育、原种猪扩繁、优质猪养殖、肉品加工、品牌专卖一条龙的全产业链开发体系。通过五年左右努力，建设完善包括 1 个资源场，5 个扩繁场、30 个生态养殖基地的良种繁育体系，建立包括100 个以上销售档口，20 家以上配送中心，电商、直销相结合的销售网络，打造年生产规模达 100 万头、年产值达 50 亿元的沙子岭猪全产业链，公司在新三板成功上市，形成湘潭地方特色猪产业。

二、沙子岭猪品牌营销策略

营销大师菲利普·科特勒认为："品牌是一种名称、名词、标记、设计或是它们的组合运用，其目的是借以辨认某个销售者或某群销售者的产品，并使之同竞争对手的产品区别开来。"而品牌猪肉一般是指某个企业或某种猪肉在消费者心目中的视觉、情感、理念和文化等方面的综合形象。以土猪为原材料，开发"健康、营养、美味"的猪肉产品，并使之品牌化，满足市场新需求是养殖业发展的趋势。沙子岭猪作为具有湘潭文化和地域特色的优质猪种，其品牌资源开发潜力巨大。

做好沙子岭猪品牌的市场开拓和营销，必须分析市场机会，使主观认识适应外部环境，制定科学的市场营销战略，形成指导全局的奋斗目标和经营方针。

主要对市场营销环境进行分析。包括对营销活动造成市场机会和环境的威胁的人口、经济、政治法律、自然、科学技术和社会文化等因素进行分析和对直接影响公司为市场服务能力的企业、供应商、营销中介、顾客、竞争者和社会公众六大因素进行分析。

对沙子岭猪 SWOT 分析：

1. 优势（S）　作为国家地理标志产品，其文化内涵较于其他猪肉拥有特殊的品牌优势；沙子岭猪猪肉品质好，较瘦肉型猪肉而言营养价值更高；在全国有一定的知名度；能得到地方政府在政策和资金方面的一定支持，畜牧科技力量较强，有一定的创新和研发能力。

2. 劣势（W）　销量较小；渠道短缺；分散养殖比重高，规模效益低，成本偏高；相较于其他地方猪种高端猪肉，生鲜猪肉特色相对不足。同时，相较于国内一些成熟的高端猪肉品牌，其市场营销和管理经验相对不足。

3. 机会（O）　随着收入水平和生活水平的不断提高，居民对中高端猪肉的需求量将不断增加；我国食品质量安全的严峻形势客观上促使人们寻找更为安全的食品，加速了中高端猪肉市场的形成。

4. 威胁（T）　疫病及市场波动的威胁；瘦肉型猪及我国其他地方猪品牌（竞争对手）对市场份额的竞争威胁；牛羊肉、禽肉、水产品等替代品带来的威胁。

通过 SWOT 分析，可以看出，我国居民收入和生活水平不断提高，猪肉消费结构发生变化，对中高端猪肉的需求不断增加，同时当前严峻的食品安全形势也在客观上迫使消费者寻求更为安全优质的猪肉产品，在这种大背景下，沙子岭猪品牌开发面临较好的市场机会，但市场竞争、替代品、疫病等因素也将是其产品开发的主要威胁，因此，沙子岭猪肉市场营销应充分考虑消费者的需求，考察分析消费者的行为，在市场细分的基础上，根据各个细分市场的规模和增长率、竞争程度，结合自身的营销目标和资源条件，确定一个或几个最有利于企业经营、最能发挥企业资源优势的细分市场作为自己的目标市场。在此基础上，根据消费者的特点制定营销组合策略，采用基于消费者认知价值的定价策略，通过确定自身潜在的竞争优势、准确地选择相对竞争优势和明确显示其独特的竞争优势三大步骤完成市场定位，打造和提高沙子岭猪品牌与效益，拓宽销售渠道，扩大市场，吸引更多消费者购买。

三、沙子岭猪品牌建设设想

（一）其他品牌猪肉开发的成功经验

从我国目前品牌猪肉的开发现状来看，虽然国内肉类行业前三强猪肉品牌（金锣、双汇、雨润）均销售瘦肉型猪，但后起之秀壹号土猪，作为土猪界的老大，打开了国内"优质肉"需求的成长空间，同时，陆川猪、淮猪、莱芜猪、湘村黑猪、宁乡猪等地方猪种在市场开发和营销方面也有不俗的表现。从品牌猪肉开发成功的历程来看，既有各自的特色，也有其共性的举措。综合而言，有三个不可或缺的环节：

1. 注重在保有知识产权的基础上，完成好与战略投资者的"嫁"接　如淮猪注册了"古淮"商标品牌，产品通过了无公害农产品和绿色食品认证，获得国家地理标志保护产品称号，在生产冻肉、冷鲜肉的同时，开发了以淮猪肉为原料的香肠、烤肉等深加工产品。莱芜猪注册了"莱芜黑猪"地理标志证明商标和"莱黑"牌猪肉产品商标，同时，由莱芜市委、市政府牵头，引入社会资本，将莱芜猪和鲁莱黑猪及其产品名称、商标的使用权和繁育、饲养、加工控制技术转让给山东六润食品有限公司（简称"六润公司"），由六润公司投资2.6亿元，建设高标准的屠宰及肉食加工中心和现代化养殖基地。

2. 注重在安全健康理念的市场定位基础上，为自身产品塑造强有力的、与众不同的鲜明个性　目前我国猪肉品牌定位多采用属性定位法，安全、健康是所有品牌强调的属性，金锣增加了"专业、绿色"，雨润增加了"优质、美味、高档"等特色，温氏突出了"自然"属性，壹号土猪还采用了品牌关系定位法，强调了优质、快乐，树立优质食品提供商、城市服务型企业形象。双汇则采用竞争者角度定位中的首席定位，强调肉类品牌开创者、肉类标杆企业以及诚信文化。

3. 注重在整合营销传播的基础上，建立规范统一的标准体系　单靠一种营销方式不足以建立品牌知名度，必须整合运用各种现代营销手段，将品牌定位、核心价值信息传递给消费者。如陆川猪以"绿色产业，魅力陆川"为主题，以打造陆川猪百亿元产业为目标，成功举办了两届中国名猪（陆川）文化节。壹号土猪是整合营销传播中的佼佼者，综合运用广告、公关、事件、体验、慈善等各种营销手段提高品牌知名度、美誉度，培育品牌资产。同时，虽然土猪肉味鲜美香醇已得到公认，但在社会高度发展、消费者选择多样化的今天，一个品牌猪肉的质量用"好吃"来形容已经落伍，优良肉质必须要数字化才能确立品牌肉的市场流通标准信誉，必须根据消费者的需求，提供整齐划一的批量产品，树立安全稳定的品牌形象，引发消费者的价值观共鸣。养殖业主应该在养殖过程中把好质量安全关，并通过产业链整合、可追溯体系建设、信息化管理等手段严把质量安全关，为消费者提供真正放心的农产品，赢得消费者的信任。如为规范淮猪生产，东海种猪场制定并颁布了与淮猪生产、管理和屠宰加工有关的 6 个省级地方标准和企业标准。金锣、雨润、双汇、温氏已成为中国驰名商标，壹号土猪获广东省名牌产品称号以及（广州）金猪烹饪大赛"最佳风味奖"和"最佳肉质奖"，各品牌猪肉基本上均取得农业部无公害农产品认证。

（二）沙子岭猪品牌猪肉建设关键举措设想

1. 加强资源保护，夯实品牌建设基础

（1）完善沙子岭猪保种方案　按《沙子岭猪遗传资源保护技术规程》进行保种，主要采用集中与分散保种相结合的活体保种方法。通过延长世代间隔、各家系等数留种等技术措施，确保沙子岭猪基因资源长期不丢失或很少丢失。要求保种场常年保存沙子岭猪公猪 20 头，母猪 300 头，保护区保存沙子岭猪母猪 1 000 头。

（2）加强技术指导　指导保种场做好配种、选种、留种、饲养等技术工作。2017 年，雨湖区姜畲镇的沙子岭猪扩繁场投入生产，饲养母猪 500 头，为地方猪繁育体系和产业化开发奠定基础。

（3）建设配套基地　在湘潭县、湘乡市、韶山市选择偏远且有沙子岭猪饲养习惯的乡镇，饲养沙子岭猪及其配套系母猪 6 000 头，建立年出栏 10 万头的优质猪生产基地。基地推广生物发酵床环保养猪新技术，统一采用风味型草本植物调理剂，按绿色生猪饲养标准饲养，禁止使用抗生素及化学合成药物，实施品种、饲料、防疫、培训、收购、保险等六统一管理。

2. 推进科研工作，建立系列标准体系

（1）继续开展湘沙猪配套系选育研究 利用沙子岭猪遗传资源培育配套系，既能促进沙子岭猪品种资源保护，又能为市场提供不同档次的产品。通过继续加强与湖南省畜牧兽医研究所、湖南农业大学等单位合作，利用沙子岭猪、巴克夏、大约克夏等猪种资源开展湘沙猪配套系选育研究工作。2016 年 4月，湖南省畜牧水产局批复同意在全省进行中试。2017 年，继续开展湘沙猪配套系母系、父系选育，完成湘沙猪配套系在湖南省的中试推广。2019 年通过农业农村部国家畜禽遗传资源委员会专家组审定。

（2）全面实施和完善标准体系 沙子岭猪开发定位为中高档消费产品，因此其市场开拓一方面只能稳打稳扎，不可能快速形成大产业、大产品；另一方面必须严把质量关，形成规范统一的饲养流程、屠宰加工流程和市场销售流程，才能提供整齐划一的标准化产品。按照沙子岭猪养殖系列标准、产品加工系列标准、系列菜谱制作标准三大类别，不断完善沙子岭猪标准体系，树立安全优质、科学严谨的高端品牌形象。同时，全面实施已发布的农业行业标准《沙子岭猪》（NY/T 2826—2015）和省级标准《沙子岭猪遗传资源保护技术规程》《沙子岭猪生产性能测定技术规程》《沙子岭猪肉》等。

（3）实现产业链各环节精细管理 树立"大健康"理念，强化沙子岭猪产品安全监测管理，建立沙子岭猪产品安全可追溯信息系统。采用"专用品种＋专用饲料＋绿色养殖"的技术路线，实现对整个沙子岭猪产业链饲料、养殖、防疫、屠宰、加工、储存、运输、终端消费全过程精细管理，确保市场销售的"每一块沙子岭猪肉"都通过严密监管，实现"来源可追溯，流向可跟踪，信息可保存，责任可追查，产品可召回"。

3. 加快市场开发，打造具有湘潭特色的地方猪肉品牌

（1）加强舆论宣传 按照"出精品、铸名牌"的思路，将沙子岭猪作为地方特色品牌来宣传和打造。依法做好沙子岭猪商标注册和保护，发布《沙子岭猪地理标志管理办法》；利用网络、报纸、电视等新闻媒体，举办沙子岭猪肉菜系烹饪大赛、养猪文化节及承办全国养猪会议等方式，大力宣传沙子岭猪及优质猪肉的营养保健功能，提高产品知名度，扩大高端消费群体范围，形成地

方猪优质肉品消费共识。

（2）创新融资模式　引入社会资本，积极运用 PPP 模式和技术成果入股，引进新的战略投资者开发沙子岭猪市场，组建具有全产业链开发实力的公司，全面进行开发。积极探索组建沙子岭猪产业投融资平台，做好沙子岭猪开发项目策划和包装，依托湘潭产业投资发展集团有限公司主导或参与市场前期开发，力争三年内实现在新三板挂牌上市。

（3）明确市场营销组合　连锁专卖是企业产业链向下延伸控制质量安全、塑造品牌形象的重要手段。零售终端是消费者获取猪肉信息的主要渠道。因此，争夺终端和终端媒体化对品牌猪肉企业非常重要。通过对沙子岭猪及其系列产品目标市场的分析，确立科学的市场定位，综合确立其市场营销组合。立足长株潭，向"北上广深"等大城市辐射，建立健全"优质产品＋专卖店＋电子商务"的营销模式，组建营销团队，采用网络销售、连锁专卖、小区和礼品配送等现代营销方式，植入湘潭文化特色，扩大销售量，打造全国著名优质猪肉品牌。同时，采取优惠措施，扩大和加快连锁销售门店的布局，先重点在长株潭建几十家销售连锁店和沙子岭土猪餐馆，并协调和创造条件在省外扩建连锁销售门店；市内外具备条件的酒店宾馆采取挂牌或加盟的形式确定为沙子岭猪肉专供对象。

（4）加快系列产品研发　加强产品研发，在热鲜肉、冷鲜肉基础上，开发沙子岭猪系列菜谱、系列食品、系列礼品等，切实做好深加工这篇大文章，增加附加值，改变湘潭养猪大市外销活猪内销"白板肉"的初级产品状况，开创和形成地方特色产品系列化、高品质的产业化新格局。

主 要 参 考 文 献

董振起，1998. 长白猪定县猪芦台白猪肌肉组织学特性与肉质关系 ［J］. 养猪（1）：
　36-37.

贺长青，2012. 不同营养水平日粮饲喂长白×沙子岭杂交猪的效果研究 ［D］. 长沙：湖南
　农业大学.

《湖南省家畜家禽品种志和品种图谱》编委会，1984. 湖南省家畜家禽品种志和品种图谱
　［M］. 长沙：湖南科学技术出版社.

黄路生，等，2007. 中国部分猪种同种异名问题的研究 ［J］. 畜牧兽医学报（5）：65-67.

黎淑娟，等，2005. 湖南沙子岭猪内源性逆转录病毒的检测及亚型分析 ［J］. 湖南农业大
　学学报：自然科学版（5）：530-534.

罗强华，等，2014. 以巴沙、汉沙、杜沙为母本的杂交组合试验：育肥性能和胴体品质
　［J］. 猪业科学（12）：115-117.

罗强华，等，2015. 以沙子岭猪为母本的三元杂交组合育肥性能和胴体品质对比试验［J］.
　中国猪业（2）：67-69.

马海明，等，2005. 湖南地方品种猪肌细胞生成素基因多态性研究 ［J］. 家畜生态学报
　（4）：8-10.

孙宗炎，等，1997. 湖南省地方猪遗传性独特与保护等级划分 ［J］. 湖南畜牧兽医（6）：
　25-27.

谭毓平，等，2003. 沙子岭猪育肥性能与肉质特性研究 ［J］. 家畜生态（4）：19-21.

谭毓平，等，2004. 沙子岭猪肉质性状与肉的成分测定 ［J］. 家畜生态（1）：17-19.

唐医亚，等，2007. 湖南沙子岭猪 SLA-DR 基因克隆及生物信息学分析 ［J］. 遗传（12）：
　1491-1496.

陶钧，等，1992. 湖南地方猪种群亲缘关系生化遗传学研究 ［J］. 畜牧兽医学报（1）：
　13-21.

吴买生，1989. 利用分光光度计快速测定公猪精子密度 ［J］. 湖南畜牧兽医（4）：13-14.

吴买生，1991. 应用多元回归方程估测沙子岭后备猪活重 ［J］. 湖南畜牧兽医（2）：7-8.

吴买生，1993. 湖南地方猪种聚类分析 ［J］. 当代畜牧（1）：26-27.

吴买生，1999. 沙子岭公猪生长发育及精液品质测定报告 ［J］. 湖南畜牧兽医（6）：
　25-28.

吴买生，2008. 沙子岭猪种质资源的保护和利用 ［J］. 中国猪业（3）：37-38.

吴买生，2009. 沙子岭猪保护与开发利用思路 ［J］. 猪业科学，26（11）：46-47.

吴买生，等，1990. 影响沙子岭猪六月龄体重有关性状的相关分析 ［J］. 湖南畜牧兽医
　（2）：5-8.

吴买生，等，1992. 沙子岭猪毛色基因纯合程度的初步分析［J］. 湖南畜牧兽医 .（4）：15-16.

吴买生，等，1998. 沙子岭哺乳仔猪生长发育测定报告［J］. 湖南畜牧兽医（4）：7-8.

吴买生，等，1999. 影响沙子岭猪双月断奶窝重性状的相关分析［J］. 畜牧与兽医（4）：169-170.

吴买生，等，2002. 沙子岭猪不同杂交组合性能比较试验［J］. 中国畜牧杂志（1）：31-32.

吴买生，等，2002. 沙子岭猪三元杂交组合生产性能比较试验［J］. 养猪业（6）：5-7.

吴买生，等，2007. 沙子岭猪种质资源的保护和利用［J］. 猪业科学，24（9）：83-86.

吴买生，等，2011. 沙子岭猪与巴克夏、汉普夏的二元杂交试验［J］. 家畜生态学报，3（3）：22-24.

吴买生，等，2013. 沙子岭猪及二元杂种母猪繁殖性能测定报告［J］. 猪业科学（9）：100-101.

湘潭市地方编纂委员会，2006. 湘潭年鉴［M］. 北京：中华书局 .

刑晓为，等，2006. 湖南沙子岭猪内源性逆转录病毒的研究［J］. 遗传（7）：799-804.

杨岸奇，吴买生，等，2015. MTDFREML 法估算沙子岭猪部分性状的遗传参数［J］. 养猪（3）：68-72.

《中国家畜家禽品种志》编委会《中国猪品种志》编写组，1986. 中国猪品种志［M］. 上海：上海科学技术出版社 .

朱吉，杨仕柳，等，2007. 部分湖南地方猪种的肉质分析［J］. 养猪（5）：65-67.

左晓红，等，2011. 沙子岭猪及巴沙、汉沙猪肉质特性研究［J］. 猪业科学（6）：100-103.

左晓红，等，2015. 以巴沙、汉沙、杜沙为母本的杂交组合试验：肉质性状与肉的成分［J］. 猪业科学（3）：128-131.

附　　录

附录一　《沙子岭猪》
（NY/T 2826—2015）

1　范围

本标准规定了沙子岭猪的品种特征特性、生产性能测定及种猪出场要求等内容。本标准适用于沙子岭猪品种鉴别。

2　规范性引用文件

下列文件对于本文件的应用是必不可少的。凡是注日期的引用文件，仅注日期的版本适用于本文件。凡是不注日期的引用文件，其最新版本（包括所有的修改单）适用于本文件。

GB 16567　种畜禽调运检疫技术规范
NY/T 820　种猪登记技术规范
NY/T 821　猪肌肉品质测定技术规范
NY/T 822　种猪生产性能测定规程

3　产地与分布

沙子岭猪是华中两头乌猪的一个类群，原产于湖南省湘潭市。中心产区在湘潭县的云湖桥、花石、青山桥、石鼓，湘乡市的月山、白田、龙洞，韶山市的大坪、杨林、如意，雨湖区的姜畬、响塘以及衡阳县的洪市、大安、曲兰和常宁市的荫田等20多个乡镇。主要分布于湖南湘潭、衡阳、永州、娄底、邵阳等市的10多个县（市、区）。

4　体型外貌

4.1　外貌特征

体型有大型和小型之分，现存沙子岭猪以大型为主。被毛较粗稀，毛色为

"点头墨尾"，即头部毛和臀部毛为黑色，黑白交界处有"晕"，其他部位为白色，部分猪背腰部有隐花。头短而宽，嘴筒齐，面微凹，耳中等大、蝶形，额部有皱纹。背腰较平直，腹大不拖地。腿臀欠丰满，四肢粗壮结实，后肢开张。乳头数 6～8 对。沙子岭猪体型外貌参见附录 A。

4.2 体重体尺

按《沙子岭猪饲养管理技术规范》（DB43/T 625—2011）附录 A 的营养水平饲养，6 月龄公猪平均体重 42kg、体长 90cm、体高 45cm，6 月龄母猪平均体重 45kg、体长 87cm、体高 42cm。成年公猪平均体重 130kg、体长 136cm、体高 71cm；成年母猪平均体重 145kg、体长 138cm、体高 66cm。

5 繁殖性能

公猪性成熟期为 3 月龄，初配年龄为 5 月龄～6 月龄。母猪初情期在 3.5 月龄，适配期 5 月龄～6 月龄。初产母猪平均总产仔数 9 头、产活仔数 8.5 头，平均初生个体重 0.8kg、21 日龄窝重 24kg、35 日龄断奶窝重 32kg；经产母猪平均总产仔数 11.5 头、产活仔数 10.6 头，21 日龄窝重 28kg，35 日龄断奶窝重 45kg。

6 肥育性能

按附录 B 的营养水平饲养，15kg～85kg 生长肥育期间平均日增重 450g、料重比 4.3：1。商品猪适宜屠宰体重为 75kg～85kg。

7 胴体性能

肥育猪在平均体重 85kg 屠宰时，平均屠宰率 72%、瘦肉率 41%、眼肌面积 21cm²、腿臀比例 25%；平均背膘厚 45mm。

8 肌肉品质

肥育猪在平均体重 85kg 屠宰时，肌肉 pH_1 6.1～6.4；肉色评分（5 分制）3 分～3.5 分；大理石纹评分（5 分制）3 分～3.5 分；滴水损失 1.6%；肌内脂肪含量 3.5%。

9 测定方法

9.1 生长发育、胴体性能测定参照 NY/T 820、NY/T 822 的规定执行。

9.2　繁殖性能测定按 NY/T 820 的规定执行。

9.3　肌肉品质按 NY/T 821 的规定执行。

10　种猪合格评定及出场要求

10.1　体型外貌符合本品种特征。

10.2　生殖器官发育正常。有效乳头数不少于 6 对。

10.3　无遗传疾患和损征。

10.4　来源、血缘和个体标识清楚，系谱记录齐全。

10.5　按 GB 16567 的要求检疫合格。

附　录　A

（资料性附录）

沙子岭猪照片

A.1　沙子岭猪头部

见图 A.1。

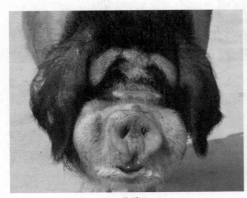

公猪　　　　　　　　　　　　　　　母猪

图 A.1　沙子岭猪头部

A.2　沙子岭猪侧部

见图 A.2。

公猪 母猪

图 A.2 沙子岭猪侧部

A.3 沙子岭猪后部

见图 A.3。

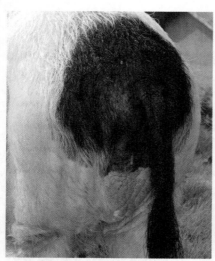 

公猪 母猪

图 A.3 沙子岭猪后部

附录二　《沙子岭猪饲养管理技术规范》
（DB43/T 625—2011）

1　范围

本标准规定了沙子岭猪饲养的环境与设施、品种、水质及饮水卫生、饲料、饲养管理、疫病防治、废弃物及病死猪处理、资料管理等。

本标准适用于沙子岭猪的饲养管理。

2　规范性引用文件

下列文件对于本文件的应用是必不可少的。凡是注日期的引用文件，仅注日期的版本适用于本文件。凡是不注日期的引用文件，其最新版本（包括所有的修改单）适用于本文件。

GB 16548　病害动物和病害动物产品生物安全处理规程

GB 16567　种畜禽调运检疫技术规范

GB 18596　畜禽养殖业污染物排放标准

NY/T 388　畜禽场环境质量标准

NY 5027　无公害食品　畜禽饮用水水质

NY 5030　无公害食品　畜禽饲养兽药使用准则

NY 5032　无公害食品　畜禽饲料和饲料添加剂使用准则

NY 5033　无公害食品　生猪饲养管理准则

NY/T 5339　无公害食品　畜禽饲养兽医防疫准则

DB43/T 255　沙子岭猪

中华人民共和国畜牧法

中华人民共和国动物防疫法

3　术语和定义

下列术语和定义适用于本文件。

沙子岭猪原产于湘潭市，具有"点头墨尾"（即头和臀部为黑色，其他部位均为白色）外貌特征的肉脂兼用型猪种。

4 环境与设施

4.1 选址与场区布局

4.1.1 选址

猪场选址应符合《中华人民共和国畜牧法》的有关规定。猪场距离干线公路、铁路、城镇、居民区和公共场所 500m 以上；周围 2km 无厂矿、皮革、肉品加工、屠宰厂或其他畜牧场；周围有围墙或防疫沟，并建立绿化隔离带。

4.1.2 布局

4.1.2.1 场区实行管理区、生产区、无害化处理区三区分设，区间相距 50～300m，净道与污道分开，入场大门口和行人入口、生产区入口、无害化处理区门口以及猪场各栋栏舍入口设消毒设施，道路水泥硬化。

4.1.2.2 生产区在管理区的下风向，无害化处理区在生产区的下风向。

4.1.2.3 猪舍坐北朝南偏东 10°～15°，栏内通风、干燥、明亮，有防暑降温和防寒保暖设施。栏舍间距 10～15m。

4.2 栏舍

4.2.1 栏舍类型

栏舍分单列式和双列式。单列式：人行道靠北，猪栏靠南；双列式：人行道居中，猪栏居两边。

4.2.2 栏舍结构

栏舍墙体为砖混结构，保温隔热。人行道门窗实木结构，猪栏门钢筋结构，猪栏窗钢筋或水泥结构。

4.2.3 地面

地面平整硬实，不打滑，呈 10°～15°坡度，不积水和粪尿，用混凝土或红砖铺设。

4.2.4 墙面

平坦、光滑、便于消毒，墙面离地面 1m 高墙面水泥粉刷，1m 以上石灰粉刷。

4.2.5 排污沟

栏舍周围的排污沟低于栏舍地面 5～10cm，高于场内总排污沟 5～10cm，全场排污沟混凝土粉刷。

4.2.6　室内环境

4.2.6.1　猪舍通风良好，空气中有害气体含量应符合 NY/T 388 的规定。

4.2.6.2　温度

沙子岭猪不同生理和生长阶段温度要求参见表1。

表 1　沙子岭猪不同生理和生长阶段温度要求

阶　段	适宜温度（℃）
种公猪	14～25
种母猪	14～22
哺乳母猪	15～22
哺乳仔猪（5kg 以下）	30～32
保育猪（5～15kg）	24～28
小、中猪（16～50kg）	20～24
大猪（50kg 以上）	15～24

5　品种

5.1　沙子岭猪外貌特征符合 DB43/T 255 的规定。

5.2　种猪体型有大型和小型两种，大型母猪体重 130kg 左右，小型 97kg 左右；大型公猪体重 118kg 左右，小型 75kg 左右。

5.3　引种

5.3.1　应从具有《种畜禽生产经营许可证》沙子岭猪资源场、保种场或保种区引进，并按照 GB 16567 的规定进行检疫，出具产地检疫证明。

5.3.2　引种前应调查了解产地疫情，引种种猪应有免疫标识、系谱卡、种猪合格证等；运输车辆清洗消毒。

5.3.3　选择符合沙子岭猪品种特征、血缘或来源清楚的种猪。

5.3.4　引进的猪隔离饲养 15～20d，确认健康方可合群饲养。

5.3.5　不得从疫区引种。

6　水质及饮水卫生

6.1　水源

地下水、自来水、江河湖泊水。

6.2 水质

6.2.1 饮用水应透明无色、无臭味、无异味、无污染、无肉眼可见物。

6.2.2 饮用水质应符合 NY 5027 的规定。

7 饲料

7.1 饲料原料和添加剂应符合 NY 5032 的规定。

7.2 沙子岭猪营养需要参见附录 A，沙子岭猪饲料配方参见附录 B。

7.3 青绿饲料洗净切碎后拌入混合料中饲喂，或饲喂青饲料后再饲喂配合饲料。

7.4 不得在饲料中添加 β-兴奋剂、镇静剂、激素类等禁用品。

7.5 使用药物饲料添加剂时，在生猪出栏前，按 NY 5032 规定执行休药期。

8 饲养管理

8.1 基本要求

8.1.1 生猪饲养应符合 NY 5033 的规定。

8.1.2 坚持自繁自养，从外购猪饲养，应实行全进全出。

8.1.3 栏舍、走道每天打扫一次。

8.1.4 日粮营养全面，适口性好，容易消化。

8.1.5 日粮干粉状或按料水 1∶1 的比例调制饲喂，每日饲喂 2 次。青绿饲料在日粮中的比例不宜超过 30%（按干物质算）。

8.1.6 每天观察生猪健康状况，发现异常及时处理。

8.1.7 日粮饲喂量及饲喂方法

沙子岭猪日粮饲喂量及饲喂方法见表 2。

表 2　沙子岭猪日粮饲喂量及饲喂方法

猪别	日粮饲喂量（kg）		日喂次数	饲喂方式
	全价饲料	青饲料		
仔猪	不限		少放勤添	自由采食
生长肉猪	1.0～2.5	1.0～2.0	2 次	湿料、九成饱
妊娠母猪	1.5～2.2	2.0～3.0	2 次	湿料、限饲
哺乳母猪	3.0～3.5	3.0～4.0	2 次	湿料、限饲
种公猪	2.0～2.5	2.0～3.0	2 次	湿料、限饲

8.1.8　饲养密度

沙子岭猪饲养密度见表 3。

表 3　沙子岭猪饲养密度

猪的类型		面积（m²/头）	密度（头/圈）	备注
种公猪		10	1	带运动场
空怀母猪		3.0～4.0	3～4	带运动场
怀孕母猪		7.5～8.0	1	
哺乳母猪		7.5～8.0	1	
育肥猪	30kg 以下	0.5～0.8	10～20	
	30～50kg	0.8～1.0	10～20	
	50～80kg	1.3～1.5	10～20	

8.2　种公猪的饲养管理

8.2.1　日饲喂量参见本标准表 2，根据季节和体况适当调整饲喂量，保持公猪中等体膘。

8.2.2　每天上午驱赶运动 0.5～2.0h。

8.2.3　每 2d 采精或配种 1 次。

8.2.4　精液检查：人工采精应即时检查，自然交配的每月检查 1～2 次。

8.3　空怀和妊娠母猪的饲养管理

8.3.1　日饲喂量参见本标准表 2，根据季节、膘情等情况，适当调整饲喂量。

8.3.2　观察母猪发情，适时配种，可单配或重复配种。

8.3.3　观察已配母猪的采食、运动、休息、排泄等情况，发现母猪返情及时查找原因和处理。

8.3.4　对妊娠母猪应态度温和，操作轻巧，不驱打惊吓，防止流产。

8.4　分娩和哺乳母猪的饲养管理

8.4.1　分娩前 7d 将母猪赶入产仔栏内，适应产房环境，做好产前准备。

8.4.2　产下的仔猪立即断脐、擦干、称重，吃上初乳后放入产仔箱内保温，24h 内剪犬齿、编号。

8.4.3　及时将母猪排出的胎衣取走、清理产床污物后进行消毒。

8.4.4　母猪产仔后 12h 内不必喂料，保证充足的饮水（冬季用温水），并在水中加入少量麦麸和食盐，可饲喂少量青绿饲料。

8.4.5　母猪产后用抗菌药或中草药消炎，促进恶露排出，防止发生乳房炎。

8.5 哺乳仔猪的饲养管理

8.5.1 仔猪产后 3d 内，保温箱温度为 34～35℃，以后每 2d 降低 1℃，20 日龄后保持 26～28℃。保温箱箱门应全天敞开。

8.5.2 仔猪产后 2d 内，应调教仔猪固定奶头和进出保温箱。

8.5.3 饮水器能供仔猪自由饮水。

8.5.4 3 日龄用中西药预防和治疗仔猪腹泻，15 日龄补充铁制剂。

8.5.5 7 日龄诱食补料，14 日龄单独补料，21 日龄每日 3 次定时补料。

8.5.6 非种用公猪适时去势。

8.6 断奶仔猪饲养管理

8.6.1 仔猪适时断奶，断奶后一个月内继续保温。

8.6.2 以 2～4 窝组成一群，合群后应调教仔猪"吃、拉、睡"三定位。

8.6.3 断奶后 1～2d 继续饲喂断奶前饲料，3d 后逐渐过渡为断奶料，防止腹泻；饲料中可添加益生菌制剂或中草药预防仔猪下痢。

8.6.4 初选后备种猪。

8.7 生长育肥猪的饲养管理

8.7.1 生长育肥猪按体重划分为小猪（15～30kg）、中猪（31～50kg）、大猪（50 kg 以上）三个阶段。

8.7.2 根据生长育肥猪的营养需要，饲喂相应的全价饲料，日粮饲喂量见本标准表 2。

8.7.3 日喂 2 次，定时定量，粉料湿拌，饲喂量以吃饱不剩料为原则。

8.7.4 育肥猪出栏适宜体重 80kg 左右。

9 疫病防治

9.1 免疫

9.1.1 建立综合防疫体系，结合当地情况，制订免疫计划。免疫接种按 NY 5339 的规定执行。

9.1.2 疫苗应来自有生产许可证的厂家。

9.1.3 疫苗采用冷冻或冷藏保存。免疫用具在免疫前后应严格消毒，做到一猪一针头。

9.1.4 严格按照疫苗使用方法配制和注射疫苗，疫苗瓶开启后 4h 内用完，废弃的疫苗及使用过的疫苗瓶应进行无害化处理。

9.1.5　免疫程序

沙子岭猪免疫程序参见表 4。

表 4　沙子岭猪免疫程序

类别	免疫时间	疫苗名称	用法与用量	备注
仔猪	20 日龄	仔猪副伤寒疫苗	口服 2 头份	
	30 日龄	猪瘟疫苗	肌内注射 2 头份	
	40 日龄	蓝耳病疫苗	见说明	
	60 日龄	口蹄疫疫苗	见说明	
后备种猪	3 月龄	细小病毒病疫苗	见说明	
	4 月龄	猪瘟、猪肺疫疫苗	各肌内注射 2 头份	
	6 月龄	猪蓝耳病疫苗	见说明	
	冬、春	猪 O 型口蹄疫疫苗	见说明	
成年种猪	产后 15d	猪瘟、猪肺疫疫苗	各肌内注射 2 头份	公猪每半年一次
	产后 20d	猪蓝耳病疫苗	见说明	
	冬、春	猪 O 型口蹄疫疫苗	见说明	

注：剂量换算与用法，详见标签说明；猪喘气病疫苗注射视情况进行免疫。

9.1.6　应定期进行猪瘟、蓝耳病和口蹄疫等重大疫病的血清抗体检测，根据检测结果调整免疫程序。

9.1.7　建立并保存免疫档案。免疫档案内容主要包括耳标号、接种时间、接种剂量、疫苗生产厂家及生产批次、用药方法、防疫人员等。

9.2　消毒

9.2.1　消毒药品应有生产厂家、批准文号和使用说明书，对人畜安全、无毒性残留、在猪体内不产生有害积累。

9.2.2　猪场大门口设消毒池，定期更换消毒液。猪场入口处设消毒与更衣室，用紫外线等有效消毒设施消毒。

9.2.3　栏舍的出入口设消毒池，供工作人员进出时消毒。

9.2.4　栏舍、走道每周消毒一次，饲养用具及时清洗消毒。

9.2.5　栏舍周围每 15d 消毒一次，猪场周围及场内污水沟、粪便坑、下水道口等设施每 30d 消毒一次。

9.2.6　猪转群或空栏后，应对栏舍、走道、用具进行打扫、清洗、消毒，净化 7d 后启用。

9.2.7 定期进行带猪消毒，减少环境中的病原微生物。

9.3 灭鼠驱虫

9.3.1 定期投放灭鼠药，及时收集死鼠和残余鼠药，并做无害化处理。

9.3.2 按不同季节选择高效、安全抗寄生虫药驱虫。

9.4 人员管理

9.4.1 饲养员应定期进行健康检查，传染病患者不得从事养猪。

9.4.2 技术人员不得在场外从事诊疗配种等活动。

9.4.3 禁止外来人员入场，严禁饲养员相互串门，防止交叉感染。

9.5 治疗

9.5.1 猪发病后及时隔离，根据临床症状和当地疫情流行情况，进行诊断治疗。

9.5.2 一旦发现猪病，应及时对全场猪群进行消毒和药物预防。

9.5.3 治疗用药应符合 NY 5030 的规定。

9.6 扑疫

确诊发生重大动物疫病时，应主动配合畜牧兽医行政主管部门，严格按照《中华人民共和国动物防疫法》和 GB 16548 的规定处置。

10 废弃物及病死猪处理

10.1 猪场污染物排放按 GB 18596 的规定执行。

10.2 猪粪发酵后用于农业生产。

10.3 病、死猪按 GB 16548 的规定处理。

11 资料管理

11.1 生产投入品进出制度健全，生产过程记录清楚。

11.2 种猪档案：应有种猪来源、出生时间、生产性能等记录。

11.3 饲料和添加剂记录：应有品种名称、生产厂家、饲料配方、入库时间、领取时间、使用对象等记录。

11.4 用药记录：应有药物名称、生产厂家、批准文号、治疗、入库和领取时间、使用对象等记录。

11.5 生猪出场记录：应有销售地点、购买人姓名、联系电话、售后服务情况等记录。

11.6 资料保留 2 年以上。

附　录　A

（资料性附录）

沙子岭猪营养需要

	阶段（kg）	消化能（MJ/kg）	粗蛋白（%）	钙（%）	磷（%）	食盐（%）
后备种猪	30～50	11.70	13	0.6	0.5	0.3
妊娠母猪	前期	11.29	11	0.61	0.5	0.32
	后期	11.70	13	0.61	0.5	0.32
哺乳母猪		12.54	15	0.64	0.5	0.44
种公猪		12.54	15	0.66	0.5	0.35
仔猪	5～10	13.38	20	0.70	0.60	0.25
	11～15	13.38	18	0.65	0.55	0.25
	16～30	12.54	16	0.55	0.45	0.3
生长育肥猪	31～50	12.12	14	0.55	0.45	0.3
	50 以上	12.70	12	0.5	0.4	0.3

附　录　B

（资料性附录）

沙子岭猪饲料配方

原料名称	饲料配方					
	小猪料 （15～30kg）	中猪料 （31～50kg）	大猪料 50kg 以上	妊娠 母猪料	哺乳 母猪料	种公猪料
玉米（%）	56	55	60	50	56	56
豆粕（%）	20	17	11	10	16	15
麦麸（%）	20	14	18	24	20	20
米糠（%）		5	7	12	4	5
预混料（%）	4	4	4	4	4	4
合计（%）	100	100	100	100	100	100

附录三 《沙子岭猪肉》
（DB43/T 1192—2016）

1 范围

本标准规定了沙子岭猪肉的技术要求、检验方法、检验规则、标志、贮存和运输。

本标准适用于经检疫检验合格的沙子岭猪鲜肉或冷却肉。

2 规范性引用文件

下列文件对于本文件的应用是必不可少的。凡是注日期的引用文件，仅注日期的版本适用于本文件。凡是不注日期的引用文件，其最新版本（包括所有的修改单）适用于本文件。

GB/T 191 包装储运图示标志

GB 2707 鲜（冻）畜肉卫生标准

GB 2763 食品中农药最大残留限量

GB/T 5009.44 肉与肉制品卫生标准的分析方法

GB/T 6388 运输包装收发货标志

GB 7718 预包装食品标签通则

GB/T 9695.19 肉与肉制品 取样方法

GB/T 14772 食品中粗脂肪的测定

GB/T 17236 生猪屠宰操作规程

GB/T 20799 鲜、冻肉运输条件

NY 467 畜禽屠宰卫生检疫规范

NY/T 821 猪肌肉品质测定技术规范

NY/T 1565 冷却肉加工技术规范

农业部 235 号公告 动物性食品中兽药最高残留限量

3 技术要求

3.1 原料

3.1.1 应为经检疫合格的健康沙子岭猪。

3.1.2　公、母种猪不得用于加工鲜肉或冷却肉。

3.2　屠宰加工

沙子岭猪体重达 75～85kg 屠宰，屠宰加工和检疫按 GB/T 17236 和 NY 467 的规定执行，屠宰加工过程的卫生要求按 GB 2707 的规定执行。

3.3　感官指标

沙子岭猪鲜肉或冷却肉感官指标参见表 1。

表 1　沙子岭猪鲜肉或冷却肉感官指标

项目	感官指标
色泽	肌肉有光泽，红色均匀，脂肪乳白色
组织状态	纤维清晰，有坚韧性，指压后凹陷迅速恢复
黏度	外表湿润，有黏性
气味	具有猪肉固有的气味，无异味
煮沸后肉汤	澄清透明，脂肪团聚于表面

3.4　理化指标

沙子岭猪鲜肉或冷却肉理化指标见表 2。

表 2　沙子岭猪鲜肉或冷却肉理化指标

项目	指标
肉色等级	$\geqslant 2.80$
大理石纹等级	$\geqslant 2.80$
肌肉 pH_1	6.0～6.5
肌肉失水率（%）	$\leqslant 15$
滴水损失（%）	$\leqslant 2.50$
肌内脂肪（%）	$\geqslant 3.00$
挥发性盐基氮（$\times 10^{-2}$mg/g）	$\leqslant 15$

3.5　污染物限量

按 GB 2707 的规定执行。

3.6　农药最大残留限量

按 GB 2763 的规定执行。

3.7　兽药最高残留限量

按农业部 235 号公告及有关规定执行。

4 检验方法

4.1 感官检验

按 GB/T 5099.44 的规定执行。

4.2 理化检验

4.2.1 肉色等级、大理石纹等级、肌肉 pH、肌肉失水率、滴水损失：按 NY/T 821 的规定执行。

4.2.2 肌内脂肪：按 GB/T 14772 的规定执行。

4.2.3 挥发性盐基氮：按 GB 2707 的规定执行。

4.3 污染物限量检验

按 GB 2707 的规定执行。

4.4 农药最大残留限量检验

按 GB 2763 的规定执行。

5 检验规则

5.1 组批

同一来源同一屠宰班次生产的产品为一组批。

5.2 采样

采样按照 GB/T 9695.19 的规定执行。

5.3 检验项目

5.3.1 出厂检验项目为感官指标及肉色等级、大理石纹等级、肌肉 pH 等理化指标，定期抽检项目为理化指标、污染物限量、农药最大残留限量和兽药最高残留限量。

5.3.2 判定规则

经检验凡有一项不合格，即判定该批次产品不合格。

5.3.3 产品出厂应检疫检验合格。

6 标志、贮存和运输

6.1 标志

内包装（销售包装）标志应符合 GB 7718 的规定，外包装的标志应按 GB/T 191 和 GB/T 6388 的规定执行。

6.2　贮存

　　鲜肉贮存应符合 GB 2707 的规定，冷却肉贮存应符合 NY/T 1565 的规定。

6.3　运输

　　运输应符合 GB/T 20799 的规定。